2008 문화체육관광부 우수학술도서

이혼해도 좋은 부모로 남기

이혼 후 자녀양육계획을 위한 이혼조정

이명신 지음

서현사

이 연구는 2004년 경상대학교 연구년제연구교수 연구지원과제임.

들어가며

어느덧 우리나라에서도 이혼은 더 이상 낯설은 일이 아니다. 2004년 한해 동안 혼인한 부부 대비 이혼부부의 비율이 44.47%, 인구 천명당 이혼건수가 2003년 3.5건을 기록하였다는 통계자료를 굳이 인용하지 않더라도, 주변에서 이혼부부 또는 이혼가정의 자녀를 만나는 일이 그다지 어렵지 않다. 이혼가정이 증가되고 있고 이혼이 더 이상 우리사회에서 특별한 일이 아니라 하더라도, 이혼부부와 그 자녀들은 이혼으로 인해 여전히 고통을 겪고 있다.

이혼부부들은 이혼에 따르는 경제적 어려움 외에도 자녀양육 시 한부모 역할수행의 어려움, 이혼가족에 대한 사회적 편견과 이혼 후 정서적 적응문제 등에 직면하게 된다. 그 중에서도 재산분할 및 자녀양육비와 관련된 경제적 문제, 그리고 이혼 후 자녀양육과 관련된 친권, 양육권, 면접교섭권을 둘러싼 갈등은 이혼하는 과정에서 해결해야 하는 가장 어려운 문제점으로 대두되고 있다. 이혼부부들은 재산권 분리와 이혼 후 자녀양육문제로 인해 갈등할 수 있으며 심각할 경우 법적 분쟁에 이르기도 한다. 이러한 갈등이 원만하게 해결되지 않을 경우, 자녀양육을 담당하는 부모는 자녀양육에 필요한 경제적 지원을 받지 못할 뿐 아니라 협력적인 부모관계 형성에 실패함으로써 과다한 부모역할의 부담에 직면하게 된다. 한편 이혼가정의 자녀들은 부모의 갈등이 지속될 경우 불안감, 불안정성 또는 죄책감 등을 경험하게 되며, 정서적 · 행동적 부적응 및 학업부적응의 문제를 초래할 수 있다. 뿐만 아니라 부모의 갈등이 극심할 경우 자녀는 함께 살지 않는 부모와의 관계가 단절

되는 아픔을 겪게 된다. 이처럼, 이혼은 부부 당사자뿐 아니라 자녀들에게도 여러 심각한 어려움을 겪게 한다.

이혼과정에서의 갈등은 이혼 후 비협력적인 부모관계로 이어져, 이혼 후 적응을 방해하고 갈등을 지속시키는 요인으로 작용할 수 있다. 이러한 점에서 이혼가족이 이혼 후 당장 필요로 하는 서비스 및 지원을 제공하는 사후적인 복지대책뿐 아니라, 이혼과정에서 직면하는 문제들을 원만하게 해결하도록 지원함으로써 갈등 및 분쟁을 감소시키고, 이혼 후 자녀양육에 대한 합리적 선택을 하도록 도울 수 있는 사회적 지원책이 필요하다.

특히, 부부당사자 간의 협의만으로 이혼이 성립되고 자녀양육에 관한 의사결정이 전적으로 부모들에게 맡겨져 있는 협의이혼이 차지하는 비율이 전체 이혼율의 86%를 웃도는 현실을 감안할 때, 협의이혼에 대한 신중한 결정과 '자녀의 최대 이익' 을 보장하는 방향으로 이혼 후 자녀양육에 대한 의사결정에 이를 수 있도록 돕기 위한 국가적 차원의 사회적 개입이 절실히 요청된다. 1990년 민법의 개정으로, 우리나라에서는 명실공히 부모평등의 원칙에 입각한 부모친권공동주의가 확립되었고(윤덕경 · 장영아, 2002: 14), 비양육 부모의 면접교섭권이 신설되었다. 뿐만 아니라 2005년 개정된 민법에서는 친권을 행사함에 있어 '자녀의 복리' 를 우선적으로 고려해야 한다는 의무규정이 신설되었다. 이처럼 이혼 후 자녀양육에 있어 부모의 평등원칙 및 자녀의 복리 최대화라는 원칙이 법에 명시되었음에도 불구하고, 이혼가족의 현실은 이러한 법이 제시하는 이념과 거리가 있다.

이와 같은 현행 협의이혼제도의 문제점을 개선하고자, 최근 협의이혼 시 신중한 이혼결정과 미성년 자녀의 양육 관련 사항을 미리 합의하도록 돕기 위한 '이혼절차에 관한 특례법(안)' 의 법제화가 추진 중에 있다. 특례법(안)에 의하면 미성년 자녀가 있는 부부가 협의이혼을 하고자 하는 때에는 일정한 숙려기간을 갖고, 3시간의 상담을 받은 후, 이혼 후의 친권, 양육권 등에 관한 사항을 미리 합의하도록 되어 있다. 아직 법제화가 되지 않은 상태이기 때문에 숙려기간제도 및 협의이혼 전 상담제도는 현재 서울가정법원과 수원가정법원, 광주가정지원, 대전지방법원을 중심으로 시범적으로 시행되고 있다. 현재까지의 통계자료를 토대로 할 때, 각 법원마다 실시되고 있는 숙려기간에 조금씩 차이가 있지만, 숙려기간제도의 실시로 이혼 취하율이 어느 정도 증가된 것으로 나타났다. 숙려기간을 부여함으로써 결혼생활의 파탄정도와 이혼에 대해 다시 한 번 생각할 수 있는 기회를 제공한 것으로 보인다. 반면, 이혼 전 상담을 받은 경우, 숙려기간만을 거친 경우에 비해 도리어 이혼 취하율이 낮은 것으로 나타났는데, 이는 하루 속히 이혼하기를 원하는 부부들이 숙려기간을 면제받기 위해 상담을 신청하였기 때문인 것으로 보인다. 이와 같은 결과는 숙려기간 및 이혼 전 상담제도의 시범적 시행이 신중한 이혼결정과 자녀양육문제에 대한 협의의 기회를 제공한다는 '이혼절차에 관한 특례법(안)' 의 기본취지를 아직은 제대로 살리지 못하고 있다는 사실을 시사한다.

아직 법제화되지 않았지만, '이혼절차에 관한 특례법(안)' 의 주요 내용인 숙려기간제도와 이혼 전 상담제도가 본래의 목적을 효과적으로 거둘 수 있도록 하기 위해서는 단순히 숙려기간과 이혼 전 상담을 제공하는 것으로는 충분하지 않다. 협의이혼을 원하는 부부에게 자녀양육문제에 대해 합의하는 과정에서 부모 간 갈등을 최소화하는 한편, 자녀의 이익을 최대한 고려하여 결정을 내리고 그 합의된 내용을 이혼 후에 실천에 옮길 수 있도록 돕기 위한 구체적인 실천방안을 제시할 필요가 있다.

이러한 이유에서 이 책에서는 '이혼절차에 관한 특례법(안)' 이 마침내 법제화되어 이혼 전 상담제도가 본격적으로 시행되기 전에, '이혼절차에 관한 특례법(안)' 에 제시된 이혼 전 상담제도의 효과성 및 타당성을 검토해보고 이를 보다 효율적으로 운영해 나갈 수 있는 방안을 모색하고자 한다. 이혼과정에서 자녀의 이익을 최대한 보장할 수 있는 하나의 방안으로서 이혼 후 자녀양육계획(postdivorce parenting plan) 수립의 필요성을 검토해 보고, 협의이혼 시 부모의 갈등은 최소화하면서 자녀양육과 관련된 사항에 대해 부부가 합의에 이를 수 있도록 돕기 위해 이혼 전 상담과정에서 이혼조정제도(divorce mediation)의 도입 가능성을 타진해보고자 한다.

이를 위해 협의이혼을 하고자 하는 부부들이 자녀의 최대이익을 고려한 자녀양육계획을 세울 수 있도록 지원하기 위해, 우리나라에서 실시될 수 있는 이혼조정의 구체적 내용 및 기본원칙, 실천모델을 모색하는데 중점을 두었다.

이러한 목적을 달성하기 위해 이 책은 다음과 같이 구성되었다. 1장에서는 우리나라의 이혼문제에 대한 이해를 돕기 위해 이혼실태 및 이혼에 따르는 문제점을 살펴보고, 2장에서는 현행 자녀양육 관련 법제도의 내용, 새로운 대안으로서의 이혼절차에 관한 특례법(안)의 내용 및 시범적 실시현황을 소개하고자 한다. 3장에서는 우리나라보다 시기적으로 앞서 이혼문제를 경험한 서구의 나라들이 이혼 시 자녀양육을 위해 마련하고 있는 사회적 접근방안에 대해 살펴본다. 이혼 후 자녀양육의 실태 및 추세, 새로운 대안으로 대두된 공동부모역할의 타당성 및 이를 지지하는 입법제도를 살펴보고, '자녀의 최대 복리' 를 추구하는 공동부모역할을 실행하기 위한 구체적 방안으로서 조정(mediation)과 자녀양육계획(parenting plan)의 필요성을 제시하고자 한다. 4장에서는 자녀양육계획의 수립 및 실천을 위한 조정제도(서비스)의 실태 및 입법사례를 소개하고자 한다. 5장에서는 조정이란 무엇인가를 살펴보고 조정의 특성 및 조정모델에 대해 소개하고자 한다. 6장에서는 이혼가족을 위해 사용될 수 있는 조정모델을 그 과정과 실천방안을 중심으로 살펴보고, 7장에서는 이혼조정(divorce mediation)의 실제사례를 제시하고자 한다. 8장에서는 이혼분쟁, 특히 자녀양육 갈등의 해결을 위한 이혼조정의 효과성을 평가

해보고, 이혼조정의 적합성 여부를 판단할 수 있는 기준을 제시하고자 한다. 9장에서는 이혼조정의 산물로서 이혼 후 자녀양육계획의 구체적 내용 및 예를 제시하고자 한다. 10장에서는 결론으로서 우리나라에서 이혼조정제도를 도입하고 이를 구체적으로 실천할 수 있는 방안을 제안하고자 한다.

이혼하려는 부부가 이혼과정에서 겪을 수 있는 갈등은 최소화하면서 이혼에 따르는 문제들을 원만히 해결하도록 돕는 일, 즉 이혼을 잘 하는 일(well-divorcing)이 이혼 후 자녀를 잘 양육할 수 있는 길(well-parenting)이라고 본다. 이러한 점에서 이혼 후 자녀양육 갈등의 해결 및 자녀양육계획수립과 실천을 위한 이혼조정(divorce mediation)제도의 도입이 필수적이다. 이 책이 가사조정을 담당하는 가사조정위원, 가정법원 내·외에서 이혼상담을 제공하는 사회복지사 및 상담가뿐만 아니라, 이혼 전 상담, 이혼과정에서의 분쟁해결, 이혼 후 적응을 돕기 위해 일하는 모든 전문직에게 필요한 지식과 실천방안을 조금이나마 제시해 줄 수 있기를 희망한다.

2007년 10월

저자

차 례

제5부 결론

제1부

우리나라의 이혼문제 이해

CHAPTER 01

이혼실태 및 이혼에 따르는 문제점

최근 들어 이혼율의 급증으로 인해 우리나라에서도 이혼이 주요한 사회문제로 대두되고 있다. 2005년 10월 서울가정법원의 자료에 의하면, 혼인하는 부부 대비 이혼하는 부부의 비율이 1995년 18.14%에서 2004년 44.47%로 10년 동안 약 2.5배 증가하였다(이강원, 2005: 1). 인구 천 명당 이혼건수를 나타내는 조이혼율은 1980년 0.6건에서 2002년에는 3.0건, 2003년 3.5건으로 급등하였으며, 2006년에는 2.6건으로 다소 낮아지는 추세를 보이고 있다(통계청, 2007: 4).

한편, 이혼형태별로 살펴볼 때, 전체 이혼건수 중 협의이혼의 비율이 1996년 80.6%에서 2006년에는 86.7%로 지난 10년 동안 지속적인 증가추세를 보이고 있다(통계청, 2007: 13). 협의이혼이 차지하는 비율이 86%를 웃돌고 있으며, 이혼사유 중 '부부불화'가 61.8%로 압도적으로 높은 비중을 차지할 뿐 아니라, 그 외에 사유가 불분명한 '기타'가 약 14.0%(통계청, 2007: 12)라는 현실은 더 이상 배우자의 유책행위로 인해서가 아니라, 다양한 이유에 의해 이혼이 결정되고 있음을 시사한다.

이혼가정의 평균 동거기간을 살펴볼 때, 2006년 동거기간이 10년 미만인 가정의 이혼율은 48.4%, 10~20년 미만인 가정의 이혼율은 32.5%, 20년 이상인 가정의 이혼율은 19.2%로 나타났다(통계청, 2007: 9). 동거기간이 20년 미만인 가정의 비율이 약 80%라는 사실은 이혼가정에서 자라는 미성년 자녀의 수가 많다는 사실을 시사한다. 2006년 현재 20세 미만의 자녀를 두고 있는 경우가 이혼가정의 60.7%인 것으로 나타나 최소한 12만 4천만명 이상의 미성년 자녀가 부모의 이혼을 경험하고 있으며 이혼가정에서 자라고 있음을 알 수 있다(통계청, 2007: 11).

최근 들어 이혼 후 어머니가 자녀를 양육하는 경우가 증가됨에 따라 자녀양육문제는 여성의 책임으로 간주되는 경향이 있으며, 이러한 사실은 양육비 확보와 친권, 양육권 행사에 따른 다양한 문제에 직면하게 될 가능성이 높다는 사실을 시사해 준다(윤덕경 · 장영아, 2002: 6). 서울가정법원에서 1999년에 처리한 이혼사건 중 어머니가 양육자로 지정된 경우는 약 66%였으며, 2001년 가정법률상담소 조사결과에서는 이혼 후 자녀를 양육하는 여성의 61.3%가 양육비를 제대로 지급받지 못한 것으로 나타났다(윤덕경 · 장윤아, 2002: 5). 이혼 후 자녀를 양육하는 여성이 증가되고 있지만, 자녀양육을 위한 사회적 지원책은 아직 미비한 실정이다. 이런 사회적 현실 속에서 어린 자녀를 둔 여성들은 취업하는 데 어려움이 있으며, 더욱이 이혼 시 남편으로부터 받을 수 있는 사적소득의 이전마저 재산분할을 둘러싼 갈등으로 인해 제대로 이루어지지 않거나 양육비지급이 제대로 이행되지 않는 경우, 이혼 후 자녀양육의 부담과 함께 극심한 경제적 어려움에 직면하게 될 가능성이 크다.

이혼을 하는 과정에서 재산분할 및 양육비 등 경제적 문제에 대한 결정과, 친권 · 양육권 · 면접교섭권을 둘러싼 자녀양육분쟁은 가장 어려운 문제점으로 대두되고 있다. 이와 더불어 이혼부부는 자녀양육 시 한부모역할 수행의 어려움, 이혼가족 및 자녀에 대한 사회적 편견과 이혼 후 정서적 적응문제에 직면하게 된다. 이처럼 이혼하는 부부뿐 아니라 그 자녀들도 이혼으로 인해 초래되는 여러 심각한 어려움과 고통에 직면하고 있다.

이혼이 초래하는 부정적 영향에도 불구하고 최근들어 이처럼 이혼율이 치솟고 있는 현실을 올바로 이해하는 데 도움이 되는 실증적 자료는 많지 않다. 이러한 점에서 우리나라 이혼부부들이 이혼을 하게 되는 사유, 이혼사유별 이혼의향 및 이에 영향을 미치는 요인을 알아볼 필요가 있다. 아울러, 이혼하는 과정에서 이혼부부들이 직면하는 문제점에 대해 알아봄으로써 우리사회에서 일어나고 있는 이혼문제에 대한 이해를 돕고자 한다. 다음의 내용들은 설문조사를 통한 실증자료를 토대로 이혼의 실태 및 이혼에 따르는 문제점을 제시한 것이다.

1. 이혼사유[1)]

우리나라의 이혼사유 추이를 살펴볼 때, 이혼사유 중 부부불화가 차지하는 비율은 2000년 52.5%로 가장 높았으며, 2006년에도 61.8%로 가장 높게 나타났다. 부부불화의 내용 중에서도 특히 부부 간 성격차이(49.7%)가 차지하는 비율이 배우자 부정(7.6%)이나 폭력 및 학대(4.5%)보다 압도적으로 높은 것으로 나타났다. 이처럼 전체 이혼사유에서 '성격차이'가 차지하는 비중이 가장 높다는 사실은 재판상 이혼사유[2)] 중 유책사유(배우자의 부정, 폭력 및 학대)보다 6호 사유로 인한 이혼이 증가되고 있음을 반영한다. 이혼사유의 변

1) 이명신 · 김유순(2005). "이혼사유별 이혼의향에 영향을 미치는 요인: 남녀모델비교". 「여성연구」, 2: 40-42에 게재된 내용을 수정한 것임.

표 1-1 이혼사유 단위: %

년도	부부불화			가족 간 불화	건강상의 이유	경제 문제	기타
	성격차이	부정	학대				
2000	40.1	8.1	4.3	21.9	0.9	10.7	14.0
2001	43.0	8.7	4.7	17.6	0.7	11.6	13.7
2002	44.7	8.6	4.8	14.4	0.6	13.6	13.3
2003	45.3	7.4	4.3	13.0	0.6	16.4	13.0
2004	49.4	7.0	4.2	10.0	0.6	14.7	14.1
2005	49.2	7.6	4.4	9.5	0.6	14.9	13.8
2006	49.7	7.6	4.5	8.9	0.8	14.6	13.9

출처: 통계청, 「2006년 이혼통계결과」, (2007: 12)

화추이를 살펴볼 때, 점차 성격차이, 생활양식의 차이, 대화단절 및 무관심, 애정상실 등 부부관계 및 결혼생활의 질과 관련된 항목들이 증가되고 있어 부부관계 및 결혼의 질이 이혼결정 과정에서 중시되고 있는 것으로 보인다(이주홍, 2002: 52).

한편, 다른 나라의 이혼사유도 우리나라와 거의 비슷한 것으로 나타나고 있다. 이혼사유를 조사하기 위해 미국에서 17년간의 전국 패널자료를 분석한 결과, Amato와 Previti(2003: 615~616)는 배우자의 부정, 폭력 및 학대, 음주 및 약물사용, 성격적 문제, 의사소통 및 애정의 결여, 가정의 의무소홀, 경제문제, 건강문제, 외부가족의 간섭, 성격차이, 갈등, 불만족 등이 주요한 이혼사유로 나타나고 있으며, 그 중에서 배우자의 부정 및 성격차이로 이혼하

2) 재판상 이혼사유: 민법 제840조에 의거할 때, 재판상 이혼사유로 '배우자의 부정' (1호 사유), '배우자가 악의로 유기한 경우' (2호 사유), '배우자 또는 배우자의 직계존속으로부터 심히 부당한 대우를 받았을 때' (3호 사유), '자기의 직계존속이 배우자로부터 심히 부당한 대우를 받았을 때' (4호 사유), '배우자의 생사가 3년 이상 분명하지 아니한 때' (5호 사유), '기타 혼인을 계속하기 어려운 중대한 사유' (6호 사유)의 6가지 사유가 제시되어 있다.

는 경우가 가장 많았다고 보고하였다.

이혼사유는 배우자의 부정, 폭력 등 특정한 위기적 사건, 배우자의 문제행동 등 개인적 문제 또는 부부관계 및 가족관계에서 오랜 기간 누적되어온 문제, 부부 간 갈등 및 불일치, 불만 등 결혼생활의 질과 관련된 다양한 요인을 포함하는 것으로 보인다. 이혼의 원인과 이혼을 결심하기까지의 과정에 대한 연구(곽배희, 1993: 118)에 의하면, 배우자의 부정, 폭력 등 특정한 위기적 사건 또는 배우자의 주벽, 낭비벽, 도박 등의 행동문제 등 구체적인 사건이 이혼의 사유를 제공하지만, 이러한 요인들이 직접적으로 이혼으로 연결되지는 않는 것으로 나타나고 있다. 이러한 이혼사유들은 이혼에 직접적 영향을 미치기보다는 잠재적 문제가 있던 부부의 이혼결정에 부차적인 영향을 미치는 것으로 보인다(주혜주, 2004: 126). 이러한 사건들이 부부 간 갈등을 유발시켜 이혼을 생각하게 만들지만, 이혼을 지연 또는 억제시키는 요인이 발생해 이혼의도가 보류된다(곽배희, 1993: 118). 그러나 갈등의 요인이 해소되지 않고 그 정도가 더 심해지거나 또 다른 요인이 나타날 때 결국은 이혼을 결심하게 되는 것으로 보인다(곽배희, 1993: 118).

2. 이혼사유별 이혼의향

이혼율이 급상승함에 따라 이혼원인 분석 및 이혼예측요인에 대한 관심이 증대되고 있다. 이혼예측요인을 조사하기 위해, 이혼사유별 이혼의향을 조사한 한 연구(이명신 · 김유순, 2005)[3]에 따르면, '배우자의 부정' 을 제외한 모

3) 이명신 · 김유순(2005). "이혼사유별 이혼의향에 영향을 미치는 요인: 남녀모델 비교". 「여성연구」, 2: 35-91에 게재된 내용 중 일부를 발췌하여 제시한 것임.
이 연구에서는 이혼하지 않은 일반 남녀 386명을 대상으로 특정한 이혼사유가 발생할 경우 이

표 1-2 재판상 이혼사유(유책사유)로 인한 이혼의향

이혼사유 \ 이혼의향		집단	N	Mean	5점척도 평균*	Std Dev	T	DF	Prob>ITI
1호 사유	배우자의 부정	남	148	3.898	3.898	1.159	-1.13	375	0.2602
		여	229	4.026	4.026	1.012			
3·4호 사유	부당한 대우	남	151	5.847	2.923	2.408	-3.80	384	0.0002***
		여	235	6.766	3.383	2.251			
	폭력 및 학대	남	144	6.451	3.225	2.737	-7.82	241	0.0001***
		여	226	8.522	4.261	2.018			

* 각 이혼사유별 이혼의향을 비교하기 위해 5점 척도로 환산한 평균치를 제시하였음.

든 이혼사유별 이혼의향에 있어 남녀 간 유의미한 차이점이 발견되었다.

배우자의 부정한 행위(1호 사유)로 인해 이혼하고자 하는 경우 남녀 간 유의미한 차이가 없었으며, 배우자의 부정으로 인한 이혼의향은 남녀를 불문하고 상당히 높은 것으로 나타났다(남성 3.89, 여성 4.02). '심히 부당한 대우'와 '배우자의 폭력 및 학대' 로 인해 이혼하고자 하는 의향에 있어서 남녀 간 유의미한 차이점이 발견되었으며, '심히 부당한 대우'를 당한 경우 이혼하고자 하는 의향은 여성(3.38)이 남성(2.92)보다 훨씬 높은 것으로 나타났다. 배우자의 폭력 및 학대로 인한 이혼의향도 여성(4.261)이 남성(3.22)보다 압도적으로 높은 것으로 나타났다.

혼할 의향이 있는지를 조사하였다. 이혼사유로는 민법 제840조에 제시된 재판상 이혼사유 중 '배우자가 악의로 유기한 경우' (2호 사유)와 '배우자의 생사가 3년 이상 분명하지 아니한 때' (5호 사유)는 혼인을 지속하기 어려운 극단적인 이혼사유이므로 응답자 간 편차가 많지 않으리라는 점에서 제외하였다. 한편, '배우자 또는 배우자의 직계존속으로부터 심히 부당한 대우를 받았을 때' (3호 사유)와 '자기의 직계존속이 배우자로부터 심히 부당한 대우를 받을 때' (4호 사유)를 '배우자의 직계존속으로부터 심히 부당한 대우를 받거나, 배우자가 자기의 직계존속에게 심히 부당한 대우를 한 경우' 와 '배우자가 폭력 및 학대행위를 한 경우' 로 나누어 조사하였다.

표 1-3 6호 사유로 인한 이혼의향

사유 \ 이혼의향		집단	N	Mean	5점척도 평균	Std Dev	T	DF	Prob>|T|
개인 성향의 문제	경제적 무능력	남	147	1.680	1.680	0.928	-12.63	372	0.0001***
		여	227	3.092	3.092	1.131			
	성적인 문제	남	145	4.965	2.482	2.112	-3.65	371	0.0003***
		여	228	5.785	2.892	2.114			
	배우자의 문제행동	남	149	19.322	3.220	7.007	-3.89	377	0.0001***
		여	230	22.222	3.703	7.130			
가족 관계	시가/처가와 문제	남	151	8.264	1.653	4.023	-4.91	379	0.0001***
		여	235	10.664	2.133	5.561			
부부 관계	갈등 및 불일치	남	151	8.790	1.758	3.974	-4.60	364	0.0001***
		여	235	10.887	2.177	4.918			
	배우자에 대한 불만	남	151	14.513	1.814	6.434	-5.69	377	0.0001***
		여	235	18.907	2.363	8.710			

재판상 이혼사유 중 6호 사유는 '기타 혼인을 계속하기 어려운 중대한 사유' 로 되어 있다. 최근 6호 사유로 인한 이혼이 급증되고 있으며, 6호 사유는 배우자의 개인적 요인(경제적 무능력, 성적인 문제, 도박 · 약물 등의 문제행동), 가족관계 요인(시가/처가 문제), 부부관계 요인(갈등 및 불일치, 배우자에 대한 불만)으로 분류할 수 있다.

배우자의 개인적인 성향이나 문제행동 때문에 혼인을 지속하기 어려운 경우 이혼의향에 있어 남녀 간 유의미한 차이점이 발견되었고, 여성의 이혼의향이 남성보다 훨씬 높았다. 배우자의 문제행동으로 인한 이혼의향은 여성(3.7)과 남성(3.2) 모두 높은 편이었으나, 성적인 문제로 인한 이혼의향은 여성(2.8)과 남성(2.4) 모두 상대적으로 낮은 편이었다. 배우자의 경제적 무능력으로 인한 이혼의향은 여성(3.09)이 남성(1.68)보다 훨씬 높게 나타났다.

시가 및 처가 등 가족관계에서 발생되는 문제로 인한 이혼의향도 남녀 간 유의미한 차이점이 발견되었다. 가족관계의 문제(지속적 · 경제적 도움 요청, 지나친 간섭, 사생활 침해 등)로 인해 이혼하고자 하는 정도는 여성(2.13)이 남성(1.65)보다 높게 나타났다. 그러나 가족관계에서 발생되는 갈등사유로 인한 이혼의향은 남녀 모두 대체로 낮은 편이었다.

부부관계에서 발생되는 문제로 인한 이혼의향을 조사한 결과에도 남녀 간 유의미한 차이점이 발견되었다. 부부 간 갈등 및 불일치로 인한 이혼의향(배우자와의 성격차이, 사사건건 의견불일치, 금전 및 가사분담을 둘러싼 갈등 등)에 있어도 여성(2.17)의 이혼의향이 남성(1.75)보다 높았다. 배우자에 대한 불만(말이 통하지 않음, 사랑이 느껴지지 않음, 배우자의 무관심, 비난 및 불평불만 등)으로 인한 이혼의향 역시 여성(2.36)이 남성(1.86)보다 다소 높은 편이었다. 부부 간 갈등 및 불일치, 배우자에 대한 불만을 이유로 이혼하고자 하는 정도는 다른 이혼사유로 인한 이혼의향에 비해 상대적으로 낮은 편이었다.

3. 이혼사유별 이혼의향에 영향을 미치는 요인

이명신 · 김유순(2005: 77～82)의 연구는 이혼사유별 이혼의향에 있어 남녀 간 유의미한 차이가 있을 뿐 아니라, 이혼사유별 이혼의향에 영향을 미치는 요인에 있어서도 남녀 간에 차이가 있음을 보여 준다. 이혼사유별 이혼의향에 인구사회경제적 요인(연령, 결혼연령, 결혼기간, 교육수준, 가구소득수준, 취업, 연금), 부부관계 요인(개인적 권력, 결혼불만족, 부부 간 거리감, 양성평등의식), 이혼관련 사회적 요인(이혼노출, 호주제 심각성, 이혼관련 법률지식, 재산분할제부당성), 이혼 시 직면하는 문제(경제적 문제, 법적 문제, 한부모 역할수행, 사회적 편견)가 미치는 영향력을 조사한 결과, 다양한 요인이 각기 다른 이혼사유별 이혼의향에 작용하는 것으로 나타났다.

표 1-4 이혼사유별 이혼의향에 영향을 미치는 요인

요인 \ 이혼사유			배우자 부정	부당한 대우	폭력 및 학대	성적인 문제	경제적 무능력	배우자 문제 행동	시가(처가) 문제	갈등 및 불일치	불만
인구사회경제적 요인	연령	남									
		여			-0.037**						
	결혼 연령	남									
		여									
	결혼 기간	남									
		여									
	교육 수준	남	-0.289**		-0.793**	-0.731***		-1.442*			
		여									
	소득 수준	남								0.004*	
		여		0.001*						-0.003*	-0.005*
	취업	남									
		여							1.288*		
	연금	남		-0.847*					-1.330*		
		여		0.615*				1.904*		1.147*	2.584**
부부관계 요인	개인적 권력	남									
		여	-0.062*		-0.137**						
	결혼 불만족	남					0.064*				
		여				-0.185**					
	부부 간 거리감	남	0.044*			0.085*			0.233***	0.326***	0.271**
		여		0.046*		0.163***	0.041***		0.323***	0.402***	0.848***
	양성평등 의식	남			0.561**			1.024*			
		여	0.144***	0.253*	0.363***						
사회적 요인	이혼에 노출	남		-1.287**	-1.283**	-0.804*				-1.644*	-2.703*
		여				-0.614*			-1.792**		
	호주제 심각성	남									
		여									
	이혼관련 법률지식	남									
		여									
	재산분할제 부당성	남									
		여		0.118**				0.498***			

요인 \ 이혼사유			배우자 부정	부당한 대우	폭력 및 학대	성적인 문제	경제적 무능력	배우자 문제 행동	시가(처가) 문제	갈등 및 불일치	불만
이혼 시 직면하는 문제	경제적 문제	남					0.167***		0.599***		1.184***
		여									
	법적인 문제	남	-0.053**								
		여		0.115***		0.133***	0.064***	0.390***	0.425***	0.328***	
	한부모 역할수행	남	0.132***		0.180**	0.202***					
		여	0.113***		0.204***						
	사회적 편견	남					0.061*	1.045***	0.345**		
		여									
모델	남	F	9.20***	6.14**	13.00***	15.71***	10.97***	12.48***	13.97***	11.88***	14.79***
		R^2	0.2024	0.0780	0.2680	0.3067	0.1829	0.2040	0.2768	0.2101	0.2355
	여	F	17.55***	10.42***	16.63***	21.60***	21.96***	14.10***	33.40***	56.99***	57.44***
		R^2	0.1856	0.2268	0.2259	0.2756	0.1591	0.1552	0.3810	0.5146	0.4437

*P〈0.05, **P〈0.01, ***P〈0.001

1) 인구사회경제적 요인

인구사회경제적 요인이 이혼사유별 이혼의향에 미치는 영향을 비교했을 때, 남녀 간 상당한 차이점이 발견되었다. 남성의 경우, 교육수준이 높을수록 4가지 이혼사유별(배우자의 부정, 폭력 및 학대, 성적인 문제, 배우자 문제행동) 이혼의향이 낮은 것으로 나타났다. 가구당 소득수준이 높은 경우 갈등 및 불일치로 인한 이혼의향이 높았고, 연금이 있는 경우 부당한 대우나 처가와의 문제로 인한 이혼의향이 낮은 것으로 나타났다.

반면, 여성은 연금이 있는 경우 4가지 이혼사유별(부당한 대우, 배우자 문제행동, 갈등 및 불일치, 불만) 이혼의향이 높았으며, 취업한 여성의 경우에는 시가문제로 인한 이혼의향이 높았다. 가구당 소득수준이 높을수록 갈등 및 불일치, 배우자에 대한 불만으로 인한 이혼의향이 낮았으나, 부당한 대우로 인한 이혼의향은 높게 나타났다.

교육수준은 여성의 이혼사유별 이혼의향에 전혀 유의미한 영향력을 미치지 않았으나, 남성의 경우에는 교육수준이 높을수록 배우자의 부정, 폭력 및 학대, 성적인 문제와 배우자의 문제행동으로 인한 이혼의향이 감소되는 것으로 나타났다. 이러한 결과는 남성의 경우 교육이 부부 간 효과적인 의사소통을 증진시키고 차이점을 해결할 수 있게 함으로써 결혼안정성을 증진시키는 긍정적 효과가 있다는 선행연구들(Amato & Previti, 2003: 605; Heaton, 2002: 406)에 제시된 견해와 일치되는 것으로 보인다.

한편, 가구당 소득수준은 남성과 여성에게 각기 다른 영향을 미치고 있는 것으로 나타났다. 남성의 경우 소득수준이 높을수록 갈등 및 불일치로 인한 이혼의향이 증가된다는 사실은 사회경제적 지위가 높을수록 표현적 · 관계적 문제로 이혼하는 비율이 증가된다는 Amato와 Previti(2003: 606)의 견해와 일치한다. 이와 대조적으로, 여성의 경우에는 소득수준이 높을수록 갈등 및 불일치, 불만으로 인한 이혼의향이 감소하는 것으로 나타났다. 여성은 남편과의 관계에서 갈등과 불일치 또는 불만이 있더라도 경제적 여유가 있을 경우 자신의 욕구를 다른 면에서 충족하는 것이 가능하기 때문에 갈등과 불만을 희석시킬 수 있기 때문으로 보인다. 그러나 자신이나 자신의 직계존속이 심히 부당한 대우를 당한 경우에는 소득수준이 높아 경제적 안정성이 보장되더라도 더 이상 이를 용납하지 못하고 이혼하고자 하는 것으로 보인다. 가구당 소득수준은 남녀에게 미치는 영향력이 다를 뿐 아니라, 이혼사유의 심각성에 따라 여성의 이혼의향에 미치는 영향력이 다르게 나타나고 있다.

취업을 통해 경제적 자립이 가능한 경우 여성은 시가와의 문제가 있을 때 이혼하기를 원하며, 아울러 자신명의의 연금이 있는 경우 부당한 대우 및 배우자의 문제행동을 더 이상 용납하지 못하며, 갈등 및 불일치, 불만으로 가득한 결혼생활을 청산하려는 의도가 큰 것으로 보인다. 반면, 남성의 경우 자신 명의의 연금을 가진 경우 아내나 처가 직계존속으로부터의 부당한 대우 또는 처가와의 문제로 인한 이혼의향이 감소되는 것으로 나타났다. 이러한 사유로 이혼할 경우 연금수급분할권으로 인해 재산분할시 불이익이 초래되기 때문인 것으로 보인다.

흥미롭게도 여성자신의 경제력과 가구당 소득수준은 이혼의향에 다소 상반되는 영향을 미치는 것으로 나타났다. 갈등 및 불일치, 불만으로 인한 이혼의향은 자신명의의 연금이 있는 경우 증가되지만, 가구당 소득수준이 높은 경우 감소된다는 연구결과는 경제적 독립이 가능한 경우 여성들은 갈등과 불일치로 가득한 결혼생활을 청산하지만, 가구당 소득수준이 높은 경우에는 결혼을 지속함으로써 얻는 이득이 이혼할 경우보다 많다고 생각하기 때문에 이혼을 주저하는 것으로 보인다.

종합하여 볼 때, 여성의 경우 취업이나 연금을 통한 경제력의 확보는 분명 여성들에게 부당하거나 불공평, 불만족스런 결혼생활에서 벗어날 수 있게 하는 자원이 되고 있는 것으로 보인다. 그러나 단순한 취업여부보다는 자신명의 연금의 확보는 취업의 안정성 및 미래생활을 보장해 준다는 점에서 이혼결정에 있어 보다 강력한 영향을 미치는 요인으로 작용하는 것으로 보인다. 한편, 여성자신이 취업 및 연금을 통해 경제력을 확보한 경우에도 가구 전체의 소득과 비교한 상대적 손익평가를 통해 이혼사유별로 이혼의향이 다르게 결정된다는 점에서, 여성의 경제력 증가로 이혼이 증가된다는 기존의 견해는 이혼결정에 있어 다양한 요인들 간의 역동적 상호작용을 지나치게 단순화시키는 것이라고 볼 수 있다.

2) 부부관계 요인

남성과 여성 모두 부부 간 거리감이 클수록 부부관계의 문제(성적인 문제, 갈등 및 불일치, 불만) 또는 시가 및 처가문제로 인한 이혼의향이 증가되었다. 아울러 여성의 경우 부부 간 거리감은 부당한 대우, 경제적 무능력의 경우 이혼의향을 증가시키며, 남성의 경우에는 배우자 부정으로 인한 이혼의향을 증가시키는 것으로 나타났다. 부부 간 거리감은 〈표 1-4〉에서 살펴본 9가지 이혼사유 중 7가지 이혼사유로 인한 이혼의향을 증가시키는 가장 결정적인 이혼의향 결정요인으로 나타났다. 특히 부부관계 및 시가(처가)와의 문제가 있을 때 부부 간 애정 및 친밀감이 고갈되고 거리감을 크게 느낄 경우 이혼으로 이어질 가능성이 높다는 점을 알 수 있다. 이러한 결과는 부부 간 부정적 태도와 거리를 두는 행동이 결혼의 불안정과 결혼의 와해를 가져온다는 Gottman(1994)의 설명과 일치하는 것으로 보인다.

결혼불만족은 남성의 경우 배우자의 경제적 무능력으로 인한 이혼의향을 증가시키는 반면, 여성의 성적인 문제로 인한 이혼의향을 감소시키는 것으로 드러났다. 결혼에 만족하지 못할수록 남성은 배우자의 경제적 무능력에서 오는 경제적 스트레스를 감수하지 못하는 것으로 보인다. 여성의 경우 성적불만족에도 불구하고 이로 인한 이혼의향은 낮게 나타났는데 이는 전통적인 성규범으로 인해 여성들이 성에 관한 문제를 표출하는 것을 어려워하기 때문이라고 볼 수도 있다.

배우자와의 관계에서는 개인적 권력을 많이 지닐수록, 여성의 배우자 부정, 폭력 및 학대로 인한 이혼의향은 낮게 나타났다. 남편과의 관계에서 애정 및 정서적 지지를 통해 자신의 영향력을 행사할 수 있다고 느낄 때 배우자의 부정이나 폭력 및 학대 같은 위기적 사건을 견디어 낼 수 있기 때문인 것으로 보인다. 남성의 경우 개인적 권력은 이혼의향에 전혀 영향을 미치지 않는 것으로 드러났다.

양성평등의식이 높을수록 남성과 여성 모두 폭력 및 학대로 인한 이혼의향이 증가되었다. 여성의 경우 양성평등의식이 높을수록 배우자 부정, 부당한 대우로 인한 이혼의향이 높았으며, 남성의 경우 양성평등의식이 높을수록 배우자의 문제행동으로 인한 이혼의향이 높은 것으로 나타났다. 양성평등의식은 배우자와의 관계에서 인격적 존중을 받지 못한다고 느끼는 경우 이혼의향을 증가시키는 것으로 보인다.

3) 이혼 관련 사회적 요인

이혼에의 노출여부는 남성의 경우, 5가지 이혼사유별(부당한 대우, 폭력 및 학대, 성적인 문제, 갈등 및 불일치, 배우자에 대한 불만) 이혼의향을 감소시키는 것으로 나타났다. 여성의 경우에는 성적인 문제, 시가문제로 인한 이혼사유를 감소시키는 것으로 나타났다. 이혼에 많이 노출될수록 이혼에 대한 허용도가 증가될 것이라는 예상과는 달리, 주변에서 이혼한 사람의 어려움을 많이 목격한 경우 이혼의향이 감소되는 것으로 나타났다.

호주문제로 인해 이혼가정의 자녀가 겪는 어려움이 크다는 점에서 호주제의 심각성을 크게 느낄수록 그리고 여성에게 우호적이지 않은 재산분할제도 등 현행 이혼 관련 법률에 대한 지식이 많을수록 이혼의향이 감소될 것이라고 예상했다. 그러나 예상과 달리 이혼의 억제요인으로 보았던 호주제의 심각성과 이혼 관련 법률지식은 각 이혼사유별 이혼의향에 유의미한 영향력을 미치지 않는 것으로 나타났다. 다만 여성의 경우 현행 재산분할제도에 대해 부당하게 생각하는 정도가 높을수록, 부당한 대우 및 배우자의 문제행동으로 인한 이혼의향이 증가되는 것으로 나타났다.

4) 이혼 시 직면하는 문제

이혼에 따르는 문제로 인한 어려움이 이혼을 억제할 수 있는 요인으로 작용할 수 있으리라는 예상과는 달리, 남성과 여성 모두 이러한 문제를 예상하면서도 전반적으로 각 이혼사유별 이혼의향이 높게 나타났다.

남성의 경우, 이혼에 따르는 경제적 문제로 인한 어려움이 크다고 예상될지라도, 3가지 이혼사유별(경제적 무능력, 처가와의 문제, 불만) 이혼의향이 높았다. 한편, 여성은 이혼으로 인한 법적인 문제로 인한 어려움이 크다고 예상될지라도 6가지 이혼사유별(부당한 대우, 성적인 문제, 경제적 무능력, 배우자의 문제행동, 시가와의 문제, 갈등 및 불일치 등) 이혼의향이 높은 것으로 나타났다. 남성의 경우 법적인 문제로 인한 어려움은 배우자의 부정을 제외한 모든 이혼사유로 인한 이혼의향에 전혀 영향력을 미치지 않았다. 여성의 경우에는 경제적 문제로 인한 어려움은 어떠한 이혼사유로 인한 이혼의향에도 영향을 미치지 않는 것으로 나타났다. 이러한 결과는 이혼에 있어서 남성은 법적 문제로 인한 어려움, 여성들은 경제적 문제로 인한 어려움을 느끼지 못한다고 해석되어서는 안 될 것이다. 오히려 이혼으로 인해 남성들이 예상하는 법적인 문제로 인한 어려움이나, 여성들이 예상하는 경제적 문제로 인한 어려움이 클지라도 특정 이혼사유가 발생하는 경우 이혼의향이 높은 것으로 해석해야 할 것이다.

이혼할 경우 한부모 역할수행으로 인한 어려움이 크다고 예상할 지라도, 남성과 여성 모두 배우자의 부정이나 폭력 및 학대 시 이혼의향이 높았다. 배우자가 외도를 하거나 폭력 및 학대행위를 할 경우 이러한 배우자의 부정적 행동이 더 이상 자녀에게 해로운 영향을 미치지 않도록 막기 위해 이혼을 생각하는 것으로 보인다. 어떠한 경우에도 양 부모가 있는 가정을 유지하는 것이 자녀를 위해 바람직하다고 여겨지던 종래의 일반적인 견해와는 달리, 외도 및 폭력 등으로 자녀에게 부정적 영향을 미치는 부모가 있는 가정보다는 한부모 가정에서 자녀를 안전하게 보호하고 건강하게 성장해 나갈 수 있도록 돕는 것이 더 낫다는 생각을 반영하는 것으로 보인다. 한편, 남성은 성적인 문제가 있을 경우 한부모 역할수행으로 인한 어려움이 크더라도 이혼하고자 하는 의향이 높게 나타났다.

사회적 편견으로 인한 어려움은 여성의 각 이혼사유별 이혼의향에 전혀 유의미한 영향력을 미치지 않았으나, 남성의 경우 사회적 편견으로 인한 어려움이 클지라도 경제적 무능력, 배우자의 문제행동, 처가와의 문제로 인해 이혼하겠다는 의향이 높은 것으로 나타났다.

전체적 결과를 종합하여 볼 때, 부부관계 요인 및 여성의 경제력은 이혼사유별 이혼의향에 강력한 영향을 미치지만, 이혼 관련 법률지식 및 법제도에 대한 견해 등 사회제도적 요인은 이혼의향에 크게 영향을 미치지 않는 것으로 나타났다. 이혼 관련 현행 법제도 및 이혼 시 직면하는 문제로 인한 어려움이 이혼억제요인으로 작용할 것이라는 예상과 달리, 이러한 요인의 영향력은 미미하거나 예상과 상반되는 결과를 지닌 것으로 나타났다. 일반적으로 취업 증대에 따른 여성의 경제력 확보 등의 경제적 요인이 여성의 이혼의향을 증가시킬 것이라고 기대되었으나, 흥미롭게도 여성이 경제력을 확보한 경우에도 가구전체의 소득과 비교하여 상대적 손익평가를 통해 이혼사유별로 이혼의향이 다르게 결정되는 것으로 나타났다. 즉 특정한 이혼사유 자체가 이혼결정에 직접적 영향력을 행사한다고는 볼 수 없다. 특정한 이혼사유가 발생할 경우 부부들은 이혼을 고려하게 되고, 이 과정에서 결혼유지와 이혼선택을 저울질하며 상대적 손익평가를 하는 것으로 보인다. 이처럼, 다양한 요인들이 영향을 미치는 가운데 이혼결정이 이루어지므로, 이혼결정에 영향을 미치는 요인을 지나치게 단순화하거나 일반화하는 것은 무리가 있다.

이처럼 이혼결정과정이 복잡하며 다양한 요인이 영향을 미칠 수 있다는 점에서 이명신 · 김유순의 연구(2005)는 이혼을 고려하고 결정하기까지의 과정에서 부부들이 현실적이고, 합리적인 결정을 내리도록 돕기 위한 사회적 지원책이 필요하다는 점을 제시한다. 이혼 후 한부모 역할수행의 어려움, 사회적 낙인 등 현실적 어려움에도 불구하고 이혼의향이 높다는 현실을 고려할 때, 당분간 이혼이 증가일로에 있다는 사실을 받아들여야 할 것이다. 이러한 사회적 현실 속에서 이혼에 보다 적극적 · 효과적으로 대처할 수 있는 방안을 마련하는 것이 시급하며, 이혼으로 인해 가족들이 직면하는 문제점을 완화시킬 수 있도록 현행 법제도의 문제점에 대한 지속적인 논의는 물론, 이를 효과적으로 개선할 수 있는 방안을 모색해야 할 필요가 있다고 보인다.

4. 이혼단계별 문제점

이혼과정은 부부가 이혼의 가능성을 고려할 때 시작된다(주혜주, 2005: 17). 이혼은 법적 이혼의 성립으로 끝나는 단순한 사건이 아니라, 사회적 · 경제적 · 심리적인 분리 및 이혼 후 부모역할의 재정립을 요하는 일련의 전환과정(Brown, 1997: 39)으로 볼 수 있다. 이혼의 과정은 처음으로 이혼 가능성을 고려하면서 마침내 이혼을 결정하기까지의 과정, 혼인해소를 위한 관계정리와 이혼 후 자녀양육에 대한 재구조화를 위한 의사결정 및 합의의 과정, 이혼 후의 새로운 삶을 재정립하고 적응하는 시기로 나눌 수 있다.

특히 법적 이혼이 성립되기 직전인 이혼을 위한 협상기간은 배우자와 정서적으로 분리되어야 할 뿐 아니라, 법적인 문제를 해결하고 이혼 후의 생활을 계획하고 준비해야 하기 때문에 이혼가족들에게 가장 고통스러운 시기가 될 수 있다(김수정, 2002: 2 재인용). 이혼 후 자녀양육을 둘러싼 친권자 및 양육권자 지정, 양육비 지급방안, 면접교섭권 등 구체적 문제에 대한 의사결정의 과정에서 부부 간 이해관계가 대립되거나 합의에 이를 수 없을 때 많은 갈등이 일어날 수 있다. 이러한 점에서 이혼을 결정하는 과정은 물론, 최종적인 이혼에 이르기까지의 사회적 · 경제적 · 심리적 분리 및 가족관계의 재구조화 과정은 이혼하는 부부에게 있어 매우 고통스럽고 따라서 도움이 필요한 시기라고 볼 수 있다.

이혼을 결심한 후 이혼과정에서 직면하는 문제를 조사한 한 연구보고서(이명신, 2006)[4]에 의하면 이혼여성들은 이혼결정 전, 이혼하는 과정, 이혼 후 적응단계에서 많은 어려움에 직면하고 있는 것으로 드러났다.

1) 이혼 전 문제점: 이혼의사결정과정

조사대상 이혼여성 중 91.1%는 협의이혼을 하였고, 일반 가구(94.1%)의 경우 협의이혼의 비율이 다른 가구에 비해 다소 높았다. 이혼을 누가 먼저 제안했는지 알아본 결과, 부인이 제안한 경우가 전체의 70.4%였고, 남편이 제안한 경우는 27.2%였다. 가구별로 비교할 때, 부인이 이혼을 제안한 비율은 수급자 가구(78.0%)와 차상위 가구(75%)가 일반 가구(47.4%)에 비해 높았다.

4) 이명신(2006).「2006년 진주시 지역사회복지계획 수립을 위한 복지욕구 및 자원조사 보고서」. pp. 139~152에 게재된 내용 중 '이혼여성'에 관한 조사결과를 발췌함.
이혼여성을 대상으로 설문조사를 실시하기 위해, 첫 단계에서 여성가구주에 대한 표집이 우선적으로 이루어졌다. 여성가구주는 일반 가구의 경우 확률표본추출을 통해 조사대상으로 선정된 총 1045가구 중에서 65가구(6.2%)가 해당하였으며, 국민기초생활보장 수급가구는 200가구 중 97가구, 차상위 가구는 50가구 중 24가구가 여성가구주로 밝혀졌다. 다음 단계에서는 여성가구주 중에서 이혼으로 여성가구주가 된 경우를 조사하였다. 총 186명의 여성가구주 중 이혼여성은 81명(43.5%)으로, 가구별로 구분할 때 일반 가구 19명, 수급자 가구 50명, 차상위 가구 12명이 최종 조사대상으로 선정되었다.

표 1-5 이혼유형 및 이혼 제안자 단위: 명(%)

유형 및 제안자		일반	수급자	차상위	전체
이혼유형	협의이혼	16(94.1)	46(90.2)	10(90.9)	72(91.1)
	재판이혼	1 (5.9)	5 (9.8)	1 (9.1)	7 (8.9)
이혼 제안자	남편	9(47.4)	10(20.0)	3(25.0)	22(27.2)
	부인	9(47.4)	39(78.0)	9(75.0)	57(70.4)
	시가식구	1 (5.3)	-	-	1 (1.2)
	친정식구	-	1 (2.0)	-	1 (1.2)
	계	19	50	12	81(100)

이혼을 결심하기까지 걸린 시간은 이혼을 결심하기까지 1년 이하인 경우는 49.3%, 6개월 정도가 27.1%였으며, 1개월 이내는 8.6%, 1주 이내는 1.2%인 것으로 나타났다. 이혼여성의 절반 정도(49.3%)는 이혼을 결심하기까지 1년 이내의 시간이 필요했으며, 약 10%의 여성은 채 1개월도 되지 않는 짧은 기간 내에 이혼을 결정하는 것으로 나타나 성급히 이혼을 결정한 것으로 보인다(〈표 1-6〉 참조).

표 1-6 이혼을 결심하기까지의 기간 단위: 명(%)

기간	일반	수급자	차상위	전체	누계
1주 정도	-	-	1 (8.3)	1 (1.2)	1.2
1개월 정도	1 (5.6)	4 (7.8)	1 (8.3)	6 (7.4)	8.6
2~3개월 정도	2(11.1)	4 (7.8)	-	6 (7.4)	16.0
6개월 정도	-	9(17.6)	-	9(11.1)	27.1
6개월~1년	2(11.1)	11(21.6)	5(41.7)	18(22.2)	49.3
1~3년	8(44.4)	15(29.4)	2(16.7)	25(30.9)	80.2
4년 이상	5(27.8)	8(15.7)	3(25.0)	16(19.8)	100.0
계	18	51	12	81	

이혼하자는 말이 나온 후 이혼을 합의하기까지 걸린 시간을 조사했을 때, '즉시' 이혼에 합의한 경우는 7.7%, 1주 이내에는 12.8%, 1개월 이내에는 29.5%로 거의 30%에 달했다. 응답자의 절반 이상(56.4%)이 6개월 이내에 이혼을 합의하는 것으로 나타났으며, 75.6%가 1년 이내에 이혼을 합의한 것으로 나타났다(〈표 1-7〉 참조).

표 1-7 이혼합의까지의 기간 단위: 명(%)

기간	일반	수급자	차상위	전체	누계
즉시	-	6(12.0)	-	6 (7.7)	7.7
1주 정도	1 (5.9)	3 (6.0)	-	4 (5.1)	12.8
1개월 정도	-	11(22.0)	2(18.2)	13(16.7)	29.5
2~3개월 정도	4(23.5)	7(14.0)	-	11(14.1)	43.6
6개월 정도	3(17.6)	5(10.0)	2(18.2)	10(12.8)	56.4
6개월~1년	4(23.5)	8(16.0)	3(27.3)	15(19.2)	75.6
1~2년	2(11.8)	5(10.0)	2(18.2)	9(11.6)	87.2
3년 이상	3(17.6)	5(10.0)	2(18.2)	10(12.8)	100.0
계	17	50	11	78(100)	

여성의 경우, 이혼을 결심했을 때 이혼에 대해 상담한 대상을 알아본 결과, '아무와도 상의하지 않음' 이 40.0%로 가장 많았으며, 그 다음으로는 '친정 식구' 가 31.3%로 많았다. '변호사 및 법률상담소' 에 자문을 구한 경우는 12.5%로 상대적으로 적었으며, '친구' 와 상담한 경우도 8.8%에 불과했다.

가구별로 비교해 볼 때, 일반 가구와 수급자 가구의 경우 '아무와도 상의하지 않음' 과 '친정 식구' 와 상의한 비율이 높았다. 차상위 가구의 여성은 '친정 식구' 와 상의한 경우가 가장 많은 것으로 나타났다.

연령별로 비교할 때, 모든 연령대에서 '아무와도 상의하지 않음' 과 '친정 식구와 상의함' 이 가장 많았으나, 40대의 경우 '변호사 및 법률상담소' 에 자문을 구한 비율도 21.4%나 되었다. 50대에서는 '아무와도 상의하지 않음' 이 66.7%로 대다수를 차지하는 것으로 나타났다. 황혼이혼 시 상담할 수 있는 대상을 찾기 어려운 것으로 보인다(〈표 1-8〉 참조).

표 1-8 이혼결정 시 상담대상 단위: 명(%)

구 분 \ 상담대상		아무와도 상의안함	변호사 및 법률 상담소	서적, 인터넷 검색	친정 식구	친구	이미 이혼한 사람	기타	계
가구	일반	41.2	5.9	-	41.2	-	-	11.8	**17**(21.3)
	수급자	44.2	13.5	1.9	25.0	11.5	-	3.8	**52**(65.0)
	차상위	18.2	18.2	-	45.5	9.1	-	9.1	**11**(13.7)
	전체	**32**(40.0)	**10**(12.5)	**1**(1.3)	**25**(31.3)	**7**(8.8)	**0**(0.0)	**5**(6.3)	**80**(100)
연령	20대	44.4	11.1	11.1	33.3	-	-	-	**9**(11.5)
	30대	40.4	11.5	-	30.8	9.6	-	7.7	**52**(66.7)
	40대	35.7	21.4	-	35.7	7.1	-	-	**14**(18.0)
	50대 이상	66.7	-	-	-	-	-	33.3	**3**(3.8)

이혼하게 된 사유를 살펴볼 때, 배우자의 '경제적 무능력 및 부양의무 불이행' (32.1%)과 '배우자의 부정' (28.4%)이 많았다. '배우자의 폭력 및 학대' 로 이혼한 경우는 9.9%, '부부 간 갈등 및 의견불일치' 를 사유로 이혼한 경우도 9.9%로 나타났다.

가구별로 비교해 볼 때, '배우자의 부정' 으로 인해 이혼한 비율은 차상위 가구가 45.5%로 가장 높았다. '경제적 무능력 및 부양의무 불이행' 을 사유로 이혼한 경우는 수급자 가구(34.6%)와 차상위 가구(36.4%)의 비율이 높았다. '폭력 및 학대' 로 인해 이혼한 경우는 일반 가구와 수급자 가구가 각기 약 11% 정도인 것으로 나타났다. '도박 및 알콜중독' 과 '배우자의 부채' 등 배우자의 문제행동으로 인해 이혼한 경우는 수급자 가구에서만 발생되었으며 약 13%에 달하는 것으로 나타났다. 일반 가구에서는 '배우자의 부정' (22.2%)

과 '경제적 무능력과 부양의무 불이행' (22.2%)을 사유로 이혼한 경우도 많았으나, 그보다도 '부부 간 갈등 및 의견불일치' 가 27.8%로 가장 높았다.

연령별로 비교할 때, 20대에서는 '경제적 무능력 및 부양의무 불이행' 과 '갈등 및 의견불일치' 가 각기 22.2%로 가장 주된 이혼사유인 것으로 나타났다. 30대와 40대에서는 '경제적 무능력' 이, 50대에서는 '배우자의 부정', '성적인 문제', '배우자의 부채', '갈등 및 의견불일치' 등 다양한 요인이 이혼사유로 나타났다(〈표 1-9〉 참조).

표 1-9 이혼사유

단위: 명(%)

구분 \ 이혼사유		부정	경제 무능력	폭력 및 학대	성적 문제	시가의 부당한 대우	도박 및 알콜	부채	갈등 및 불일치	불만	자녀 문제	기타	계
가구	일반	22.2	22.2	11.1	5.6	-	-	-	27.8	5.6	-	5.6	**18**(22.2)
	수급자	26.9	34.6	11.5	-	-	7.7	5.8	3.8	-	1.9	7.7	**52**(64.2)
	차상위	45.5	36.4	-	-	-	-	-	9.1	-	-	9.1	**11**(13.6)
	전체	**23** (28.4)	**26** (32.1)	**8** (9.9)	**1** (1.2)	-	**4** (4.9)	**3** (3.7)	**8** (9.9)	**1** (1.2)	**1** (1.2)	**6** (7.4)	**81** (100)
연령	20대	11.1	22.2	-	-	-	11.1	11.1	22.2	-	-	22.2	**9**(8.5)
	30대	34.6	34.6	11.5	-	-	5.8	-	9.6	-	1.9	1.9	**52**(49.1)
	40대	21.4	42.9	14.3	-	-	-	-	-	7.1	-	14.3	**14**(13.2)
	50대 이상	25.0	-	-	25.0	-	-	25.0	25.0	-	-	-	**31**(29.2)

이혼을 결정할 당시 여성들이 자원을 지니고 있었는지 알아본 결과, 취업 중인 여성은 30.4%였고, 자신 명의의 연금을 가진 여성은 7.6%, 자신 명의의 재산이 있는 경우는 11.4%에 불과했다. 가구별로 비교시 일반 가구의 여성의 50.0%가 취업 중이었으며 자신 명의의 재산을 가진 경우도 31.3%로 나타나 모든 자원에 있어 수급자와 차상위 가구 여성들에 비해 많은 자원을 가지고 있던 것으로 드러났다(〈표 1-10〉 참조).

표 1-10 이혼 당시 여성들이 지닌 자원 단위: 명(%)

자원		일반	수급자	차상위	전체
취업	유	8(50.0)	13(25.0)	3(27.3)	24(30.4)
	무	8(50.0)	39(75.0)	8(72.7)	55(69.6)
자신명의의 연금	유	2(12.5)	4 (7.7)	-	6 (7.6)
	무	14(87.5)	48(92.3)	11(100.0)	73(92.4)
자신명의의 재산	유	5(31.3)	4 (7.7)	-	9(11.4)
	무	11(68.7)	48(92.3)	11(100.0)	70(88.6)

2) 이혼과정에서의 문제점 : 관계정리 및 재구조화 과정

이혼 당시 서로에 대한 태도를 살펴보았을 때, 아내에 대한 남편의 태도가 적대적인 경우는 51.4%, 남편에 대한 아내의 태도가 적대적인 경우는 47.3%인 것으로 나타났다. 가구별로 볼 때, 일반 가구에서 아내에 대한 남편의 태도가 적대적인 경우는 68.8%로 다른 가구에 비해 가장 높았다. 한편, 남편에 대한 아내의 적대적 태도는 차상위 가구에서 63.6%로 가장 높게 나타났다 (〈표 1-11〉 참조).

표 1-11 이혼 당시 배우자에 대한 태도 단위: 명(%)

배우자에 대한 태도		일반	수급자	차상위	전체
아내에 대한 남편의 태도	적대적	11(68.8)	22(46.8)	5(45.4)	38(51.4)
	보통	1 (6.3)	10(21.3)	4(36.4)	15(20.3)
	협력적	4(24.9)	15(31.9)	2(18.2)	21(28.4)
남편에 대한 아내의 태도	적대적	9(52.9)	19(41.3)	7(63.6)	35(47.3)
	보통	5(29.4)	11(23.9)	4(36.4)	20(27.0)
	협력적	3(17.6)	16(34.8)	-	19(25.7)

이혼하는 과정에서 이혼자체에 대한 합의, 재산분할 및 자녀양육문제에 대한 합의가 어떻게 이루어졌는지 알아보기 위해, 각 사항에 대해 합의에 이르기까지 경험한 어려움의 정도를 조사하였다. 전반적으로 '이혼자체' 에 대한 합의(3.21)가 가장 어려웠던 것으로 나타났으며, '비거주부모의 자녀양육비 및 교육비 지급문제' (3.16)와 '위자료 및 재산분할 문제' (2.83)에 대한 합의도 어려웠던 것으로 나타났다. 가구별로 살펴볼 때, 일반 가구에서는 '이혼자체' 에 대한 합의(3.67)가, 차상위 가구에서는 '자녀양육비 및 교육비 지급문제' (3.36)와 '위자료 및 재산분할 문제' (3.36)가 가장 어려웠던 것으로 나타났다(〈표 1-12〉 참조).

표 1-12 이혼과정에서 합의의 어려움

단위: 명(%)

이혼과정에서 합의가 어려운 정도	일반	수급자	차상위	전체
이혼자체	3.67	3.06	3.18	3.21
자녀양육권	2.80	2.42	2.36	2.49
비거주부모의 자녀면접권	2.93	2.64	2.18	2.63
비거주부모가 자녀를 만나는 시간 및 횟수	3.14	2.60	2.27	2.66
비거주부모의 자녀양육비 및 교육비 지급 문제	3.07	3.14	3.36	3.16
이혼 후 자녀양육 책임의 분담문제	2.60	2.44	2.82	2.54
위자료 및 재산분할 문제	2.47	2.82	3.36	2.83

* 5점 척도로 측정되었으며, 높은 점수는 합의의 어려움이 큰 정도를 나타냄.

이혼 당시 합의한 내용에 대한 만족도는, '자녀양육권' 에 관한 합의에 대해 만족하는 정도(3.44)가 가장 높았으며, 그 다음으로는 '이혼자체' (3.32)와 '자녀면접권' (3.25)에 관한 합의에 대한 만족도가 높은 것으로 나타났다. 그러나 전반적으로 '자녀양육비 및 교육비지급', '이혼 후 자녀양육 책임 분담', '위자료 및 재산분할문제' 등에 관한 합의에 대해서는 만족도가 낮은 것으로 나타났다. 주로 경제적 문제와 자녀양육비 및 양육책임분담에 관한

표 1-13 이혼 당시의 합의내용에 대한 만족도 단위: 명(%)

합의내용에 대한 만족도	일반	수급자	차상위	전체
이혼자체	3.33	3.31	3.36	3.32
자녀양육권	3.20	3.40	3.91	3.44
비거주부모의 자녀면접권	2.93	3.36	3.20	3.25
비거주부모가 자녀를 만나는 시간 및 횟수	2.93	3.13	3.18	3.10
비거주부모의 자녀양육비 및 교육비 지급 문제	2.57	2.14	2.36	2.26
이혼 후 자녀양육 책임의 분담문제	2.53	2.89	3.00	2.83
위자료 및 재산분할 문제	2.33	2.09	2.45	2.19

＊ 5점 척도로 측정되었으며, 높은 점수는 합의내용에 대한 만족도가 높음을 나타냄.

합의에 대해 만족도가 낮은 것으로 나타나 합의과정에서 이러한 문제에 대해 쌍방이 모두 만족할 수 있는 합의에 이를 수 있도록 도와야 할 필요가 있다(〈표 1-13〉 참조).

3) 이혼 후의 문제점 : 새로운 삶의 재정립 과정

이혼 후 여성들이 직면한 어려움의 정도를 살펴보면, '생활비 조달문제'로 인한 어려움(4.16)이 가장 심각한 것으로 나타났고, 그 다음으로는 '취업문제' (3.75)로 인한 어려움이 큰 것으로 나타났다. 그 외에도 '한부모로서의 역할수행' (3.59) 및 '자녀훈육' (3.37)과 '배우자에 대한 분노' (3.36), '이혼자 및 자녀에 대한 사회적 낙인 및 편견' (3.3)으로 인한 어려움도 큰 것으로 보인다.

가구별로 비교해 보면, 일반 가구의 여성은 '이혼자에 대한 사회적 낙인'으로 인한 어려움(3.44)이 가장 큰 것으로 보이며, 그 다음으로는 '생활비 조달문제' (3.28), '배우자에 대한 분노' (3.17), 이혼가정자녀에 대한 편견과 한

부모 역할수행의 어려움(3.00) 등 경제문제뿐 아니라, 사회적 · 정서적인 어려움을 지니고 있는 것으로 보인다. 한편, 일반 가구의 여성이 '취업문제', '자녀훈육의 어려움', '혼자 사는 것에 대한 두려움'으로 인해 어려움을 겪는 정도는 수급자 및 차상위 가구에 비해 상대적으로 낮은 것으로 나타났다.

수급자와 차상위 가구 여성들도 일반 가구 여성과 비슷한 어려움을 지니고 있지만, '생활비 조달문제'(4.46, 4.27)와 '취업문제'(4.02, 3.89)로 인한 어려움이 상대적으로 훨씬 큰 것으로 나타났다(〈표 1-14〉 참조).

이혼가족을 위해 제공될 필요가 있는 사회복지 서비스를 제시하고 이에 대한 필요도를 조사한 결과, '생계비 보조'(4.20)와 '양육권 가진 배우자에게 주택임대'(4.11), '자녀보육비 지원 및 무료 보육 서비스'에 대한 필요도

표 1-14 이혼 후 직면하는 어려움의 정도

이혼 후 직면하는 어려움의 정도	일반	수급자	차상위	전체
생활비 조달문제	3.28	4.46	4.27	4.16
취업문제	2.94	4.02	3.89	3.75
재산분할 및 위자료 확정문제	2.17	2.55	2.11	2.39
친권 · 양육권 지정	2.22	2.41	1.70	2.26
양육비 금액 및 지급방식의 결정	2.06	2.48	1.67	2.26
양육비지급의 불이행	2.65	2.76	2.11	2.63
면접교섭권의 불이행(자녀를 못 만나게 함)	1.89	2.10	1.78	2.00
부 · 모로서의 역할상실	2.72	3.33	3.38	3.17
한부모로서의 역할수행	3.00	3.75	3.91	3.59
한부모로서의 자녀훈육	2.94	3.60	3.20	3.37
혼자 사는 것에 대한 두려움	2.67	3.08	2.90	2.96
배우자에 대한 분노(원망감)	3.17	3.56	2.78	3.36
이혼자에 대한 사회적 낙인	3.44	3.24	3.36	3.31
이혼가정 자녀에 대한 편견	3.00	3.49	3.10	3.32

* 5점 척도로 측정되었으며, 높은 점수는 이혼 후 직면하는 문제의 어려움이 큰 정도를 나타냄.

(3.83)가 상당히 높게 나타났다. 아울러, '직업훈련 프로그램' (3.72)과 '취업상담 및 알선' (3.71)등 취업문제 해결과 관련된 프로그램에 대한 필요도도 높게 나타났다. 가구별로 비교해 볼 때, 모든 가구에서 '생계비 보조' 와 '주택임대' 에 대한 필요도가 가장 높았다. 수급자와 차상위 가구에서는 '자녀보육비 지원 또는 무료 보육 서비스' 와 '취업상담 및 알선' , '직업훈련 프로그램' 에 대한 필요도가 높았으며, 특히 이러한 프로그램에 대한 수급자 가구 여성의 필요도(모두 4.00 이상)가 아주 높게 나타났다. 수급자 가구에서는 '양육비지급 확인 및 강제징수' 와 '이혼여성과 자녀를 위한 보호시설' , '한부모를 위한 부모교육 프로그램' 에 대한 필요도도 상대적으로 높은 것으로 보인다(〈표 1-15〉 참조).

이혼 후 자녀양육에 있어 배우자와의 협력정도를 조사하기 위해 우선 이혼 후 전 배우자와 접촉했는지 질문했을 때, 36.7%만이 전 배우자와 이혼 후 만난 적이 있다고 응답하였다. 한편, 이혼 후 자녀양육에 대해 56.0%가 '비협

표 1-15 이혼가족을 위한 사회복지 서비스에 대한 필요도

사회복지 서비스에 대한 필요도	일반	수급자	차상위	전체
(직업이 없는 배우자에게) 생계비 보조	3.61	4.48	3.90	4.20
직업훈련 프로그램	3.13	4.00	3.45	3.72
취업상담 및 알선	3.06	4.07	3.27	3.71
(양육권을 가진 배우자에게) 주택임대	3.67	4.30	4.00	4.11
이혼여성과 자녀를 위한 보호시설	2.88	3.70	3.18	3.42
양육비지급 확인 및 강제징수	2.94	3.50	3.18	3.30
자녀보육비 지원 또는 무료 보육 서비스	3.41	4.09	3.45	3.83
(이혼 후 자녀양육계획 수립을 돕기 위한) 이혼 전 교육 프로그램	2.72	3.14	2.55	2.94
(양육권 및 양육비, 자녀양육문제 등에 대한) 합의도출을 위한 이혼조정 서비스	2.89	3.24	2.55	3.04
한부모를 위한 부모교육 프로그램	3.18	3.49	3.00	3.34

력적' 이라고 평가했으며, '협력적' 이라는 응답은 17.3%에 불과했다. 특히 일반 가구 여성의 경우 이혼 후 자녀양육에 있어 전 배우자의 태도를 '비협력적' 이라고 보는 비율이 80.0%로 압도적으로 높게 나타났다(〈표 1-16〉 참조).

표 1-16 이혼 후 전 배우자와 접촉 여부 및 자녀양육 시 협력정도 단위: 명(%)

		일반	수급자	차상위	전체
이혼 후 배우자를 만난적이 있는지	유	6(37.5)	19(36.5)	4(36.4)	29(36.7)
	무	10(62.5)	33(63.5)	7(63.6)	50(63.3)
비협력적		12(80.0)	24(49.0)	6(54.5)	42(56.0)
보통		1(6.7)	15(30.6)	4(36.4)	20(26.7)
협력적		2(13.3)	10(20.4)	1(9.1)	13(17.3)

최근 협의이혼 시 미성년 자녀가 있는 경우에는 자녀관련 문제를 상담하기 위해 이혼 전 상담제도가 현재 시범적으로 시행되고 있다는 사실을 제시한 후, 이미 이혼을 경험한 사람으로서 앞으로 이혼하려는 부부를 위해 이러한 상담제도가 얼마나 도움이 될 것이라고 생각하는지 질문하였다. '신중한 이혼결정' (4.0)과 '양육비확정 및 양육비지급방식 선택' (4.01)에 도움이 될 것이라고 응답한 정도가 가장 높았으며, '미성년 자녀의 양육권결정' (3.90)과 '미성년 자녀의 양육계획' (3.92)에 도움이 될 것으로 생각하는 정도도 상당히 높게 나타났다. 이미 이혼을 경험한 여성들은 이러한 상담제도가 이혼결정 및 이혼 후 자녀양육에 상당한 도움이 될 것이라 평가하였다(〈표 1-17〉 참조).

이혼 단계별로 이혼의 전 과정에서 직면하는 어려움에 대한 조사결과, 이혼가족을 지원하기 위해 다음과 같은 사회적 대책이 필요하다는 사실이 입증되었다. 첫째, 성급한 이혼결정 및 준비되지 않은 이혼을 예방해야 한다.

표 1-17 협의이혼 전 상담제도에 대한 의견

협의이혼 전 상담제도의 도움정도	일반	수급자	차상위	전체
신중한 이혼결정	3.60	4.15	3.91	4.00
미성년 자녀의 양육권 결정	3.60	4.02	3.82	3.90
양육비확정 및 양육비 지급방식 선택	3.60	4.11	4.18	4.01
미성년 자녀의 양육계획(예. 공동부모역할)	3.47	4.11	3.73	3.92
한부모 역할에 대한 상담	3.47	3.76	3.82	3.71

* 5점 척도로 측정되었으며, 높은 점수는 도움의 정도가 높음을 의미함.

이혼결정 및 이혼합의가 신속히 결정되고 있다는 점에서 재산분할, 위자료는 물론 자녀양육 등 주요한 사안에 대해 합의할 수 있는 충분한 시간을 갖지 못하는 것으로 보인다. 더욱이 적대적이거나 감정적으로 격앙된 상태에서 중요한 결정을 내려야 하므로 이혼과정에서 주요 사안에 대해 합리적인 의사결정을 하지 못할 가능성이 있다고 보인다. 또한 이혼에 따르는 여러 어려움에 직면할 가능성이 큼에도 불구하고, 이혼을 앞둔 여성들은 이혼에 대한 현실적 · 심리적 준비가 부족할 뿐 아니라, 이혼 후 경제적 자립을 위한 자원이 부족한 상태에서 이혼을 한 것으로 드러났다. 이처럼 경제적 · 심리적으로 준비가 미비한 상태에서 이혼한 여성들은 이혼 후 정서적 · 현실적 어려움에 봉착할 가능성이 있으며 이혼 후 적응에도 어려움이 있을 것으로 예상된다.

둘째, 준비없는 이혼 및 성급한 이혼결정의 가능성이 높다는 점에서 이혼결정을 숙고할 수 있는 기회를 부여하기 위해 숙려기간제도 및 이혼 전 상담제도가 필요하다고 보인다. 이혼과정에서 자녀양육분담 및 양육비에 관한 합의에 이르는 것이 어렵고 합의내용에 대한 만족도가 낮다는 점, 실제로 이혼 후 전 배우자와 접촉하는 비율이 낮으며, 자녀양육책임분담을 위한 협력정도 매우 낮다는 점에서 이혼 후 자녀양육을 위해 필요한 협력관계를 형성하고 갈등을 최소화해야 할 필요가 있다. 이미 이혼한 여성들이 이혼 전 상담제도가 이러한 문제해결에 도움이 된다고 보는 정도가 높은 것으로 나타났다. 이러한 연구결과는 이혼과정에서 이혼결정에 대해 재고하는 한편, 자녀양육과 관련된 주요 의사결정을 합리적으로 할 수 있도록 돕기 위한 이혼 전 상담제도가 제공되어야 할 필요성을 제시한다.

셋째, 저소득층 여성의 경우 생활고 및 배우자의 복합적 문제로 인해 이혼위험에 처할 가능성이 높으며 실제로 이혼을 제안하는 비율도 높은 것으로 나타났다. 일반 가구와 비교할 때, 저소득층 여성들은 이혼 후 '생활비조달' 및 '취업문제' 뿐 아니라 '한부모 역할수행의 어려움' 등 많은 어려움에 직면하고 있으며, '생계비보조' 및 '주택임대', '직업훈련', '취업상담 및 알선', '보육비지원 및 무료 보육 서비스' 등 경제적 자립 및 자녀양육 관련 서비스 필요도가 높은 것으로 나타났다. 저소득 가구의 가족해체를 예방하기 위한 지원책 및 이혼 후의 어려움을 경감시킬 수 있는 사회복지 서비스를 증대시켜야 할 필요가 있다.

비단 저소득층의 여성만을 위해서가 아니라, 이혼하는 모든 부부를 위해 '생계비 지원', '직업훈련' 및 '취업알선' 등을 통해 이혼 후의 경제적 자립능력을 증진시키는 한편, 한부모로서의 자녀양육의 부담을 줄일 수 있도록 자녀양육 지원 서비스를 제공하는 것은 필수적이다. 아울러, 이혼 후 새로운 삶을 정립할 수 있도록 돕기 위해서는, 한부모와 자녀들의 이혼 후 사회정서적 적응을 도울 수 있는 지원 서비스가 필요하며, 무엇보다도 이혼과정에서 재산분리 및 자녀양육을 둘러싼 갈등을 최소화함으로써 이혼과정에서의 갈등이 이혼 후의 갈등으로 이어져 이혼 후 적응에 부정적 영향을 미치는 것을 예방해야 할 것이다. 특히, 이혼 후 자녀양육에 관한 의사결정과정에서 부모간 갈등을 최소화하면서 '자녀의 최대 이익'을 고려한 선택을 할 수 있도록 지원하는 것은 이혼 후 자녀에게 미치는 부정적 영향을 줄이고 자녀가 건강하게 성장할 수 있는 여건을 마련해 줌으로써 이혼 후 적응을 도울 수 있는 길이 될 것이다.

앞에서 살펴보았듯이, 이혼가족은 이혼 전, 이혼과정 및 이혼 후 필요로 하는 서비스가 매우 다양한 것으로 나타나고 있다. 이혼율의 급증 그리고 이혼가족을 위한 다양한 서비스의 필요성에도 불구하고, 현재 이혼가족을 지원하기 위한 사회적 대응책은 거의 전무한 실정이다. 아울러, 우리나라의 이혼 관련 법제도는 이러한 이혼가족의 필요를 충족시키거나 도움을 주는 것과 거리가 있는 것으로 보인다. 이러한 점에서 현행 이혼 관련 법제도의 내용을 살펴보고 그 개선방향을 모색해 보고자 한다.

CHAPTER 2

우리나라의 이혼 관련 법제도: 내용 및 개선방향

우리나라에서 시행하고 있는 이혼 관련 법제도를 살펴보고 현행 협의이혼 제도의 문제점을 개선하기 위해 현재 법제화 과정에 있는 '이혼절차에 관한 특례법(안)' 의 내용을 소개하고자 한다. 그 다음에는 새로운 대안으로 제시되고 있는 숙려기간제도 및 이혼 전 상담제도의 시범적 실시현황을 살펴보고, 이를 효과적으로 실행할 수 있는 방안을 모색하고자 한다.

1. 이혼 시 자녀양육 관련 법제도의 내용

1) 친권의 내용 및 친권행사자의 지정

민법 제909조 부모는 미성년자인 자의 친권자가 된다. 친권은 부모가 혼인 중인 때에는 부모가 공동으로 이를 행사한다. 부모가 이혼한 경우에는 부모의 협의로 친권을 행사할 자를 정하고, 협의할 수 없거나 협의가 이루어지지 아니하는 경우에는 당사자의 청구에 의하여 가정법원이 이를 정하며, 친권자 행사자를 변경할 필요가 있는 경우에도 또한 같다.
민법 제913조 친권자는 자를 보호하고 교양할 권리의무가 있다.
민법 제912조 친권을 행사함에 있어 자의 복리를 우선적으로 고려하여야 한다(2005년 신설).

친권자에 대한 입법태도의 변천을 살펴볼 때, 1958년 제정된 민법에서는 부친권 우선주의에 입각하고 있으나, 1977년 민법의 일부 개정에서 비로소 부모친권 공동주의를 채택하게 되었다. 그러나 부모의 의견이 일치하지 아니할 때에는 아버지가 친권을 행사한다고 규정하고 있어(제909조 제1항 단서), 원칙상으로는 부모친권 공동주의에 입각하면서도 실질적으로는 부친권 우선주의에 근거를 두었다(윤덕경 · 장영아, 2002: 14). 1990년의 개정민법에서 명실공히 부모평등의 원칙에 입각한 부모친권 공동주의가 확립되었다(윤덕경 · 장영아, 2002: 19). 즉, 부모 모두 친권을 가질 수 있다는 점에서 부모친권 공동주의를 채택하고 있음을 알 수 있다.

한편, 친권자는 자를 보호하고 교양할 권리의무가 있으며 친권을 행사함에 있어 자의 복리를 우선적으로 고려해야 한다는 의무규정(제912조 2005년 신설)을 둠으로써, 이혼 후 자녀에 대한 부모의 보호의무를 강화하고 자의 복리 우선이라는 원칙이 확립되었다. 그럼에도 불구하고 현행 민법에서 제시하고 있는 이혼 시 친권과 관련된 내용에서 다음과 같은 쟁점을 발견할 수 있다.

(1) 부모공동 친권주의 확립, 그러나 단독친권(양육권) 선호 경향

혼인 중에는 부모가 공동으로 친권을 행사하고 이혼 후에는 협의에 의해 친권자를 정하도록 함으로써, 부모가 함께 공동으로 친권을 행사하거나, 아버지 또는 어머니가 친권을 행사할 수 있다. 우리나라에서 부모공동 친권주의는 부모가 모두 친권을 가질 수 있다는 것을 의미하며, 외국의 공동친권(양육)과는 거리가 있다.

1990년 민법 개정 이전에는 친권자는 아버지, 양육권자는 어머니로 지정되는 사례가 많았으나, 그 이후 어머니도 이혼 후 친권자가 될 수 있게 됨에 따라 친권과 양육권을 분리하던 민법은 그 근거가 상실되었다(윤덕경 · 장영아, 2002: 19). 뿐만 아니라 친권과 양육권을 일치시키는 것이 더 바람직하다는 의견이 대두되고 있다. 친권과 양육권의 분리는 이혼 후 부모가 협력관계를 이룰 수 있을 때 가능하며, 갈등을 해소하지 못한 부모의 경우 자녀의 복리를 손상시키는 결과를 가져올 수 있기 때문에 양육권과 친권을 일치시키는 것이 바람직하다(김상용, 1996: 13～14). 즉, 이혼 후 친권 및 양육권이 부모의 일방에게 모두 귀속되어 통일적으로 행사되는 것이 바람직하다는 견해가 지배적이다. 1991～1999년의 약 10년 동안 양육권자 지정청구의 결과를 살펴볼 때(윤덕경 · 장영아, 2002: 149～153), 어머니가 양육권자로 지정된 경우는 66.3%, 아버지가 양육권자로 지정된 경우 32.6%였고, 두 명의 자녀에 대해 각각의 부모가 양육권자로 지정된 경우는 단 한 건에 불과한 것으로 나타나 실제로 공동양육이 지정된 경우는 한 건도 없었다.

한편, 부모가 이혼 후 계속해서 공동으로 친권을 행사하기를 원하고 이에 필요한 능력을 갖추고 있으며, 자녀의 이익을 위하여 단독친권이 바람직하다고 판단할 이유가 없는 등 공동친권의 요건이 갖추어져 있는 경우에는 공동친권행사를 인정할 수도 있다(법원행정처, 2002: 100). 이러한 견해는 공동친권을 일반적이 아닌 특수한 경우로 간주하는 경향을 보여준다. 외국의 이혼 관련 법이 단독양육에서 공동양육을 우선시하는 방향으로 변화되는 것과는 대조적으로 우리나라에서는 공동친권보다는 단독친권이 선호되고 있는 것으로 보인다.

이처럼 우리나라에서 단독친권(양육권)이 더 선호되는 경향은 이혼하는 과정에서 부부 사이에 갈등의 골이 너무 깊어져, 이혼 후 자녀양육을 위한 협력관계를 형성하는 것이 어려운 경우가 많기 때문이다. 이혼 후 자녀양육을 위해 왕래하고 접촉하는 과정에서 갈등이 지속될 수 있으며, 이혼부모 간 갈등이 결과적으로 자녀의 이혼 후 적응과 안정감에 부정적 영향을 줄 가능성이 있다는 견해가 지배적이다. 우리 사회에서의 단독친권(양육권)에 대한 선호는 자녀의 복리를 위해 자녀와 양 부모가 지속적인 유대관계를 유지해야 하는 필요성에도 불구하고, 이혼 후에도 부모의 갈등이 지속될 가능성이 높은 현실속에서 이러한 부모의 갈등이 가져올 부정적 영향에 대한 우려가 크기 때문인 것으로 보인다. 이런 점에서 이혼과정에서 부모 간 갈등을 원만하게 해결하고 이혼 후에도 협력적 관계를 유지할 수 있도록 도와야 할 필요성이 여실히 드러나고 있다고 볼 수 있다.

(2) 공동친권에 대한 확인절차 및 개입의 필요성

> 가사소송법 제25조 가정법원은 이혼청구가 인용될 경우 미성년자인 자의 친권을 행사할 자에 관하여 부모에게 미리 협의하도록 권고하여야 한다.

이러한 협의 권고에도 불구하고 쌍방의 협의가 이루어지지 않고 쌍방이 친권자 지정청구도 하지 않는 경우에는, 부모가 여전히 공동으로 친권을 행사하게 된다(법원행정처, 2002: 100). 우리나라에서는 부모의 합치된 의사가 명시적으로 표시되지 않은 경우, 부모는 이혼 후에도 계속 친권자로 남게 되어 혼인 중과 마찬가지로 공동친권이 유지된다고 해석된다. 공동친권을 행사하기 위해서는 부모가 협력관계에 있어야 하는데 친권에 대한 협의를 하지 못한 부모의 경우 서로 간의 갈등을 해소하지 못했을 가능성이 높으며 이런 상황에서 공동친권을 허용하는 것은 오히려 자녀의 복리에 반하는 결과를 가져올 수 있다(김상용, 1996: 13~14).

공동친권의 경우 부모의 협의에 대한 국가의 통제가능성이 존재하지 않은 채 오로지 부모의 손에 맡겨져 있기 때문에, 이혼 후 부모의 책임과 역할이 어떻게 분담될 수 있는지에 대한 구체적 계획을 세우지 못하게 되는 현실이다(윤덕경 · 장영아, 2002: 22). 부모가 협의하지 않은 채 공동친권을 행사하게 되는 경우, 부모 간의 갈등이 해결되지 않아 이혼 후 자녀양육을 위한 협력관계 구축이 사실상 어렵다. 이런 점에서 협의를 통해 공동친권을 선택했는지 확인할 수 있는 절차가 필수적이며, 공동친권을 선택하는 경우 공동친권의 내용(부모 간 역할 및 책임 분담)을 제시하도록 할 필요가 있다. 아울러, 협의 이혼의 경우 단독친권과 공동친권의 결정이 오로지 부모의 협의에 달려 있다는 점에서, 친권자 결정 시 자녀의 복리를 최대한 고려하여 결정할 수 있도록 친권자 지정의 토대가 될 수 있는 구체적 기준의 확립이 필요하다.

이러한 이유에서 공동친권과 단독친권이 적합한 경우를 제시하여 친권지정의 토대가 되는 구체적 기준을 마련하고 공동친권 결정에 대한 확인절차 과정이 필요하다. 아울러, 공동친권과 단독친권의 장단점을 살펴보고 자녀의 복리를 고려하여 공동친권을 선호, 전제, 가정하는 외국 법의 취지 및 결과를 비교 · 검토해 볼 필요가 있다.

2) 양육권의 내용 및 양육권자 지정

> 민법 제837조 제1항 이혼하는 경우에는 이혼당사자는 그 자의 양육에 관한 사항을 협의에 의하여 정하고,
>
> 민법 제837조 제2항 양육에 관한 사항의 협의가 되지 아니하거나 협의할 수 없는 때에는 가정법원은 당사자의 청구 또는 직권에 의하여 그 자의 연령, 부모의 재산상황 기타 사정을 참작하여 양육에 필요한 사항을 정하며 언제든지 그 사항을 변경 또는 다른 적당한 처분을 할 수 있다(2005년 개정).

양육이 무엇을 의미하는가에 관해서는 민법에 특별히 정하고 있지 않지만 학설은 대체로 제913조에서 규정하고 있는 친권의 작용으로서 그 내용을 친권자가 자녀를 보호하고 교양할 권리의무로 파악하고 있다(송현종, 2006: 6 재인용). 한편, 제837조의 양육 내용에는 교육도 포함되어, 양육은 자녀를 보호하고 교양, 교육할 권리 및 의무의 양면적 성격을 지닌다고 볼 수 있다.

민법은 친권자를 지정하는 기준에 대해 아무런 규정을 두지 않는 반면, 양육자 지정의 기준에 대해서 '자의 연령, 부모의 재산상황, 기타 사정 참작' 하도록 규정하고 있다(민법 제837조). 친권행사 시 '자의 복리를 우선시 하여야 한다' (민법 제912조)고 명시된 바에 따라, 학설 및 판례는 친권자 및 양육권자를 지정함에 있어 '자녀의 복리 및 최대 이익' 이 기준이 되어야 한다고 보고 있다(송현종, 2006: 40). 친권행사 및 양육권자 지정 시 '자녀의 복리' 의 중요성이 강조되고 있음에도 불구하고 민법에 '자녀의 복리' 에 대한 정의 및 내용이 구체적으로 제시되지는 않았다. 다만, 양육권자 지정 시 자녀의 복리를 최우선적으로 고려하기 위한 실무원칙으로 양육의 적합성, 현재의 유대관계, 자녀의 의사가 중시되고 있다(법원행정처, 2002: 101～103).

표 2-1 자녀의 최대 복리의 기준

기준	내용	실무 내용
양육의 적합성	직접 양육 가능성 부모의 기회균등 vs '모' 우선 원칙 배우자의 유책여부 부모의 신체적 · 정신적 건강상태 부모의 경제적 능력	• 서구에서는 부모에게 양육기회 균등하게 부여하고 역할분담을 중시하는 경향이 강화되고 있으나, 우리나라에서는 '모' 를 양육자로 지정하는 경향 • 폭력행위 등 해로운 영향을 미칠 우려가 있거나, 건강상태가 나쁠 경우 양육자로 적합하지 않음 • 상대방으로부터 양육비를 지급받을 수 있으므로, 경제적 능력은 부수적 판단기준이 됨

기준	내용	실무 내용
현재의 유대관계	현상유지(계속성)의 원칙	• 자녀 주위에 형성된 다양한 관계(가족, 친구, 학교 등)가 최대한 유지되도록 함 • 현실적 양육상태를 존중함
자녀의 의사	15세 이상 미성년 자녀의 의견존중	• 미성년 자녀가 15세 이상인 때에는 반드시 자의 의견을 들어야하고(가사소송규칙 제 100조), • 15세 미만인 경우에도 그 의견을 듣는 것이 바람직함

출처: 법원행정처(2002: 101~103)

3) 면접교섭권

민법 제837조의 2 제1항 자를 직접 양육하지 아니하는 부모 중 일방은 면접교섭권을 가진다(1990 본조 신설).

민법 제837조의 2 제2항 가정법원은 자의 복리를 위하여 필요한 때에는 당사자의 청구 또는 직권에 의하여 면접교섭을 제한하거나 배제할 수 있다(2005. 3. 31 개정).

면접교섭권은 자녀를 양육하고 있지 않은 부모 중 일방이 그 자녀와 직접 면접 · 접촉하는 권리를 말한다. 일반적으로 면접교섭권을 인정하는 입법취지는 설령 부모가 이혼한 경우에도 부모와 자녀 사이의 기본적 유대관계를 유지시키는 것이 자녀의 복지를 위하여 바람직하다는 인식을 토대로 하고 있다(법원행정처, 2002: 108).

(1) 면접교섭권 행사의 어려움: 장애요인

이혼 후에도 자녀와 부모의 유대관계를 지속하도록 하는 입법 취지에도 불구하고, 우리나라의 경우 면접교섭권이 실시된 지 10년이 넘었으나 실제로는 원활하게 이용되지 못하고 있는 실정이다. 우리 사회에는 부부가 이혼한 다음 서로 일체의 왕래를 꺼리는 전통적 사고방식이 남아 있기 때문에(법원행정처, 2002: 108), 이혼 부부는 이혼 후 자녀의 면접교섭 때문에 계속해서 서로 연결되는 것을 원치 않는 경향이 있다. 아울러, 유아인 경우에는 자녀가 일정한 연령에 이를 때까지 면접교섭을 제한적으로 허용하는 것이 자녀의 정서적 안정 및 적응에 도움이 된다고 보는 견해가 지배적이다(법원행정처, 2002: 108). 뿐만 아니라 부모 각자의 상황 및 형편, 자녀의 발달단계에 따른 욕구 및 상황의 변화, 이혼과정 및 이혼 후 지속되는 갈등의 정도에 따라 면접교섭이 이루어지기 어려운 경우가 많다.

함께 거주하지 않는 일방의 부모와 면접교섭이 제대로 이루어지지 못하게 만드는 다양한 요인이 존재한다. 그러나 면접교섭이 제대로 이루어지지 않을 경우 이혼 후 일방의 부모와의 단절은 자녀의 이혼 후 적응 및 성장발달에 바람직하지 않은 것으로 나타나고 있다.

(2) 면접교섭권의 허용 및 배제의 기준의 불명확성

면접교섭권을 허용하거나 배제하는 결정에 있어 그 기준으로 자녀의 복리를 최우선적으로 고려하도록 하고 있다. 부모의 '폭력' 및 '학대' 등 극단적 예를 제외하고는 '자녀의 최대 복리' 및 '면접교섭권 허용기준'을 결정할 수 있는 기준이 민법에 명확히 제시되지 않고 있어 면접교섭권 허용 및 배제의 기준을 둘러싼 분쟁의 우려가 있다.

(3) 이혼 후 면접교섭권을 둘러싼 분쟁

자녀를 양육하지 않는 부모 일방은 정당한 면접교섭권을 행사할 수 있는 권리를 갖지만, 면접교섭권 행사가 원활히 이루어지지 않거나 방해받는 경우가 있다. 특히 이혼을 성립시키기 위해 타협의 산물로 면접교섭에 대해 안이한 결정이 이루어졌을 경우(윤덕경 · 장영아, 2002: ix), 이혼 후 면접을 방해할 가능성이 높아진다.

이처럼 면접교섭권 행사가 제대로 이루어지지 않을 경우 이에 대한 변경을 청구하는 등 면접교섭권을 둘러싼 새로운 분쟁으로 이어질 수 있다. 이러한 와중에서 자녀는 부모의 줄다리기 싸움의 한가운데서 극심한 고통과 상처를 받기 쉽다. 면접교섭 불이행 및 면접 방해, 면접교섭을 둘러싼 부모의 갈등은 결과적으로 자녀의 복리에 반하는 해로운 결과를 초래할 뿐이다.

(4) 면접교섭권의 실제 현황

통상적으로는 면접교섭의 형태는 자와의 동거, 면회, 방문, 전화통화, 편지교환 등을 허용하는 형식이 되고, 일반적으로 매월 5~24시간 정도의 만남과 여름방학 및 겨울방학에 각 7일 정도의 동거를 허용하는 것을 기본으로 하여, 구체적인 사정에 따라 변형을 가하고 있다(법원행정처, 2002: 108). 이와 같은 자녀와의 면접교섭의 형태 및 내용이 함께 거주하지 않는 부모와의 유대관계를 지속적으로 유지하는 데 도움이 되는지는 미지수이다. 자녀가 함께 거주하지 않는 부모와 관계를 유지하면서 부모의 사랑과 보호를 지속적으로 받을 수 있도록 하기 위해서는 자녀의 생활 속에서 일상화된 부모와의 만남이 이루어질 수 있도록 하여야 할 것이다.

지금까지 살펴본 바와 같이, 우리 민법은 이혼가족의 자녀양육과 관련된 주요 사항, 즉 친권, 양육권, 면접교섭권에 대한 법규정을 포함하고 있다. 자녀양육 관련 현행 법규정에는 자녀에 대한 부모공동 친권주의가 확립되어 있지만, 실제 양육권지정에 있어서는 단독친권(양육권)을 선호하는 경향이 있다. 한편, 자녀의 '최대 이익'의 중요성이 제시되고 있지만, 자녀의 최대 이익에 대한 명확한 정의는 제시되지 않고 있다. 아울러 협의이혼의 경우 이혼부부의 자녀양육문제에 관한 의사결정과정에 국가가 개입하지 않은 채 이러한 의사결정이 전적으로 부모에게 맡겨져 있다는 한계가 있다. 이혼한 경우에도 부모와 자녀 사이의 기본적 유대관계를 유지하는 것이 자녀의 복리를 위해 바람직하다는 입법 취지에도 불구하고, 면접교섭권을 행사함에 있어 실효성을 확보할 수 있는 방안이 미비하다. 현행법에 내포된 모호성과 실효성있는 실천방안의 미비로 인해 이혼 시 자녀양육 관련 분쟁을 초래할 가능성이 있다.

2. 현행 협의이혼제도의 한계

1) 분쟁해결을 위한 재판상 이혼의 '조정전치주의'

이혼결정 후 혼인관계 정리 및 재구조화를 위해 재산분할 및 자녀양육문제에 대한 구체적 의사결정의 과정에서 많은 부부들이 합리적 의사결정 및 합의에 이르는 데 어려움을 겪는 것으로 보인다. 이혼을 앞둔 부모는 자신의 문제와 감정에 매몰되는 경향이 있고 그 결과 자녀문제에 대해 자율적으로 협의할 수 있는 능력을 갖추지 못한 경우가 대부분이다(김상용, 2006: 36). 이혼문제를 마무리 짓기 위해 상대방이 원하는 대로 자녀양육문제를 결정짓거나 자녀의 입장을 충분히 고려하지 않은 채 자녀양육문제를 결정할 가능성이 있다. 또한 적대감에 사로잡혀 자신이 원하는 것을 얻을 때까지 합의하지 않는 등 적대적 분쟁으로 치닫기 쉽다.

2000년 한 해 동안 이혼사건으로 소송이 신청된 총 43,588건 중 이혼결정을 위한 소송이 전체의 53.8%를 차지한다는 사실은 우리나라의 재판상 이혼의 경우 이혼성립 자체에 대한 소송이 절반 이상임을 말해 준다(사법연감, 2001: 710). 한편, 2004년 접수된 제1심 이혼소송사건은 40,824건으로, 이 중

통계조사가 가능한 27,170건 가운데 1인 이상의 자녀를 둔 이혼사건은 23,089건으로, 전체 재판상 이혼의 75%가 미성년 자녀를 둔 가정임을 알 수 있다(송현종, 2006: 3). 재판상 이혼의 경우 이혼성립 자체 및 자녀양육문제를 둘러싼 분쟁 해결을 위한 소송이 대다수를 차지하고 있다.

재판상 이혼을 하는 부부의 대다수는 재산분할 및 이혼 후 자녀양육 등 구체적 문제에 대해 합의하는 과정을 거치지 않은 채 곧바로 이혼을 실행에 옮기는 경우가 많다. 이혼과정에서 부딪히게 되는 실질적 문제들을 해결하기 위해서는 당사자 간 직접적인 대화, 상담 및 조정을 통한 서로의 입장에 대한 이해와 이혼 후 가족관계 재구조화를 위한 협력이 필수적이다. 그러나 재판상 이혼의 경우, 서로 상대방의 잘못을 들추어 내고 부각시키는 소송과정을 통해(선재성, 2006: 172) 이혼 분쟁이 더욱 격화되고 있는 실정이다.

이혼하는 부부가 소송을 통해 법정에서 투쟁하기보다는 분쟁 중인 문제에 대해 실질적인 의사결정 및 합의를 도출할 수 있도록 돕기 위해, 현재 가정법원에서는 재판상 이혼의 경우 조정전치주의에 의거한 가사조정제도를 실시하고 있다. 가사조정은 가족이나 친족 간 발생한 분쟁의 해결수단으로서 가사조정위원회 또는 조정담당판사가 조정절차에 따라 분쟁 당사자 간에 개입하여 합의를 성립시킴으로써 분쟁해결을 도모하는 제도이다(김만웅, 2004: 10).

2) 협의이혼을 위한 '조정 및 상담'의 필요성

재판상 이혼의 경우 이혼분쟁을 해결하기 위해 가사조정의 과정을 통해 이혼당사자 간 쟁점에 대한 합의를 모색할 수 있는 기회를 가질 수 있지만, 협의이혼의 경우 당자자들이 협의에 이르도록 돕거나 분쟁을 조정할 수 있는 장치가 마련되어 있지 않다. 민법에서는 이혼할 경우 자녀에 대한 친권, 양육권, 면접교섭권 행사에 대해 부모가 협의하도록 되어 있을 뿐, 대다수의 협의이혼부부들에게는 이혼 시 해결해야 할 문제에 대해 협의하고, 이러한 내용을 확인할 수 있는 절차가 제공되지 않고 있다.

당사자의 합의만으로 빠른 시일 내에 이혼이 가능하도록 한 현행 협의이혼제도는 부모가 자녀의 양육사항 등에 대해서 제대로 협의하지 않고도 얼마든지 이혼이 가능하기 때문에 자녀양육의 공백상태가 발생하거나 자녀의 양육환경이 악화될 우려가 있다(김상용, 2006: 10). 또한 현행 협의이혼제도는 혼인관계가 실제로 파탄되어 회복불가능 상태인지, 회복가능성이 있는지 객관적으로 검토할 수 있는 기회를 제공하지 않는다(김상용, 2006: 10). 이혼하지 않을 수 없는 경우에는 이혼과정에서 부부 간 갈등을 최소화하면서 자녀양육에 관한 합리적인 의사결정을 하도록 돕고, 반면 혼인관계를 회복할 가능성이 있는 경우에는 이혼 자체에 대해 재고해 볼 기회를 제공할 필요가 있다. 그러나 현행 협의이혼제도는 이혼하려는 부부에게 이러한 기회를 제대로 제공하지 못하고 있다.

이러한 현행법제도가 안고 있는 문제를 최소화하기 위해, 이혼 후 다가올 문제, 특히 자녀양육문제에 대해 진지하게 협의할 수 있도록 제도적 뒷받침이 필요하다(김상용, 2006: 10). 외국의 경우 미성년 자녀의 양육문제에 대해 충분히 협의하여 자녀의 복리를 최대화할 수 있는 방향으로 의사결정을 하고, 이혼 자체에 대해 재고할 수 있는 기회를 제공하기 위해 숙려기간제도를 채택하고 있는 나라가 많다. 1996년 영국이혼법은 자녀가 있는 경우 18개월, 없는 경우 12개월의 숙려기간을 두도록 하고 있으며, 그리스는 6개월, 프랑스와 벨기에는 3개월의 숙려기간을 정하고 있다(김상용, 2006: 37). 한편 미국의 경우, 텍사스와 유타 주는 3년, 코네티컷 주는 18개월, 알라바마 · 아리조나 · 노스캐롤라이나 · 뉴욕 · 버지니아 주는 1년, 뉴저지 · 알칸사 주는 8개월, 미시건 · 루이지애나 · 버몬트 주는 6개월의 숙려기간을 갖도록 되어있다(신영철 · 김유진, 2006: 4).

그러나 숙려기간제도가 도입된다고 해서 이혼을 하려는 부모가 숙려기간 동안 스스로 이혼 후의 자녀양육문제에 대해 대화하고 합의에 이를 수 있다고 기대하기는 어렵다. 숙려기간을 도입하는 주된 목적은 이혼을 앞둔 부모에게 자녀양육에 관하여 협의할 수 있는 기회를 제공하는 것이며, 숙려기간이 실질적 의미를 가지기 위해서는 이 기간 동안 부모 스스로 합의를 이끌어 낼 수 있도록 상담과 조정 등 사회제도적 지원책을 제공하는 것이 필요하다(김상용, 2006: 38). 협의이혼의 경우에도 문제해결 및 합의도출을 위해 재판상 이혼의 '조정전치주의' 에 상응되는 조정 및 상담의 기회를 제공하는 사회적 장치가 필요하다.

현행 협의이혼제도가 내포하고 있는 문제점 및 한계가 노출됨에 따라, 이를 개선하고자 하는 취지하에서 숙려기간 및 이혼 전 상담제도의 도입을 내용으로 하는 '이혼절차에 관한 특례법(안)' 이 대안으로 제시되었다.

3. 새로운 대안으로서의 '이혼절차에 관한 특례법(안)'

1) '이혼절차에 관한 특례법(안)' 입안 과정 개략

서울가정법원은 2004년 7월 5일 발족된 '가사소년제도개혁위원회' 를 구성하여, 협의이혼 전 상담제도 및 숙려기간제도의 도입을 건의하였다. 2004년 12월27일 제3차 전체회의에서 협의이혼절차에서 성급한 이혼을 방지하고 이혼결정에 대하여 숙고하는 시간을 갖도록 하기 위한 '숙려기간제도' 와, 이혼에 대해 보다 객관적으로 되돌아보게 하고 이혼 후 파생되는 자녀양육 등의 문제에 있어서 부작용을 최소화하자는 취지에서 '이혼 전 상담제도' 를 도입할 것을 의결하였다. 그 후 '가사소년제도개혁위원회' 제2분과의 수차

례 회의 및 간담회, 국민여론수렴 설문조사, 이혼과 상담 공청회를 거쳐 2005년 상반기에 가정법원판사를 중심으로 '이혼절차에 관한 특례법(안)' 축조심의가 이루어졌고, 2005년 5월 전체회의에서 '이혼절차에 관한 특례법(안)' 이 의결되어, 7월 이에 대한 보고서가 대법원에 제출되었다. 마침내 2005년 11월 16일 '이혼절차에 관한 특례법(안)' 이 발의되었고(공동 발의자 37명), 2005년 11월 18일 소관위로 회부되어 현재 법제사법위원회에 상정되어 있다.

2) '이혼절차에 관한 특례법(안)' 의 내용

'이혼절차에 관한 특례법(안)' 의 주요 내용

1. 숙려기간 3월: 협의이혼시 미성년 자녀가 있는 경우 강제, 나머지는 권고
   예외(숙려기간의 단축 및 면제):
   - 상담을 받는 경우
   - 이혼의사를 확인받아야 할 급박한 사정이 있을 때
     (유학, 이민, 해외거주, 장기간의 부정, 구치소 수감, 심각한 가정폭력 등)
2. 상담전치주의: 협의이혼시 미성년 자녀가 있을 때 강제, 나머지는 권고
3. 상담시간: 3시간, 1일 1회 2시간 이내
4. 상담비용: 유료, 무료 모두
   (유료의 경우 대법원규칙에서 한도를 정한다.)
5. 상담기관: 법원행정처장이 지정

'이혼절차에 관한 특례법(안)'

제1조 (목적) 이 법은 이혼을 예방하고 미성년자인 자의 복리를 도모하기 위하여 이혼절차에 관한 특례를 규정함을 목적으로 한다.

제2조 (정의) 이 법에서 상용하는 용어의 정의는 다음과 같다.

1. '상담' 이라 함은 혼인생활의 유지 · 개선을 위하여 심리학, 정신의학 등 전문적 지식과 경험을 활용하는 일체의 원조활동으로서 법원외상담과 법원상담을 말한다.
2. '상담인' 이라 함은 상담을 제공하는 자로서 법원외상담인과 법원상담인을 말한다.
3. '법원외상담' 이라 함은 법원외상담인이 제공하는 상담을 말한다.
4. '법원상담' 이라 함은 협의이혼의사확인신청서 또는 재판상이혼의 조정신청서, 화해신청서, 소장의 접수일(이하 '이혼절차개시일' 이라고 한다) 이후에 그 사건이 계속 중인 법원(시 · 군법원의 경우에는 시 · 군법원 판사가 소속되어 있는 지방법원 또는 지원으로 한다)의 법원상담인이 제공하는 상담을 말한다.

제3조 (숙려기간) 법원은 이혼절차개시일부터 3개월 (이하 '숙려기간' 이라고 한다) 후에 이혼의사확인 또는 이혼을 받아들이는 조정 · 화해 · 결정 · 판결(이하 '이혼의사확인 등' 이라고 한다)을 하여야 한다. 다만, 다음 각호의 경우에는 숙려기간을 단축하거나 면제할 수 있다.

1. 부부의 쌍방이 이혼절차개시일 전 3개월 또는 숙려기간 내에 법원외 상담을 받은 증명서를 제출한 때
2. 부부의 쌍방이 제4조 제2항의 규정에 의한 상담을 받은 증명서를 제출한 때
3. 부부의 쌍방 또는 일방이 숙려기간 내에 이혼의사확인을 받아야 할 급박한 사정이 있는 점을 소명한 때

제4조 (상담전치주의 등) ① 미성년자인 자가 있는 부부가 협의상이혼을 하고자 하는 때에는 다음 각 호의 서류를 제출하여야 한다.

1. 부부의 쌍방이 이혼의사확인신청 전 3개월 내에 법원외상담을 받은 증명서

2. 이혼 후의 친권자, 양육자, 양육비, 면접교섭 등에 관한 사항을 정한 합의서

② 제1항 제1호의 규정에 의한 상담증명서를 제출하지 않은 때에는 법원은 부부의 쌍방에게 상당한 기간을 정하여 그 기간 내에 상담을 받은 증명서를 제출하도록 명하여야 한다. 다만, 상담을 받을 수 없거나 받기 어려운 정당한 사유가 있는 때에는 그러하지 아니하다.

③ 제1항 제2호의 규정에 의한 합의서를 제출하지 않은 때에는 법원은 부부의 쌍방에게 상당한 기간을 정하여 그 기간 내에 합의서를 제출하도록 명하여야 한다.

④ 법원은 제1항 제2호 또는 제3항의 규정에 의하여 제출된 합의서의 내용이 적정하지 않다고 인정한 때에는 상당한 기간을 정하여 그 기간 내에 합의서를 다시 제출할 것을 명할 수 있다.

⑤ 제2항의 규정에 의한 상담증명서 또는 제3항, 제4항의 규정에 의한 합의서의 제출명령을 받은 부부의 쌍방이 그 기간 내에 이를 제출하지 않은 때에는 이혼의사확인신청을 취하한 것으로 본다.

第5조 (상담권고) 법원은 미성년자인 자가 없는 부부의 협의이혼의사확인 사건 또는 모든 재판상이혼 사건에서 필요하다고 인정한 때에는 부부의 쌍방에게 법원외상담을 받도록 권고할 수 있다.

第6조 (상담시간) 제3조 제1호, 제4조 제1항 제1호 · 제2항의 규정에 의한 상담은 3시간으로 한다. 다만, 제4조 제2항의 규정에 의한 상담은 정당한 사유가 있는 때에는 상담시간을 단축할 수 있다.

第7조 (상담방법)

① 상담인은 부부의 쌍방을 동시에 면접하여야 한다.

② 상담인은 필요한 경우 부부의 자녀와 부모 등 이해관계인을 면접하거나 다수의 부부를 상대로 집단상담을 실시할 수 있다.

③ 상담인은 부부의 쌍방이 불화의 요인을 이해하고 이를 제거하기 위한 해결방법을 찾아 실천에 옮길 수 있도록 원조하여야 한다.

④ 상담인은 상담을 제공함에 있어 성실히 직무를 수행하고 품위를 유지하며 당사자의 인격의 존엄을 해하여서는 아니된다.

⑤ 상담인은 혼인생활의 유지 · 개선을 위하여 필요하다고 인정되는 최소한의 범

위 내에서 부부 간의 의무, 친권과 양육에 관한 사항, 부부재산의 귀속 · 관리 · 처분 · 청산 등 일반적인 법률문제에 관하여 조언을 할 수 있다.

제8조 (상담비용)
① 법원외상담인은 상담을 받은 부부의 쌍방에게 대법원규칙이 정하는 범위 안에서 비용을 청구할 수 있다.
② 부부의 쌍방은 특별한 약정이 없으면 상담비용을 공동으로 부담한다.

제9조 (상담증명서) 상담인은 부부의 쌍방 또는 일방의 신청에 의하여 당사자의 인적 사항 및 상담의 일시, 장소, 시간, 방법, 비용 등을 기재한 상담증명서를 작성, 교부하여야 한다.

제10조 (진술의 원용제한) 상담과정에서의 당사자 또는 이해관계인의 진술은 다른 재판절차에서 원용하지 못한다.

제11조 (법원외상담인)
① 법원행정처장은 건강가정지원센터, 사회복지관, 정신보건센터, 법률구조법인 등 상담에 적합한 시설과 인력을 갖춘 단체 또는 정신과전문의, 정신보건전문요원 기타 상담에 관하여 학식과 경험이 있는 개인 중에서 법원외상담인을 지정한다.
② 법원행정처장은 제1항의 규정에 의한 권한을 대법원규칙이 정하는 바에 의하여 법원장 또는 지원장에게 위임할 수 있다.

제12조 (법원상담인)
① 협의이혼의사확인 사건 또는 재판상이혼 사건의 제1심을 관할하는 법원의 법원장, 지원장은 상담에 관하여 학식과 경험이 있는 자 중에서 법원상담인을 위촉한다.
② 법원상담인에 대하여는 대법원규칙이 정하는 바에 의하여 수당을 지급하고, 필요한 경우에는 여비, 일당 및 숙박료를 지급할 수 있다.

제13조 (비밀누설죄)
① 상담인 또는 상담인이었던 자가 정당한 이유 없이 상담의 내용을 누설한 때에

는 30만원 이하의 벌금에 처한다.
② 상담인 또는 상담인이었던 자가 정당한 이유 없이 그 직무수행 중에 알게 된 타인의 비밀을 누설한 때에는 2년 이하의 징역 또는 500만원 이하의 벌금에 처한다.
③ 제2항의 죄는 고소가 있어야 공소를 제기할 수 있다.

제14조(위임 규정) 이 법에서 정한 것 외에 법원외상담인의 지정, 법원상담인의 위촉 기타 상담에 관하여 필요한 사항은 대법원규칙으로 정한다.

부칙
제1조 (시행일) 이 법은 공포 후 3개월이 경과한 날부터 시행한다.
제2조 (경과조치) 이 법 시행 당시 계속 중인 사건에 관하여는 이 법을 적용하지 아니한다.

출처: 서울가정법원 상담위원회(2005). 「이혼절차에 관한 특례법(안)」. 4-15.

4. 숙려기간제도 및 이혼 전 상담제도의 시범적 실시현황 및 과제

'이혼절차에 관한 특례법(안)' 은 협의이혼 시 성급한 이혼을 방지하기 위하여 3개월의 숙려기간을 두고, 미성년자인 자의 복리를 도모하기 위하여 친권, 양육에 관한 사항을 미리 합의하도록 하기 위해 재판이혼절차에서의 조정전치주의에 상응하는 상담전치주의를 협의이혼절차에 도입한다는 취지에서 입안되었다. 현재 국회 법사위원회에 상정된 후 아직 법제화되지 않은 상태이지만, 서울가정법원을 비롯한 몇몇 가정법원 및 지방법원에서는 동법안의 주요내용인 숙려기간 및 이혼 전 상담제도를 시범적으로 시행하고 있다.

서울가정법원은 2005년 2월 28일 '협의이혼상담에 관한 내규' 를 제정하여 숙려기간제도와 이혼 전 상담제도를 도입하였다. 서울가정법원은 2005년 3월 2일부터 1주일의 숙려기간을 정하고, 상담을 받으면 숙려기간을 면제하여 당일 협의이혼의사 확인을 허용하도록 하였다. 2006년 3월 3일부터 서울가정법원은 이혼 전 상담을 받은 경우 협의이혼의사확인 신청일로부터 1주일, 상담을 받지 않은 경우에는 3주일의 숙려기간을 두고 있다. 서울가정법원을 비롯한 수원지방법원, 광주가정지원, 대전지방법원에서 시범적으로 시행하고 있는 숙려기간 및 상담제도의 내용은 〈표 2-2〉와 같다.[1)]

표 2-2 숙려기간 및 이혼 전 상담제도 시범실시 현황

법원	시행일	상담을 받은 경우	비상담의 경우
서울가정법원	2005. 3. 2	숙려기간 면제 당일 이혼의사확인	숙려기간 1주
	2006. 3. 3	숙려기간 1주	숙려기간 3주
수원가정법원	2006. 5. 1	숙려기간 1주	숙려기간 3주
	2006. 8. 1	숙려기간 2주	숙려기간 3주
광주가정지원	2005. 7. 1	숙려기간 면제 당일 이혼의사확인	숙려기간 2주
대전지방법원	2005. 7. 1	숙려기간 1주	숙려기간 3주

숙려기간 및 이혼 전 상담제도를 시범실시하고 있는 법원에서 접수된 이혼 건수 및 이혼취하율은 〈표 2-3〉과 같다. 숙려기간 및 이혼 전 상담제도의 시범적 실시 결과, 이혼의 취하율(불확인 포함)은 서울가정법원(17.0%)에 비해 광주가정지원 및 대전지방법원의 취하율(24%이상)이 더 높게 나타났다.

1) 가정법원 및 지방법원에서 시범적으로 시행하고 있는 숙려기간 및 협의이혼 전 상담제도의 실태는 신영철 · 김유진(2006: 1～24)의 "협의이혼 상담 숙려기간 시행 경험 및 성과"를 참조함.

표 2-3 협의이혼의사확인 신청사건 접수 및 처리건수 대비표(2005년)

	접수	처리				불확인, 취하율(%)
	2005년도	확인	불확인	취하	미제	
서울가정법원	7,142	5,825	82	1,114	121	17.0%
광주가정지원	4,798	3,433	52	1,043	270	24.2%
대전지방법원	4,221	3,062	35	947	180	24.3%
수원지방법원	7,888	7,428	140	322	2	5.9%

*수원지방법원은 2005년에는 숙려기간 및 상담제도를 시행하지 않았음.

2005년 당시 숙려기간 및 상담제도를 시행하지 않은 수원지방법원의 경우 불확인과 취하율을 합한 사건은 5.9%에 불과했다.

2006년 1월에서 5월까지의 숙려기간 및 상담제도 시범실시의 결과를 살펴볼 때(〈표 2-4〉 참조), 서울가정법원의 경우 숙려기간을 2006년 3월부터 3주로 확대한 때문인지 불확인 및 취하율이 18.5%로 2005년의 17.0%보다 1.5%의 증가율을 보였다. 광주가정지원에서는 숙려기간의 변동이 없었음에도 불구하고, 불확인 및 취하율이 2005년의 24.2%에서 2006년에는 26.8%로 증가하였고, 대전지방법원 역시 24.3%에서 29.0%로 증가하였다. 수원지방법원의 경우 2006년 5월부터 숙려기간제도를 시행하여 한 달밖에 경과하지 않았음에도 불구하고, 미시행 시의 5.9%에 비해 7.34%로 불확인 및 취하율이 증

표 2-4 협의이혼의사확인 신청사건 접수 및 처리건수 대비표(2006년 1~5월)

	접수	처리				불확인, 취하율(%)
	2006년도	확인	불확인	취하	미제	
서울가정법원	2,929	2,197	20	478	379	18.5%
광주가정지원	1,858	1,464	7	528	129	26.8%
대전지방법원	1,795	1,218	26	471	260	29.0%
수원지방법원	3,358	2,739	54	163	404	7.34%

가된 것으로 나타났다.

한편, 서울가정법원의 월별 통계를 살펴볼 때(〈표 2-5〉 참조), 숙려기간 및 상담제도를 도입하기 이전인 2004년에는 이혼의 취하율이 10%정도였으나, 2005년 1년 동안 15.8%로 증가되었고 2006년의 5달 동안의 평균은 17.74%로 증가되었다. 한편, 상담을 받은 경우 이혼사건의 취하율이 2005년, 2006년 모두 12% 미만이었던 반면, 비상담 사건의 취하율은 2005년, 2006년

표 2-5 서울가정법원 상담 사건 및 비상담 사건별 협의이혼의사확인 신청 사건

구분	상담 사건			비상담 사건			전체		
	처리	취하	취하율(%)	처리	취하	취하율(%)	처리	취하	취하율(%)
2004							7,217	721	**10.0**
2005. 1							519	39	7.5
2005. 2							544	48	8.8
2005. 3	74	10	13.51	476	75	15.76	550	85	15.4
2005. 4	127	15	11.81	504	103	20.44	631	118	18.7
2005. 5	122	12	9.84	482	88	18.26	604	100	16.5
2005. 6	100	11	11.00	542	88	16.24	642	99	15.4
2005. 7	161	26	16.15	465	97	20.86	626	123	19.6
2005. 8	192	21	10.93	449	106	23.61	641	127	19.8
2005. 9	190	21	11.05	385	88	22.86	575	109	19.0
2005. 10	166	14	8.43	431	71	16.47	597	85	14.2
2005. 11	191	27	14.14	377	71	18.83	566	98	17.3
2005. 12	160	17	10.63	366	66	18.03	526	83	15.8
소계	1,483	174	**11.73**	4,477	853	**19.05**	7,021	1,114	**15.8**
2006. 1	165	16	9.7	363	61	16.80	528	77	14.58
2006. 2	152	15	9.87	393	67	17.05	545	82	15.04
2006. 3	133	23	17.29	349	68	19.48	482	91	18.88
2006. 4	163	18	11.04	397	92	23.17	560	110	19.64
2006. 5	147	18	12.24	433	100	23.09	580	118	20.35
소계	760	90	**11.84**	1,935	388	**20.05**	2,695	478	**17.74**

출처: 신영철 · 김유진(2006: 10～15)

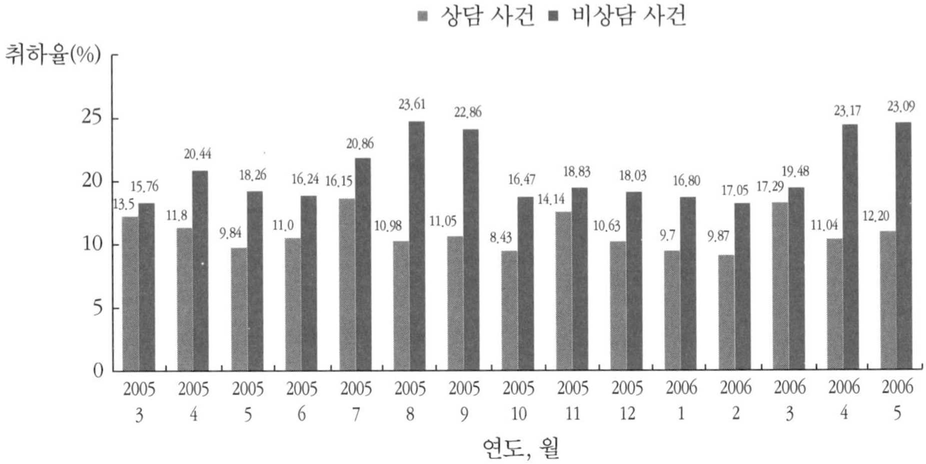

[그림 2-1] 서울가정법원 상담 사건 및 비상담 사건별 협의이혼의사확인 신청사건 취하율 비교

20% 내외로 상대적으로 높게 나타났다.

이처럼 상담을 받은 경우보다, 상담없이 숙려기간만 거친 경우 협의이혼의사확인 신청사건의 취하율이 약 8% 가량 더 높게 나타난 이유는 첫째, 이혼 전 상담제도가 그 본래의 취지를 충분히 살리지 못하고 있기 때문인 것으로 보인다. 상담제도가 이혼 전에 이혼의사를 다시 한 번 확인하고 자녀양육문제에 대한 협의를 위한 기회를 제공한다는 이혼절차에 관한 특례법(안)의 본래 취지를 상실하고, 상담을 받으면 숙려기간을 면제받을 수 있기 때문에 하루 속히 이혼하고자 하는 부부들에 의해 악용당하고 있는 것으로 보인다. 둘째, 상담받지 않은 채 숙려기간(2005년 1주, 2006년 3주)을 거쳤을 뿐인데도 이혼사건의 취하율이 급증되었다는 사실은 숙려기간을 부여함으로써 이혼하려는 부부로 하여금 결혼생활의 파탄정도와 이혼에 대해 다시 한번 생각해 볼 수 있는 기회를 제공한 것으로 보인다. 다시 말하여, 그동안 즉흥적으로 감정에 치우쳐 성급하게 협의이혼 의사확인을 신청한 부부가 상당수 있었다는 사실을 반증해 주고 있다(신영철 · 김유진, 2006: 11～12).

현재 국회에 상정되어 있는 이혼절차에 관한 특례법(안)의 주요 내용인 협의이혼 전 상담제도와 숙려기간제도를 시범적으로 실시한 결과를 종합해 볼 때, 법에 제시된 숙려기간(3개월)과 비교해서 상당히 짧은 기간(1주～3주)임에도 불구하고 숙려기간제도는 성급한 이혼결정을 보류하고 다시 생각해 볼 수 있는 기회를 부여함으로써 이혼취하율을 증가시키는 효과를 어느 정도 거두고 있는 것으로 보인다. 반면, 이혼 전 상담제도는 법에는 3시간으로 되어 있으나 현재 단 1시간의 상담이 제공되고 있는데, 이는 이혼에 이르기까지의 복잡한 결혼생활을 돌아보고 이혼에 따르는 자녀양육문제에 관한 합리적 의사결정을 하는 데 턱없이 부족한 시간이다. 따라서 이혼절차에 관한 특례법(안)이 법제화되더라도 이혼상담의 구체적 내용 및 절차, 실시방안에 대해 보다 심도있는 연구를 토대로 이혼 전 상담제도를 효율적으로 운영하는 방안이 모색되어야 할 것이다.

제2부

이혼 후 부모역할과 자녀양육계획: 북미를 중심으로

CHAPTER 3

이혼 후 자녀양육을 위한 사회적 접근: '자녀의 최대 이익을 향하여'[1)]

1. 공동부모역할로 패러다임의 전환

우리나라보다 먼저 이혼문제를 심각하게 경험한 다른 나라들에서 이혼 후 자녀양육을 위해 어떠한 사회적 대책을 마련하고 있는지 알아보기 위해, 이혼 후 자녀양육실태 및 추세를 살펴보고자 한다. 북미에서는 이혼 시 미성년 자녀가 있는 경우 어머니에게 단독양육권이 주어지는 경우가 많았으나, 이러한 상황은 1970년에 새로운 양육방식, 즉 부모역할분담(shared parenting) 또는 공동부모역할(co-parenting)이 등장하면서 변화되고 있다(Irving & Benjamin, 1995: 277). 공동부모역할[2)] 은 자녀에 대한 권리 대신 자녀양육에 있어 부모의 공동책임을 강조하는 새로운 접근방식으로, 자녀가 머무는 주

1) 제3장에 제시된 내용은 이명신 외(2006). "이혼 후 자녀양육계획 수립을 위한 중재서비스(실천모델)". 「협의이혼 상담제도와 사회복지적 접근」. 한국가족사회복지학회 제19회 춘계학술대회에서 발표한 내용의 일부(pp. 72-74)를 수정 · 보완한 것임.

거주지를 양 부모의 집 중 한곳으로 정하는 공동법적양육(legal co-custody)과, 주거주지를 정하지 않고 양 부모의 집에서 자녀를 양육하는 공동신상양육(physical co-custody)으로 나뉜다(Irving & Benjamin, 1995: 229). 이처럼 북미에서는 이혼 후 자녀양육을 위해 점차 양 부모 간에 자녀에 대한 돌봄과 통제를 동등하게 나누는 공동양육 또는 공동부모역할의 비중이 늘고 있다(Folberg & Graham, 1981; Irving & Benjamin, 1995: 229 재인용).

미국에서는 1984년 30개 이상의 주에서 공동부모역할을 인정하거나, 추정 또는 의무화하는 법안이 마련되었으며, 1991년에는 44개의 주에서 공동양육을 선택하도록 하거나(50%), 공동양육을 자녀의 최대 이익을 위한 것으로 추정(24%) 또는 의무화(14%)하고 있는 것으로 나타났다(Folberg, 1991; Irving & Benjamin, 1995: 229 재인용). 캐나다에서는 1980년대 초까지는 공동부모역할에 대한 사법계의 상당한 주저가 있었으나, 최근 많은 주(온태리오, 매니토바, 뉴브런스윅, PEI)에서 양육권을 한 사람 이상에게 지정을 하는 방향으로 법안이 변화되었고, 유콘 테리토리에서는 이를 공식적으로 인정하고 있다(Irving & Benjamin, 1995: 230). 캐나다에서는 자녀양육문제로 재판을 하지 않는 경우 공동부모역할(부모책임분담)이 하나의 규범으로 등장하였으며, 현재 이혼부모의 약 1/3이상이 이혼 후 자녀양육방식으로 공동부모역할을 선택하고 있다(Kruk, 2005: 129). 이처럼 부모 일방에 의한 단독양육이 아닌, 양 부모에 의한 공동부모역할은 미국, 캐나다 등 북미에서 하나의 규범으로 자리잡아 가고 있다.

단독양육에서 공동양육 또는 공동부모역할로 패러다임이 전환하게 된 이유는 자녀양육관련 정책에 내재된 이념의 변화에 따른 '자녀의 최대 복리' 라

2) 공동부모역할은 학자에 따라서 공동양육(joint custldy), 공동부모역할(co-parenting), 부모역할분담(shared parenting), 부모책임분담(shared parenting responsibility) 등 다양한 용어로 사용되고 있음. 본서에서는 공동부모역할로 통일하여 사용하고자 함.

는 기준의 확립을 들 수 있다.

1) 자녀양육관련 정책에 내재된 이념의 변화

과거에는 이혼 후 한 부모에게만 자녀에 대한 돌봄과 통제권이 주어질 때 아동의 이익이 최대화될 것이라는 주양육자에 대한 가정(primary caregiver presumption)이 주를 이루었고, 그 결과 대개 한 부모(주로 어머니)가 자녀를 돌보고, 다른 부모(아버지)는 재정적 지원을 하는 방향으로 자녀양육에 대한 결정이 이루어져 왔다(Kruk, 2005: 122). 그러나 단독양육권을 부여하는 것은 승자가 모든 것을 차지하는 적대적인 법정체제 속에서, 자녀를 부모가 투쟁해서 소유권, 통제권을 가져야 하는 소유물로 전락시킨다는 비판을 받아왔다(Irving & Benjamin, 1995: 293). 한편, 자녀양육권이란 용어는 권리에 토대를 둔 소유의 뜻을 내포하고 있으며, 이와 같은 지나친 부모의 권리에 대한 관심은 부모의 의무와 책임의 중요성을 손상시키는 것으로 볼 수 있다(Kruk, 2005: 131). 또한 승자가 모든 것을 차지하는 적대적인 법체계 속에서 단독양육권에 대한 사법권의 선호는 자녀의 최대 이익을 향하는 문제해결에 있어 중요한 타협보다는 갈등을 지속시키는 경향이 있으며, 자녀와 비거주부모(주로 아버지)와의 관계를 단절시키고 결과적으로 자녀의 자아개념을 침해한다는 비판이 대두되었다(Irving & Benjamin, 1995: 293).

이러한 비판과 더불어, 단독양육권을 차지하기 위한 분쟁보다는 양 부모가 자녀양육을 위해 협력할 때 자녀의 복리가 극대화된다는 점을 인식하게 됨에 따라(Garon, Donner & Peacock, 2000: 168), 공동부모역할, 부모협력을 강조하는 방향으로 정책이 변화되었다. 이러한 사회정책의 변화는 '적대적'에서 '협력적' 관계로, '개인중심' 에서 '가족관계중심' 모델로 전환(Everett, 1984), 즉 자녀양육방식의 패러다임의 변화(second order shift)를 가져왔다

(Irving & Benjamin, 1995: 277 재인용). 공동부모역할은 부모의 권리보다는 자녀양육에 대한 공동책임을 강조하며, 부모의 이익보다는 자녀의 이익을 우선시하고 자녀의 최대 이익을 추구한다는 점에서(Kruk, 2005: 132), 과거의 단독양육(sole custody)과 이념적으로 구분되는 새로운 자녀양육 접근방식이라 할 수 있다.

2) 자녀의 최대 이익 기준의 확립

단독양육방식에 대한 대안으로 대두된 공동부모역할은 자녀의 관점에서 최선의 이익을 추구하는 새로운 접근방식으로 제시되었다. 서구 국가에서 '자녀의 최대 이익(The best interest of the child)' 은 이혼 시 자녀양육결정에 있어 그 기준이 되어 왔으며 이혼관련법의 개정은 이를 토대로 이루어져 왔다. 이처럼 '자녀의 최대 이익' 이라는 기준의 중요성에도 불구하고, Balla(2000)는 '자녀의 최대 이익' 을 사정하고 결정할 수 있는 명확한 조작적 정의가 없기 때문에 이러한 원칙은 너무 모호하고 결과적으로 의미가 없다고 보았다(Kruk, 2005: 122 재인용). Balla(2000)는 캐나다의 법정자료를 토대로 조사한 결과, '자녀의 최대 이익' 의 기준은 전통적으로 성인이 아동의 복지를 위해 중요하다고 생각하는 것에 토대를 두었고 아동의 욕구와 이익에 대한 어른들의 해석에 의존하였기 때문에, 자신의 운명을 결정하는 과정에서 아동 자신의 목소리는 거의 고려되지 않았음을 지적하였다(Kruk, 2005: 120 재인용).

이러한 폐단을 없애기 위해, '자녀의 최대 이익' 이라는 기준을 구성함에 있어 자녀의 기본적인 욕구 및 이를 충족하기 위한 부모와 사회의 책임을 고려하는 방향으로 나아갈 필요가 있으며, '자녀의 최대 이익' 을 양육갈등에 처한 자녀와 부모에게 미치는 폐해를 줄이는 것(harm reduction)으로 조작화할 수 있다. 부모의 이혼이 자녀들에게 미치는 해(harm)는 Lamb과

Kelly(2001)가 제시했듯이 한 부모 또는 양 부모와의 긍정적 애착관계가 파괴되고 멀어지는 일, 부모갈등에 노출, 부모의 이혼 후 자녀의 인생에 불안정과 불연속성이 초래되는 일, 이혼 후 부모의 재정적 어려움으로 인한 생활수준의 저하라는 요인들로 요약될 수 있다(Kruk, 2005: 124 재인용). 특히 부모와의 애착관계의 단절 및 부모갈등에의 노출은 이혼가정의 자녀들이 극심한 고통과 스트레스를 겪게하는 요인이 된다.

'해 줄이기(harm reduction)' 접근은 이혼으로 인해 자녀가 겪게 되는 폐해를 감소시키고, 자녀의 기본적 욕구를 충족하는 방향으로 '자녀의 최대 이익'의 새로운 기준을 제시한다(Kruk, 2005: 124). 이처럼 자녀의 관점에서 자녀 자신에게 바람직한 방향으로 욕구를 충족하고 부모의 이혼으로 인해 입을 수 있는 해를 줄이는 것을 '자녀의 최대 이익'으로 본다면, 양 부모가 이혼 후에도 자녀에게 지속적으로 관여하면서 부모-자녀 간 유대 관계가 보장될 수 있다는 점에서, 공동부모역할(부모책임분담)은 '자녀의 최대 이익'을 실현하기 위해 효과적인, 새로운 이혼 후 자녀양육방식이라고 할 수 있다.

2. 공동부모역할

1) 공동부모역할의 긍정적 효과

공동부모역할(shared parenting)이 부모와 자녀 모두에게 미치는 이혼의 부정적 영향력을 최소화하고 이혼 후 보다 잘 적응할 수 있도록 돕기 위한 하나의 방안으로 인식되면서, 이에 대한 관심이 증가되었고 공동부모역할의 바람직성과 효과성에 대한 논의가 많이 이루어졌다. Irving과 Benjamin(2005: 278)은 공동부모역할의 장점과 비판을 둘러싼 논의가 주로 이념적임을 지적하면서, 공동부모역할에 대한 38개의 논문을 검토하여 경험적 자료를 토대로 공동부모역할의 실효성을 평가하였다. Irving과 Benjamin(1995)은 자신들의 연구결과를 토대로 공동부모역할이 이루어지고 있는 가족의 특성을 다음과 같이 요약하였다.[3)]

- 부모와 자녀의 이혼 후 적응가능성 증가
- 자녀양육의 내용과 가치관에 대한 부모의 동의 정도가 높음
- 자녀양육을 위한 협력적 부모관계 수립
- 자녀양육에 부모의 관여도 및 부모역할의 지속성의 정도가 높음
- 자녀양육계획일정과 양육비 지급의무 준수
- 부모와 자녀의 높은 만족도

공동부모역할의 긍정적 효과를 구체적으로 살펴보면, 다음과 같다.

(1) 부모와 자녀의 이혼 후 적응

이혼 후 아버지들은 주로 죄의식, 분노, 우울증, 외로움과 상실감을 경험하며, 어머니들은 이러한 공통적 감정 외에 취업의 필요성과 자녀양육부담으로 인한 역할과중의 어려움을 공통적으로 경험하고 있다. 선행연구 분석결과, 자녀와 아버지의 접촉빈도가 증가될수록 아버지의 정서적 적응은 급속히 증가되며, 단독양육의 경우에 비해 공동부모역할을 하고 있는 부모들은 분노, 죄의식, 우울증을 적게 호소하며 자녀-부모관계의 지속 및 접촉정도에 만족하는 것으로 나타났다. 한편, 어머니들은 이혼 전과 마찬가지로 자

3) 공동부모역할의 긍정적 효과에 대한 내용은 Irving과 Benjamin(1995: 229~276)가 공동부모역할에 대한 38개 논문을 검토 · 분석한 내용을 중심으로 요약 · 정리한 것임. 본 내용은 이명신 외(2006). "이혼 후 자녀양육계획 수립을 위한 중재서비스(실천모델)". 「협의이혼 상담제도와 사회복지적 접근」. 한국가족사회복지학회 제19회 학술대회에서 발표한 내용의 일부(pp. 74~77)를 수정 · 보완한 것임.

녀양육의 역할을 담당하지만, 자녀를 돌보는 부담이 나누어지기 때문에 이전보다 혼자 보낼 수 있는 시간이 증가된 것으로 나타났다.

각기 다른 생활양식과 가치체계를 가진 부모 사이에서 자녀가 느끼는 혼란은 공동부모역할을 둘러싼 논쟁점이 되고 있다. 그러나 대다수의 자녀들은 양 부모의 집을 왕래하며 각기 다른 생활양식과 가치체계로 인한 어려움을 그다지 심각하게 인식하지 않는 것으로 나타났다. 이보다는 부모와 자녀 간의 친밀함과 관계의 지속성, 양 부모 집을 왕래하는 데 있어 정기성 및 예측가능성, 부모의 협력정도가 이혼 후 자녀의 적응에 영향을 미치는 것으로 나타났다. 공동부모역할의 경우 자녀들은 긍정적 · 부정적 감정을 표현하는 것을 보다 편안히 느끼며 부모의 재결합에 대한 환상을 덜 갖게 되며, 충성심 갈등을 보이지 않는 것으로 나타났다. 특히 부모가 극도의 갈등상태에 있을 때 자녀들은 부모 사이에서 끼여 있다고 느낄 수 있으나, 부모가 공동부모역할을 담당하고 특히 협력적인 관계를 유지할 때 자녀들은 이처럼 중간에 끼인 느낌을 덜 느끼는 것으로 나타났다.

(2) 부모와 자녀의 관계의 지속성

공동부모역할을 하고 있는 부모들은 자녀중심적인 태도를 가지며, 서로 합의하여 공동부모역할을 선택할 가능성이 높다. 현재 공동부모역할을 하고 있는 아버지들은 이혼 전에도 아버지로서 자녀에게 많이 관여하였으며 이혼 후에도 부모역할에 참여하는 정도가 높게 나타나, 아버지로서의 역할이 지속되는 특성을 보였다. 공동부모역할을 하는 부모들은 자녀에 대해 더 많이 알고 있고 자녀의 인생에 더 많은 영향력을 지니며 자신의 자녀에 대한 영향력에 만족하는 경향을 보인다.

반면, 공동부모역할에 반대하는 사람들은 자녀는 함께 거주하는 부모와의 관계에서 안정성 및 지속성을 필요로 하며, 비거주부모와 자녀의 관계는 면접권을 통해 효과적으로 유지될 수 있다고 주장한다(Ferreiro, 1990: 421). 그럼에도 불구하고 많은 연구자들은 공동부모역할을 하는 아버지는 면접권만 지닌 아버지보다 자녀에게 많은 관여를 하고 있고, 아버지의 역할을 할 기회가 많을수록 아버지로서 자녀에 대한 관여를 강화하는 경향이 있음을 제시하였다(Grief, 1979; Ferreiro, 1990: 421 재인용). Luepnitz(1982)는 이혼 후 부모와 자녀의 관계 지속성을 연구한 결과, 비거주 아버지의 57%, 비거주 어머니의 25%는 전혀 자녀를 방문하지 않지만, 공동부모역할을 하는 부모는 자녀를 방문하지 않는 경우가 없음을 발견하였다(Ferreiro, 1990: 421 재인용).

(3) 협력적 부모관계

많은 연구들은 공동부모역할을 하는 부모의 경우 자녀양육계획 및 일정, 자녀양육에 대한 가치관에 있어 부모 간 합의의 가능성이 높으며, 공동의사결정 및 정보공유가 이루어진다는 점을 제시하였다. 한편 부모들은 서로의 차이점에 대해서 관용을 지니며, 상대방의 양육기술에 대해 존중하고 서로 협력적인 관계를 유지하는 것으로 나타났다. 이러한 이혼 후 부모의 협력관계는 이혼 전 낮은 갈등상태, 자녀양육에 대한 높은 헌신, 부모-자녀 간 관여의 지속성과 연관이 있는 것으로 보인다.

(4) 만족도

선행연구들은 공동부모역할 수행 시 부모와 자녀 모두 높은 만족도를 보인다는 점에 의견의 일치를 보이고 있다. 공동부모역할 수행 시 거의 67%~84%의 만족도를 보이며, 특히 이혼 후 1년 이내에 공동부모역할을 수행하며 서로 좋은 관계를 수립한 경우 만족도가 더 높은 것으로 나타났다.

자녀들의 만족도는 부모의 만족도와 높은 상관관계를 보이지만, 공동부모역할에 대해 부모와 자녀들은 각기 다른 이유에서 만족하는 것으로 드러났다. 부모들은 이러한 양육방식이 법원에 의해 강요된 것이 아니라 자발적으로 선택한 경우 만족하며, 공동의사결정이 이루어질 수 있고 이혼 후 자녀의 긍정적 적응에 도움이 되는 동시에 단독부모역할의 부담에서 벗어날 수 있기 때문에 만족하는 것으로 나타났다, 한편, 자녀들은 이러한 양육방식으로 인해 또래관계를 지속할 수 있으며, 가족 내 긴장이 감소되고 그 결과 자신들이 더 이상 부부싸움의 대상이 아니라고 느끼는 데서 안도감을 느끼기 때문에 만족한다. 그러나 부모와 자녀가 동시에 만족하는 이유로는 부모역할의 지속성, 즉 부모의 자녀에 대한 지속적인 관여 때문인 것으로 나타났다. 대다수의 부모와 자녀들은 자신들이 이러한 양육방식에 만족하기 때문에, 같은 상황에 있는 다른 사람들에게 공동부모역할(공동양육)을 권하겠다고 응답하였다.

(5) 양육비지급의 지속성

단독양육권을 가지고 있는 여성들은 남편으로부터의 양육비 등 경제적 지지가 전혀 없거나 불규칙한 것을 공통적으로 문제로 지적하고 있다. 이와 대조적으로 공동부모역할에 대한 연구들은 양육비문제가 때로는 갈등의 원천이 될지라도 공동부모역할을 하는 아버지들은 지속적으로 양육비를 지급하고, 정시에 정해진 금액을 보내는 확률이 높다고 보고하고 있다(Thoennes, 1991: Irving & Benjamin, 1995: 254 재인용).

공동양육을 옹호하는 사람들은 아버지의 역할을 적법화하고 강화한다면 아버지들이 재정적 책임을 더 많이지는 경향이 있다고 주장하는 한편, 반대자들은 자녀양육비지급이 아버지들이 부담해야 할 자녀양육의 책임을 감소시키는 전략으로 사용될지도 모른다고 주장한다(Ferreiro, 1990: 421). Luepnitz(1986)의 연구에 따르면 단독양육 어머니의 56%가 배우자가 자녀양육비 지급을 거절하는 것에 대해 소송을 제기한 반면, 공동양육 어머니들은 이러한 소송을 하지 않는 것으로 나타났다(Ferreiro, 1990: 422 재인용). Pearson과 Thoennes(1988)의 연구에서는 공동양육 아버지들이 자녀양육비를 지급할 가능성이 높은 것으로 나타났는데, 그 이유는 이들이 상대적으로 우월한 경제적 지위를 지니고 있기 때문으로 양육형태보다는 부양자의 재정적 지위가 자녀양육비지급에 있어 더 많은 영향을 미치는 것으로 해석할 수 있다(Ferreiro, 1990: 422 재인용).

(6) 이혼 후 가정폭력 가능성 감소

Irving과 Benjamin(1995)에 의해 제시된 다양한 장점 외에, 공동부모역할의 경우 시간이 지남에 따라 부모 간 갈등이 낮아질 뿐 아니라, 이혼 후 부모 간 폭력의 가능성이 감소되는 것으로 나타났다. 단독양육결정의 경우 승자-패자 패턴을 고수하는 과정에서 자녀를 빼앗기거나 부모역할을 상실할지 모른다는 위기감이 최대로 고조되므로 이혼 후 첫 번째 가정 폭력이 발생될 가능성이 높은 것으로 알려져 있다. 단독양육결정은 이혼 후 처음으로 발생하는 폭력의 46%를 예방하는 데 불과하지만, 공동부모역할의 경우 자녀와 지속적 관계를 유지할 수 있고 양 부모 모두 자녀에게 관여할 수 있다는 점에서 이러한 감정적 위험의 수위가 낮아지므로 이혼 후 폭력의 발생 가능성이 낮아지는 것으로 보인다(Kruk, 2005: 128).

공동부모역할에 대한 38개의 논문을 검토하여 그 결과를 종합한 Irving과 Benjamin(1995)의 연구는 단독양육에 비해 공동부모역할(공동양육)은 이혼 후에도 양 부모로부터 지속적인 돌봄과 사랑을 받게 함으로써 이혼으로 인해 자녀에게 미칠 수 있는 해를 최소화하고 이혼 후 적응을 도울 수 있다는 점을 경험적인 자료를 통해 입증하였다. 공동부모역할(부모역할분담)은 단독양육에 비해 여러 점에서 우월성이 입증되고 있으며 여러 나라에서 선호되면서 이혼가족을 위한 새로운 대안으로 부각되고 있다.

2) 공동부모역할의 적용대상 및 금기대상

Irving과 Benjamin(1995: 292)도 공동부모역할이 많은 장점을 지니고 있다는 사실은 분명하지만 모든 이혼부부에게 적용되지는 않는다는 점을 인정하였다. Irving과 Benjamin(1995)은 공동부모역할이 다음과 같은 특성을 보이는 부부에게 특히 적합하다고 보았다.

- 이혼 전 갈등수준이 낮거나 중간 정도인 부부
- 부모역할수행에 있어 자녀중심적 태도
- 공동부모역할 선택의 결정에 대한 상호존중
- 공동부모역할과 관련된 다양한 일상생활의 문제점 및 위기상황을 받아들이고 극복하고자 하는 동기

Irving과 Benjamin(1995: 297)은 자신들의 연구결과를 토대로 공동부모역할이 대다수의 이혼부부들에게 적합하지만 그렇지 못한 경우에는 단독양육을 선택해야만 한다고 보았다. Irving과 Benjamin(1995: 266)은 공동부모역할의 선택이 금기시되는 부모의 특성은 다음과 같이 제시하였다.

- 부모가 정서적 · 정신적 · 신체적으로 자녀를 돌볼 수 있는 능력이 결여된 경우
- 약물남용
- 아동학대
- (조정에도 불구하고) 부모 사이에 극도의 적대감이 지속될 경우
- 자녀가 어린 경우, 부모의 거주지가 너무 멀리 떨어져 있는 경우
- 공동부모역할을 원하지 않는다는 부모의 명확한 의사표현이 있는 경우

한편, Reece(1983)은 극도로 갈등적 · 폭력적인 부부관계 외에도, 계약적 관계에서 재발되는 문제를 지니거나, 잦은 이직 및 충동적 퇴직, 잦은 법규

위반 등의 특성을 지닌 부부는 오랫동안 성인으로서 기능하는 데 문제를 지니고 있기 때문에 공동부모역할을 하는데 적합하지 않다고 보았다(Ferreiro, 1990: 420 재인용). 이처럼 공동부모역할이 적합지 않은 부모가 있다는 점에서 조심스러운 선별과정이 필요하다.

3. 공동부모역할 관련 법과 실천을 위한 제도

1) 공동부모역할을 선호 · 추정하는 입법제도

공동부모역할 또는 공동양육(joint custody)은 자녀양육에 있어 부모 간 협력을 증진시키고 양 부모 모두 자녀에게 이혼 후 지속적으로 관여할 수 있도록 한다는 점에서 선호되고 있다. 공동양육은 이를 자유로이 선택하는 부모들에게는 공동부모역할을 가능하게 하는 좋은 하나의 대안이라는 점에 의심의 여지가 없지만, 이를 자발적으로 선택하지 않는 부모에게도 법률상 선호(preference) 또는 추정(presumption)의 형식을 통해 법으로 장려되어야 하는지에 대한 의문이 제기된다(Ferreiro, 1990: 420).

공동양육 또는 공동부모역할과 관련된 법으로는 선택, 선호, 추정이라는 세 종류의 법이 있다. 공동양육선택법(option statute)은 판사들이 단순히 공동부모역할(공동양육)을 허락 또는 명령할 수 있다는 점을 명확화하고 있는 반면, 공동양육선호법(preference statute)은 법원으로 하여금 양육선택 중에서 공동양육을 가장 우선적으로 고려하도록 명하고 있다(Ferreiro, 1990: 420). 공동양육추정법(presemption statute)은 공동양육이 자녀의 최대 복리를 위한 방안이라고 추정하며, 이러한 추정을 반박할 수 있는 충분한 증거가 없는 한 단독양육을 명할 수 없도록 하고 있다(Schulman & Pitt, 1982;

Ferreiro, 1990: 420 재인용).

공동양육을 추정 · 선호하는 법은 자녀가 양 부모와 지속적으로 접촉을 가지며 자녀를 돌봄에 있어 부모가 권리와 책임을 나누도록 격려하는 것을 주 정부의 공식적 정책임을 선언하고(Folberg, 1984), 법원이 공동양육을 판정하도록 하였다(Ferreiro, 1990: 420 재인용). 1979년에 미국에서는 단 5주만이 이러한 공동양육법을 만들었지만, 1988년에는 34주가 이를 채택하였다(Atkinson, 1988; Ferreiro, 1990: 420 재인용). 이러한 법에 의해 대다수의 주에서는 판사에게 부모 모두 또는 한 명이 반대하더라도 공동양육을 명할 수 있는 권한을 부여하였다(Ferreiro, 1990: 421).

이처럼 공동양육 추정 · 선호법을 채택하는 주가 더 많아지고 있으나, 이러한 법이 이혼가정 자녀의 최대 복리를 위해 가장 좋은 방안인지, 공동양육이라는 복잡한 구조를 따라가기 어려운 부모들에게 이를 강요하는 것은 아닌지에 대한 의문이 제기되고 있다(Ferreiro, 1990: 421). Irving과 Benjamin(1995: 265~266)은 대다수 부모와 자녀들은 공동양육에 보다 잘 적응한다는 일관된 조사결과가 있으며, 따라서 다른 조건이 동일한 경우 공동부모역할을 선택하는 것이 바람직하며 선호된다고 보았다. 그러나 어떤 특정 가족에게 공동부모역할이 자녀의 최대 이익을 위해 가장 적합한 선택인지를 결정함에 있어 신중을 기해야 할 것이다.

2) 공동부모역할의 적합성 판정 시 제기되는 문제점

(1) 공동부모역할이 이혼 후 부모의 갈등을 증가시키는가?

부모 간 갈등이 이혼 후 자녀의 적응에 결정적 요인으로 작용한다는 점에서, 공동부모역할이 이혼 후 부모 간 협력을 증진시키는지? 아니면 갈등가능성을 증가시키는지에 대한 많은 논의가 이루어졌다. 많은 연구결과들은 공동부모역할이 부모 간 협력을 증진시키며, 단독양육에 내포된 승자-패자입장을 피할 수 있게 하기 때문에 부모 간 갈등을 낮춘다는 주장을 지지하고 있다. 반면, 반대자들은 공동양육이 한 부모에게 분명한 의사결정권을 주지 않기 때문에 도리어 부모갈등에 해로운 영향을 미치며, 한 부모가 결정적 발언권을 지니지 못할 때 자녀는 서로 논쟁하고 싸우는 부모 중간에 끼이게 될 것이라고 주장한다(Ferreiro, 1990: 422).

Maccoby 등(1988)은 Stanford custody project에서 980명의 이혼부모를 대상으로 조사한 결과, 실제의 자녀양육형태는 부모의 불화수준에 거의 영향을 미치지 않음을 발견하였고, 자녀양육형태가 기계적으로 부모의 갈등을 악화시키거나 개선시키지는 않는다고 결론지었다(Ferreiro, 1990: 423 재인용). Johnston과 동료들(1989)은 양육 및 면접분쟁 중에 심각한 갈등을 경험하는 부모를 대상으로 조사한 결과, 공동양육과 단독양육을 비교해 보았을 때 자녀의 적응에 유의미한 차이가 없다는 점을 발견했다(Ferreiro, 1990: 423 재인용). 즉 공동양육이 부모의 갈등을 더 악화시킨다는 주장의 근거는 제시되지 않았다. Ferreiro(1990: 423)는 현재까지의 연구자료가 제한적이기는 하지만 공동부모역할이 부부 간 갈등을 야기시키거나, 극심한 갈등을 경험하는 부모의 경우에도 자녀에게 유해한 영향을 미친다는 것을 지지하는 증거를 발견할 수 없다고 결론지었다.

(2) 공동부모역할은 갈등적인 부모에게는 금기시되는가?

공동양육추정법에 대한 찬성과 반대의견이 가장 불일치를 보이는 문제는 이혼부모의 갈등수준을 토대로 누가 어떻게 공동양육을 결정할 수 있는지에 관한 것이다(Ferreiro, 1990: 423). 부모가 분쟁, 갈등 중인 경우 공동부모역할을 법으로 명하는 것이 타당한지, 또는 부모가 자녀양육에 대해 이견을 지닐 때 법은 어떤 양육방식을 판정할 것인지에 대한 의문이 제기된다. 캐나다에서는 자녀양육문제로 재판이 진행 중인 경우 부모가 협력할 수 없다고 보아, 부모 일방에게 단독양육권을 지정하는 방식을 채택하고 있다(Kruk, 2005: 120). 이와 비슷하게 미국의 대다수의 주에서도 부모가 협력할 수 없는 경우에는 공동부모역할이 적용되기 어렵다는 견해가 지배적이다.

그러나 Ferreiro(1990: 424)는 부모가 분쟁 중에 있다는 사실만으로는 한 부모를 단독양육자로 지정하는 충분한 토대가 되지 않는다고 보았다. Irving과 Benjamin(1995: 294)도 자녀가 양 부모와 지속적 관계를 유지해야 할 권리, 자녀에 대한 부모의 권리는 이혼으로 인해 상실될 수 없다고 주장하면서, 판사들은 부모가 의견일치를 하지 못하는 경우에도 공동부모역할을 명령할 권한을 가질 필요가 있다고 보았다. Irving과 Benjamin(1995: 294)은 이러한 권리는 정당한 사유가 있을 때에만 제한되거나 상실될 수 있으며, 주어진 상황에서 공동부모역할(공동양육)이 왜 적절한 선택이 아닌지에 대한 이유, 그리고 자녀양육계획(parenting plan)을 수립하는 것이 의문시 되는 이유를 분명히 설명해야 할 책임이 판사에게 있다고 주장했다. 또한 공동자녀양육계획이 금기시되는 부부를 제외하고는 공동부모역할을 적절한 대안으로 받아들이기 전에 이를 위한 시험기간(trial period)이 필요하며, 왜 공동부모역할이 실패하는지를 이 기간동안 먼저 살펴보고 추후에 자녀양육형태를 수정·변경하는 것이 바람직하다는 의견이 제시되었다(Irving & Benjamin, 1995: 296).

(3) 부모가 단독양육에 합의한 경우에도 공동부모역할이 바람직한가?

Ferreiro(1990: 424)은 양 부모 모두 부모의 역할을 지속하도록 하는 것이 합리적인 가족정책목표이며, 따라서 공동양육하기로 부모 간 합의가 이루어졌을 때 이러한 공동양육결정은 당연히 법원의 추정(presumption)이 되어야 한다고 보았다. 그러나 Ferreiro(1990: 424)는 부모가 단독양육을 하기로 합의를 한 경우, 여러 연구를 통한 공동양육의 혜택이 입증되었다 하더라도 단독양육을 결정한 가족의 의사를 침해해서는 안 된다고 보았다.

3) 공동부모역할 실천에 필요한 제도 및 서비스

(1) 조정(mediation)제도의 필요성

자발적으로 공동부모역할을 선택한 부부 대부분은 자신들의 힘으로 자녀양육문제에 대한 합의에 이르고 자녀양육계획을 수립할 수 있을 것이다. 그러나 서로 대화를 단절한 채 갈등하고 있는 부부는 외부의 도움 없이는 이러한 합의에 이르기 어려울 것이다. 공동부모역할을 실행에 옮기기 위해 자녀양육계획을 수립하는 과정에서 합의에 실패할 가능성이 있는 부모들은 제3자의 도움이 필요하다. 조정(mediation)은 부부로 하여금 자녀양육선택을 하도록 도울 뿐 아니라, 이러한 선택을 하는 적절한 또는 부적절한 이유를 구분하고, 당사자 간 지속적 접촉을 유지하며 문제해결을 도울 수 있다는 점에서 매우 유용한 하나의 대안이 될 수 있다(Irving & Benjamin, 1995: 295).

이런 점에서 Ferreiro(1990: 424)는 만일 공동양육추정법을 주정부가 채택하고 있다면, 이혼을 앞둔 부부가 협력적인 자녀양육계획을 수립하고 이러한 합의사항을 실천에 옮기기 위해 필요로 하는 서비스의 개발을 촉진해야 할 책임이 있다고 주장하였다. Irving과 Benjamin(1995: 295)은 공동부모역할을 지지하는 자녀양육관련법은 동시에 조정 서비스의 사용을 지지해야만 하며, 부모가 동의하지 않음에도 불구하고 공동부모역할(공동양육)이 명령된 경우에도 강제적인 조정 서비스가 제공되어야 한다고 보았다. Ferreiro(1990: 424) 역시 특히 자녀양육을 위한 부모역할에 대한 합의서를 작성하기 위해 조정 서비스가 제공된다면, 모호한 합의서에 의해 야기될 수 있는 갈등가능성을 감소시킬 수 있으며 구체적이고 명확한 합의서 작성에 도움이 될 것이라고 보았다. 조정 서비스는 자녀양육계획(parenting plan)에 대해 협상하고 구체적인 계획을 개발하도록 도울 수 있는 방안을 제공한다.

Irving과 Benjamin(1995: 268)은 공동부모역할이 적절하다고 판단되는 모든 부부는 (자발적이든 비자발적이든 간에) 6개월에서 12개월의 시험기간을 두고 공동부모역할에 들어가는 것이 바람직하다고 보았다. 공동부모역할을 자발적으로 선택하는 부부는 시험 기간 동안 그들에게 필요한 합의에 도달하겠지만, 비자발적 부부는 외부로부터의 지지 없이는 이에 도달하기 어려울 것이다. 또한 Irving과 Benjamin(1995: 269)은 시험기간 동안 위기에 있는 부부들이 필요로 하는 지지를 제공하고 공동부모역할에 있어 진전 정도를 모니터링하며 필요한 개입을 제공하기 위해 가족조정자(family mediator)가 필요하다고 보았다. 가족조정자는 시험기간이 끝난 후 자녀양육계획의 진전 상태를 보고하고 이를 지속 또는 수정할 것인지, 또는 파기할 것인지를 권고할 수 있을 것이다(Irving & Benjamin, 1995: 269).

(2) 자녀양육계획(parenting plan)의 필요성

① 이혼 후 가족관계 재정립 과정에서 자녀양육계획의 필요성

Emery와 Dillon(1994: 374)은 이혼을 이혼가족체계의 구성원 간의 관계에서 친밀감과 권력의 경계에 대한 재협상으로 개념화하였다. 이들은 가족관계가 이혼으로 끝나는 것이 아니고 특히 부모-자녀관계는 이혼 후에도 지속되며, 자녀가 있는 경우 전 배우자들도 어떤 형태의 관계를 유지해야 한다고 보았다. Emery와 Dillon(1994: 374~375)은 이혼한 가족은 공유된 거주지에 의해서가 아니라 공유된 관계(shared relationships)에 의해 정의되며, 이혼은 가족관계의 재정의, 즉 가족 간 친밀감과 권력의 경계를 재수립하는 것이라고 설명하였다. 이혼 후 가족들은 가족관계를 재정의하고자 애를 쓴다. 이혼 후 자녀양육계획은 자녀와 각 부모와의 관계에 있어 중요한 경계를 명백하게 정의함으로써 갈등을 감소시킨다. 성공적인 공동부모역할을 수행하기 위해서 필요한 주요과업은 이미 끝나버린 배우자 역할로부터 현재 계속되는 부모역할을 분리시키고, 전 배우자와의 친밀한 관계를 서로 공식적인 관계로 전환시킴으로써 부부와 부모역할을 분리시키고 친밀감에 있어서의 경계를 수립하는 것이다(Emery & Dillon, 1990: 375). 부모의 권위 및 책임이 분명한 한계 속에 명확화될 때 불필요한 갈등을 피할 수 있으며, 이런 점에서 구체적이고 명확한 자녀양육계획의 필요성이 대두된다(Emery & Dillon, 1994: 374~376).

Emery와 Dillon(1994)이 언급하였듯이 이혼은 친밀감과 권위에 있어 경계를 명확화하고 가족관계를 재정의하는 과정으로 볼 수 있으며, 이러한 과정에서 자녀양육계획은 이러한 가족관계의 재정의 및 이를 실행에 옮길 수 있는 토대를 제공해 줄 수 있다. Irving과 Benjamin(1995: 267) 역시 부모역할계획에 의해 구체화되는 것은 이혼 후 가족관계이며, 가족관계와 자녀의 최대 이익에 가장 잘 맞는 자녀양육계획을 수립하는 것이 가장 중요하다고 보았다.

② 공동부모역할 실천방안으로서 자녀양육계획

최근 이혼법 개정을 둘러싸고 자녀양육에 대한 부모의 권리보다는 부모의 책임이 강조되는 추세에 있다. 공동부모역할을 통한 부모책임분담(shared parental responsibility)라는 생각이 선호되고 있으며, 이혼 후 자녀에 대한 부모의 책임을 명확히 하는 방법으로 '자녀양육계획'(parenting plan)이 제시되고 있다(Kruk, 2005: 132). 이혼 후 자녀양육책임을 명확히 한다는 점과 더불어, Tompkins(1995)은 이혼이라는 전환과정에서 부모들은 자신의 상실감으로 인해 자녀의 욕구에 둔감해 질 수 있는데, 자녀양육계획은 부모가 자녀의 욕구에 초점을 두도록 돕는다는 점에서 유용하다고 보았다(Kruk, 2005: 132 재인용). 즉, 자녀양육계획은 이혼 후 자녀양육을 위해 부모가 수행해야 할 다양한 역할에 대해 고려하고 책임을 다하도록 한다는 점에서 부모가 자녀의 욕구에 초점을 두도록 도울 수 있다. 뿐만 아니라, 자녀양육계획은 부모가 협력적인 관계를 유지하면서 자녀양육에 지속적으로 참여하는 공동부모역할을 실천할 수 있는 방안을 제공함으로써 자녀의 최대 이익을 보장할 수 있다.

이러한 점에서 부모의 공동협력관계를 통해 자녀의 최대 이익을 실현하기 위한 방안으로서 자녀양육계획을 수립하는 것은 매우 중요한 과제라 할 수 있다. 이혼 후 자녀의 욕구와 각 가정의 상황에 가장 잘 맞는 자녀양육계획을 수립하고 실천하는 가운데, 공동부모역할은 '자녀의 최대 이익' 을 보장하는 방향으로 실현될 수 있다. '자녀의 최대 이익' 을 고려한 이혼 후 자녀양육계획을 수립하고 이를 실천에 옮길 수 있도록 지원하기 위해 조정(mediation)제도가 필수적이다.

CHAPTER 4

자녀양육계획 수립을 위한 조정제도

(Mediation for the Parenting Plan)

1. 조정제도 도입 배경 및 입법 사례

1) 조정제도의 도입 배경

법원에 토대를 둔 가족을 위한 조정 서비스가 1961년 Los Angeles County의 화해법정(conciliation court)에서 처음 시작되었고(Landau, Mesbur & Bartolletti, 1997), 1980년대에 전문적 조정 프로그램이 미국, 캐나다, 영국, 그리고 다른 서구 국가에서 널리 시행되었다(Barsky, 2000: 117). 이처럼 조정제도가 널리 활용된 이유로는 1970년대 이후 이혼율이 급증됨에 따라 이혼가정 자녀를 보호하고 자녀의 복리를 극대화하고자 하는 사회적 관심에서 비롯되었다고 볼 수 있다.

영국에서는 이혼 및 재혼이 증가되는 현실 속에서 이혼가정 아동이 느끼는 안정성은 이혼 후 생물학적인 부모와 지속적 관계를 확보할 수 있을 때 가장 잘 달성된다고 보았고, 이러한 견해는 1989년의 아동법(Children Act)에 내포되어 있다(Edwards, 2002: 155). 비거주부모 및 친척과의 관계는 지속되어야 하고, 일상생활 및 양육에 관한 가치관도 동일하게 유지될 때 자녀의 안정성이 달성될 수 있다고 전제되었다(Edwards, 2002: 165).

1989년의 아동법(Children Act)과 1996년의 가족법(Family Law Act)에 나타나 있듯이 영국에서는 아동의 복지를 법원의 가장 중요한 의제로 삼고 있으며, 이혼법의 정책적 목표를 이혼 시 자녀의 이익을 보호하는 데 두고 있다. 이러한 배경 하에 영국에서는 자녀의 양육관련 문제가 제대로 해결되지 않으면 이혼을 인정하지 않는 제도를 채택하고 있다(Bowles & Garoupa, 2003: 496). 아울러, 영국의 1989년 아동법(Children Act)과 1991년 아동지원법(Child Support Act)은 부모가 협력적인 부모관계를 유지해 나갈 때 아동의 복리가 가장 극대화될 수 있다는 가정을 토대로, 자녀양육과 관련하여 양 부모가 지속적으로 관여할 것을 규정하고 있다(Bond, 1998: 12).

미국의 경우 통일혼인이혼법(Uniform Marriage & Divorce Act)의 제402조에 의해 대다수의 주에서는 법원으로 하여금 아동에게 가장 이익이 되는 결정을 해야 하며, 이 과정에서 아동의 의사를 고려하도록 명하고 있다(Kaltenborn, 2001: 83).

그러나 이혼 후의 효과적인 자녀양육방안을 찾아내고 이혼 후에도 자녀양육을 위해 협력적인 부모관계를 유지하는 것이 사실상 많은 이혼하는 부부들에게 매우 어려운 일이 되고 있다. 이혼하는 부부들은 갈등을 거듭하는 동안 기능적인 의사소통방식을 지니고 있지 못하며, 따라서 대다수는 자녀의 양육문제에 대해 서로 효과적으로 의사소통하는 것이 거의 불가능한 실정이다(Bond, 1998: 13). 이혼법정은 자녀의 최대 이익이라는 명분으로 이혼하는 부부에게 자녀양육을 위한 협력을 강요하는 데 그치지 않고, 자녀양육문제의 완만한 해결 및 이혼 후 협력적 부모관계를 유지해 나갈 수 있도록 돕기 위해 이혼분쟁해결을 위한 조정제도를 도입하고 있다. 특히 이혼율이 급증됨에 따라 자녀양육 및 면접을 둘러싼 분쟁이 증가되었고, 조정은 재판에 따르는 정서적 · 재정적 문제를 줄이기 위한 대안으로 대두되었다(Menin, 2000: 282). 양육권 결정과 관련된 적대적인 현행 소송제도는 부모 간에 갈등을 초래하고 강화시킨다는 점에서 이혼조정제도가 사회적 · 전문적 측면에서 많은 지지를 얻고 있다(Kaltenborn, 2001: 84).

2) 조정제도 및 조정 서비스 현황

(1) 영국의 경우

영국에서는 이혼과정에서의 갈등이 자녀에게 파괴적 영향력을 지니며, 법정 소송을 통한 분쟁의 해결은 갈등을 악화시키거나 갈등을 다루는 데 실패한다는 점을 지적하면서, 1974년 파이너위원회의 보고서(Finer Report)는 모든 가족이 혜택을 받을 수 있도록 이혼 시 부모가 합의에 도달하고 갈등을 감소시키는 것을 돕기 위한 과정으로 화해/알선(conciliation)을 추천했다. 이후 이어지는 두 법은 이혼조정의 발달에 영향을 미쳤다. 1989년의 아동법(Children Act)은 이혼 후 부모 모두에게 부모로서의 동등한 책임을 부과하는 것을 공식적으로 명시하였으며, 자녀에 관해 부모가 협상하고 공동자녀양육계획을 세울 것을 요구하였다. 따라서 자녀양육과 관련된 협상을 위해 부모들에게 조정 서비스를 사용하도록 격려하고 있다. 가정법원은 부모가 자녀양육관련 문제에 대해 합의에 이르기를 기대하며, 만일 부모가 합의에 이를 수 없어서 가정법원이 부득이하게 거주 및 면접에 대한 구체적인 명령을 내려야 하는 경우에만 개입하도록 하고 있다(Stevenson, 2000: 39~40).

한편, 1996년의 가족법(Family Law Act)은 이혼법의 개혁을 제정함으로써 별거 및 이혼절차에 있어 공식적으로 조정을 통한 해결을 장려하였고, 1997

년 가족법 제3부가 발효되어 처음으로 공적 자금지원을 받는 가족조정에 대한 법적 근거를 제공하였다(Kaulbach, 2005: 288). 가족법은 이혼 시 법적 지원을 받을 수 있는 자격으로 조정의 적합성을 평가하는 조정자와 일단 만나는 것을 조건으로 부여하며, 초기 정보회의(intake/information session)를 통해 조정과정에 대한 충분한 설명과 정보를 제공한 후 이혼부부가 조정선택 여부를 선택하도록 하고 있다(Stevenson, 2000: 40). 영국의 경우 초기 정보회의 이후 조정에 대한 선택여부가 이혼부부(의뢰인)에게 달려 있다는 점은 조정을 강제하거나 지시하지 않고 독려한다는 점에서(Kaulbach, 2005: 293), 조정의 강제화를 허용하기도 하는 미국의 몇몇 주와는 대조를 이룬다.

영국의 경우[1] 이혼부모들이 자녀양육문제에 대한 위한 합의에 이르도록 돕기 위해 최초로 제공된 독립적 조정 서비스는 1978년 브리스톨에서 시작되었고, 1981년 조정 서비스 지원, 실천 및 훈련을 위해 전국가족화해(알선)위원회(National Family Conciliation Coucil)가 조직되면서 1980년대에 비로소 자리잡기 시작했다. 1980년대에는 부모들이 이혼 후 자녀양육에 대한 합의에 이르는 것만을 도왔으나, 1990년에는 재정적 문제의 해결도 포함하는 시범계획이 시작되었고, 자녀문제에 초점을 둔 조정과 함께 모든 문제에 대한 조정(all issues mediation: AIM)이 제공되었다. 비영리 조직인 전국가족화해(알선)위원회(NFCC)는 1993년 전국가족조정협회(National Family Mediation)라는 새로운 이름으로 바뀌었고 화해/알선(conciliation) 대신 조정(mediation)이라는 용어를 사용하게 되었으며 현재 잉글랜드와 웨일즈에서는 70개의 NFM이 조직되어 있다(Stevenson, 2000: 40).

한편, 영리조직인 가족조정자연합(Family Mediators Association)이 1989년 설립되었고 변호사 조정자와 가족 조정자가 함께 한 팀이 되어서 일하는 공

1) 영국의 조정 서비스 발달과정에 대한 설명은 Stevenson(2000: 40)을 토대로 함.

동작업 모델(co-working model)이 사용되었다. 가족조정자연합(Family Mediators Association)은 재정적 문제가 종종 자녀에 대한 합의를 가로막는 방해물이 되었기 때문에, 재산 및 재정적 문제에 대해서도 조정을 제공하였다(Liebmann, 2000: 21). 1994년의 보고서는 모든 문제에 대한 조정(AIM)을 이용한 사람들이 많은 혜택을 얻었다는 점이 제시되었고, 조정은 전통적 법적 과정(소송)에 대한 효과적인 대안으로 간주되었다(Joseph Rowntree Foundation, 1996; Liebmann, 2000: 22 재인용). 1996년에는 NFM, FMA의 협력의 결과 영국 가족조정자대학(UK College of family mediator)이 설립되어, 조정자의 훈련 및 자격에 대한 국가 기준을 개발하였다(Booth, 1997; Stevenson, 2000: 41 재인용).

(2) 미국의 경우

미국에서는 1961년 Los Angeles County의 화해법정(conciliation court)에서 법원에 토대를 둔 가족조정 서비스가 처음 시작되었고(Landau, Mesbur & Bartolletti, 1997; Barsky, 2000: 117 재인용), 1975년 Coogler에 의해 이혼조정 모델이 처음 소개된 이후(Brown, 1997: 39) 이혼조정은 미국에서 지난 30년동안 소송이라는 적대적인 과정의 대안으로서 가장 많이 이용되어 왔다(Marcus et al., 1999: 142).

이혼의 급증과 공동부모역할(공동양육)이 강조되면서 양육결정을 위한 법원의 역할에 대한 재고가 요구되었으며 이러한 변화를 다루기 위해 정책결정자는 이혼조정과 관련된 입법을 시행하기 시작하였다(Tondo et al., 2001: 431). 현재 38개의 주에서는 가족조정을 규정하는 입법을 가지고 있으며 다른 12개의 주에서는 입법화되지는 않았지만, 몇 주에서는 사법권 간에 다양하게 적용되는 지역규칙을 가지고 있다(Tondo et al., 2001: 433). 그 결과, 현재 미국의 38주에서 조정 프로그램이 법원에 설치 · 운행되고 있고(Marcus et al., 1999: 142), 11주에서는 자녀양육권 및 면접교섭권 관련 분쟁해결을 위해 재판에 앞서 조정을 하도록 강제조항을 마련하고 있으며, 그 외의 다른 주에서도 조정을 권고하고 있다(Cohen et al., 2000: 329). 조정의 실천은 판사의 판결 이전에 분쟁자들이 조정을 받도록 하는 강제적인 법원연계 조정 프로그램과 자발적인 법원 조정 프로그램, 그리고 사적인 차원에서 이루어지는 조정을 통해 이루어지고 있다(Moore, 2003: 27).

가정법원이 점차 이혼가족의 갈등관리를 위해 조정제도를 도입함에 따라 이혼 관련 분쟁해결을 위한 조정이 급증하고 있다. 그러나 이혼 관련 분쟁해결을 위해 조정을 법으로 명하거나 조정과정을 주정부의 법 또는 법원규칙으로 규제하는 정도에 있어 많은 다양성이 존재한다. Tondo와 동료들(2001)은 2000년 말을 기점으로 미국의 각 주에서 시행되고 있는 조정관련 입법 및 법원규칙, 조정과정을 규제하는 정도, 조정에서 다루는 내용, 조정자의 자질 등에 대한 포괄적인 조사를 시행하였다. Tondo와 동료들(2001: 432~433)의 조사결과, 조정이 입법화되어 있는 주에서는 모든 이혼 관련 쟁점에 대한 조정의 사용여부는 대부분 법원의 재량에 맡겨져 있는 것으로 나타났다. 대다수의 주에서는 조정을 통해 결정된 사항은 최종합의안으로 작성되며, 당사자와 변호사의 서명을 받은 후 법원의 승인을 위해 합의서를 제출하도록 하고 있다. 미국의 50개의 주에서 제공되고 있는 조정 서비스 실태는 〈표 4-1〉과 같다.

표 4-1 미국 조정 서비스 실태

주	조정참석 규정	조정금지(예외) 조건	당사자의 비용지불 규정	조정자 자질에 대한 규정	비밀보장 규정	합의에 이르지 못할 경우 조치
Alabama	재량	가족 내 학대추정	있음	있음	있음	제시되지 않음
Alaska	재량	가족 내 학대추정/ 보호명령	있음 (극빈자 제외)	없음	있음	재판
Arizona	재량 (양육권분쟁 제외)	심각한 곤경	있음	있음	있음	법원에 알림
Arkansa	재량	제시되지 않음	있음	있음	있음	제시되지 않음
California	강제적	제시되지 않음	없음	있음	있음	법원에 의뢰
Colorado	재량	신체·심리적 학대 추정	있음	없음	있음	공청회
Conneticut	재량	없음	제시되지 않음	제시되지 않음	있음	제시되지 않음
Delaware	강제적	가족 내 학대추정	제시되지 않음	있음	있음	공청회
District of Columbia	재량	법원 재량	제시되지 않음	있음	법이 없음	소송 계속
Florida	강제적	가족내 학대추정	분담	있음	있음	법원에 의뢰
Georgia	법이 없음	법이 없음	법이 없음	법이 없음	법이 없음	법이 없음
Hawaii	강제적	가족 내 학대추정/ 금지 명령	제시되지 않음	제시되지 않음	있음	제시되지 않음
Idaho	강제적	제시되지 않음	제시되지 않음	있음	법이 없음	제시되지 않음
Illinois	통일된 법 없음/ 지방순회재판시 재량	가족 내 학대추정	있음	있음	있음	법원에 보고
Indiana	법이 없음	법이 없음	법이 없음	법이 없음	법이 없음	법이 없음
Iowa	재량	가족 내 학대추정	있음	있음	요구되지 않음	법원에 보고
Kansas	재량	없음	있음	있음	있음	법원에 보고

주	조정참석 규정	조정금지(예외) 조건	당사자의 비용지불 규정	조정자 자질에 대한 규정	비밀보장 규정	합의에 이르지 못할 경우 조치
Kentucky	강제적	정당한 사유 있는 경우	있음	있음	있음	법원에 보고
Louisiana	재량	가족 내 학대추정	있음	있음	있음	법원에 보고
Maine	자녀가 있는 경우 강제적	특별한 사유 있는 경우	제시되지 않음	제시되지 않음	제시되지 않음	공청회
Maryland	재량	신체 · 성적 학대 추정	있음	있음	있음	법원에 보고
Massachusetts	통일된 법없음	법이 없음	법이 없음	있음	있음	법이 없음
Michigan	재량	정당한 사유 있는 경우	있음	있음	있음	재판
Minnesota	재량	신체 · 성적 학대 추정	무료 또는 실비	있음	있음	법원에 의뢰
Mississippi	법이 없음	법이 없음	법이 없음	법이 없음	법이 없음	법이 없음
Missouri	통일된 법없음	제시되지 않음	있음	있음	있음	제시되지 않음
Montana	재량	학대 추정	있음	있음	있음	제시되지 않음
Nebraska	재량	제시되지 않음	법원명령 시 없음	있음	있음	법원에 보고
Nevada	강제적	가족 내 학대추정	있음	있음	있음	법원에 보고
New Hampshire	재량	가족 내 학대추정	있음	있음	있음	법원에 보고
New Jersey	재량	가정폭력 추정	있음	있음	있음	법원에 보고
New Mexico	재량	제시되지 않음	있음	제시되지 않음	제시되지 않음	제시되지 않음
New York	법이 없음	법이 없음	법이 없음	법이 없음	법이 없음	법이 없음
North Carolina	재량/ 양육 · 면접분쟁시 강제적	가족 내 학대 추정/약물남용/ 심각한 곤경	다양함	있음	있음	법원에 보고
North Dakota	재량	가족 내 학대추정	있음	있음	있음	공청회
Ohio	재량	제시되지 않음	다양함	있음	있음	법원에 보고

주	조정참석 규정	조정 금지(예외) 조건	당사자 비용지불 규정	조정자 자질에 대한 규정	비밀보장 규정	합의에 이르지 못할 경우 조치
Oklahoma	재량	가족 내 학대 추정	있음	있음	있음	제시되지 않음
Oregon	재량	재산분할 및 부양·양육비문제와 함께 양육분쟁을 조정할 수 없음	있음	있음	있음	법원에 보고
Pennsylvania	통일된 법없음/ 1 county만 강제적	가정폭력	제시되지 않음	있음	있음	공청회를 위해 법원에 의뢰
Rhode Island	재량	제시되지 않음	제시되지 않음	제시되지 않음	있음	재판
South Carolina	법이 없음	법이 없음	법이 없음	법이 없음	법이 없음	법이 없음
South Dakota	강제적	법원이 결정	있음	있음	있음	공청회
Tennessee	재량	가정폭력	제시되지 않음	제시되지 않음	제시되지 않음	제시되지 않음
Texas	법이 없음	법이 없음	법이 없음	법이 없음	법이 없음	법이 없음
Utah	강제적	동거가족 학대	있음	있음	있음	법원에 보고
Vermont	법이 없음	법이 없음	법이 없음	법이 없음	법이 없음	법이 없음
Virginia	재량	가족학대의 역사	있음	있음	있음	공청회
Washington	2 county만 강제적	정당한 사유 있는 경우	있음	있음	있음	가정법원 조사
West Virginia	법이 없음	법이 없음	법이 없음	법이 없음	법이 없음	법이 없음
Wisconsin	강제적	가족 내 학대 추정	있음	있음	있음	법원에 보고
Wyoming	법이 없음	법이 없음	법이 없음	법이 없음	법이 없음	법이 없음

출처: Tondo, Coronel & Drucker(2001: 445~447)

2. 자녀양육계획 수립을 위한 조정제도: 미국 캘리포니아 주의 입법 사례[2)]

1981년 캘리포니아 주에서는 법원에서 사건을 다루기 전에 자녀양육과 면접분쟁을 위한 조정이 명령되었다. 조정은 자녀양육계획(parenting plan), 양육권(custody), 면접권(visitation)과 연관된 문제의 해결에만 국한되었고, 각 상급법원은 이러한 목적을 위해 조정 서비스를 제공하도록 요구되었다(Norton et al., 1992: 217). 캘리포니아 주 민법 제4607조항(California Civil Code, Section 4607)에 이혼조정의 목적은 다음과 같이 명시되었다.[3)]

첫째, 부모 간의 갈등 및 적대감 감소

둘째, '자녀의 최대 이익' 을 고려한 자녀양육에 관한 합의서(자녀양육계획서) 작성

셋째, 이혼 후 양 부모와 친밀하고 지속적인 접촉을 가질 수 있도록 자녀양육에 관한 합의서를 작성하도록 원조

7년 동안 조정을 강제화하는 법을 시행한 후, 1988년 캘리포니아의 법은 원법안에 제시된 기준을 토대로 사법위원회(judicial council)가 1991년 1월 1일까지 자녀양육과 면접분쟁에 대한 법원연계 조정에 대한 부가적인 통일실천기준(uniform standards of practice)을 채택하도록 명하였다. 가정법원의 사무국은 법원연계 자녀양육조정을 위한 통일실천기준의 개발을 위한 계획

2) 캘리포니아주의 사례는 이명신 외(2006). "이혼후 자녀양육계획 수립을 위한 중재서비스(실천모델)". 『협의이혼 상담제도와 사회복지적 접근』. 한국가족사회복지학회 제19회 춘계학술대회 발표내용을 수정 · 보완한 것임(pp. 87-90)

3) 캘리포니아주 민법 제 4607조항의 내용은 Nortion et al.(1992: 217～228)에서 인용한 것임.

을 수립하였고, 그 내용은 다음과 같다.

캘리포니아 주 법원연계 자녀양육조정을 위한 통일실천기준[4)]

조정을 위한 통일실천기준은 참여자들에게 조정에 대한 정의를 제공하며 조정자의 업무수행에 대한 평가 및 서비스 평가의 수단을 제공하고자 마련되었다. 그러므로 통일실천기준은 모든 조정을 포괄하며 민법 4607: 1조에 의해 특별히 명시된 내용, 즉 자녀의 최대 이익, 양 부모와의 지속적인 접촉, 가족의 전환 촉진, 당사자 간 힘의 균등화를 포함한다. 이 기준은 사법행정의 기준으로 제시되며 정기적으로 재평가되어야 한다.

a. 조정 서비스에 대한 책임

상급법원 판사와 법원행정관은 법에 의거해 강제화되는 법원 조정 프로그램이 최고의 전문적 기준을 유지하며 시행·운영되도록 책임을 진다.

조정 서비스의 성공은 조정자의 기술과 전문성뿐 아니라, 판사와 법원행정의 지지에 달려 있다. 지지는 적절한 인력확보, 조정과 지지 서비스를 위한 보상, 서비스 전달을 위한 적절한 시설과 설비, 전문가로서 현실적인 업무량 확립 등을 포함해야 한다. 조정 서비스는 상급법원에 의해 관리, 감독된다.

b. 조정에 대한 오리엔테이션

각 법원은 법원의 조정실천과 최근 연구결과를 토대로 조정 전 교육 프로그램(premediation education program)을 개발해야 한다. 조정을 시작하기 전에, 당사자들은 조정에 적절한 토론의 내용, 즉 자녀양육계획을 수립하는 과정과 친근해야 한다. 조정의 기본과정 그리고 법과 조정과정이 서로 상호작용하는 방식에 대해서 당사자들에게 알려주어야 한다.

4) 법원연계 자녀양육조정을 위한 통일실천기준의 내용은 1991년 캘리포니아 법원규칙 중 사법행정 기준의 26조항(Section 26 of The Standards of Judicial Administration in the 1991 California Rules of Courts)을 토대로 함(Norton, Weiss, Ricci & Fielding, 1992: 221~228).

c. 윤리 및 차이점에 대한 민감성

가족에게 최상의 서비스를 제공하기 위해 조정자는 최고의 윤리기준을 유지해야 하며 자신의 편견에 대해 인식하고, 개인적 · 성적 · 인종적 · 문화적 가치와 차이점에 민감해야 한다.

d. 조정자의 최소 자격

조정능력의 토대는 조정자의 지식, 훈련, 경험이다. 법에 의해 요구되는 최소한의 교육과 경험은 조정자의 신규임용 후 적절한 시간 내에 충족되어야 한다. 민사소송법 1745조에 의하면 최소한 2년의 상담경험과 석사 이상의 교육이 요구된다. 법원은 지원자가 적절한 시간 내에 위에 제시된 모든 자격을 충족시킬 것을 요구한다.

e. 훈련과 보수교육

조정자는 조정을 수행할 수 있는 지식과 기술을 지녀야 한다. 법원은 공식적 교육, 컨퍼런스, 워크숍, 세미나 또는 전문적 문헌 제공을 통해 조정자가 지식과 기술을 향상시킬 수 있는 지속적인 기회를 제공해야 한다.

f. '자녀의 최대 이익(the best interest of the child)'

'자녀의 최대 이익'은 다음 같은 원칙을 포함하는 광범위한 개념이다.

- 사회적 · 인지적 · 정서적 · 신체적 well-being을 증진시킨다.
- 사회의 생산적 구성원으로서 최적의 성장발달을 가능하게 한다.
- 위험, 학대 및 방임, 가족 갈등에 노출을 최소화한다.
- 위에 제시된 사항이 만족되는 한, 양 부모와 빈번한 지속적인 접촉이 이루어지도록 한다.

조정자는 '자녀의 최대 이익'이 부모의 상황, 권리, 책임과 통합될 수 있도록 노력해야 한다. '자녀의 최대 이익' 기준에 대한 이해를 증진하기 위해 조정자는 회기 중 다음과 같은 역할을 담당한다.

- 부모들이 자녀의 분리된, 개별적 욕구를 검토하도록 돕는다
- 부모-자녀 관계의 특성, 자녀의 안정성에 대한 욕구, 양 부모와의 지속

적 접촉에 대해 토론하게 한다.

- 자녀에게 불필요한 일을 초래하지 않을 것이라는 확신이 들 때, 조정자는 자녀와 면담할 수 있다.
- 자녀와 다른 가족구성원과의 만남이 합의 시 도움이 된다면 이들을 조정에 포함시킬 가능성에 대해 고려한다.
- 당사자들이 합의내용의 결과에 대해 예측할 수 있도록 돕는다.
- 아동학대 및 방임이 의심될 경우 해당기관에 보고한다. 만일 아동학대 및 방임이 의심될 경우 조정을 계속할 것인지, 미룰 것인지는 조정자의 재량에 달려 있다.

g. 가족의 전환을 촉진하기(facilitating the family' s transition)

조정자는 자녀의 욕구에 초점을 두고 자녀를 위한 안정성 영역을 파악하며, 부모-자녀 관계의 지속성을 증진하기 위한 대안을 개발할 수 있도록 도와야 한다. 이러한 목적을 달성하기 위해 조정자와 부모들은 포괄적인 부모양육계획의 초안에 주의를 기울여야 한다.

조정자와 부모는 주의 깊게 포괄적인 자녀양육계획의 초안을 작성해야 하며, 자녀양육계획에는 다음과 같은 내용이 포함되어야 한다.

- 법적 · 신체적 양육권 지정, 이를 부모의 권한, 의사결정과 어떻게 연결할 것인가
- 각 부모와 자녀의 주별 일정표
- 각 부모와 자녀를 위한 명절, 여름휴가 일정
- 휴가 기간
- 자녀, 부모, 형제의 생일 등 특별한 날을 위한 계획
- 위험에 처하게 할 가능성이 있을 때, 감독 하의 면접(supervised visitation)과 같은 자녀보호 대책 마련

이외에도 다음과 같은 내용이 자녀양육계획에 포함되도록 고려할 필요가 있다.

- 지리적 거리와 왕래문제

- 아동의 연령, 발달적 · 정서적 욕구
- 자녀의 교육, 보육 욕구, 학교와 방과 후 활동에 대한 선택과 모니터링
- 자녀의 특별 활동
- 종교 · 문화적 행사 및 휴일에 대한 가족의 선호도
- 자녀의 건강관리에 대한 고려, 의료진 및 치료계획의 선택
- 자녀양육계획 실행 시 발생할 수 있는 문제점과 당사자 간 발생될지 모르는 차이점을 다룰 수 있는 방법
- 자녀를 위한 교통편에 대한 고려
- 정해진 일정을 부득이하게 변경해야 할 경우 다른 부모에게 알려야 할 필요성과 최소한의 기간
- 적절하다고 여겨지는 경우, 자녀와 확대가족들과의 접촉

조정과정에서 부모에게 자녀양육계획에 대해 충분히 이해할 수 있는 기회를 제공해야 하며, 조정은 신체적으로 안전하고 위협적이지 않은 환경에서 제공되어야 한다.

h. 당사자 간 힘의 균등화(equalizing the power relationship between the parties)

조정의 주요 목표는 양 당사자가 자녀에 대한 자기결정에 입각한 상호합의에 이르도록 돕는 것이다. 조정자는 당사자 사이에 존재할지 모르는 힘의 불균형에 주의를 기울여야 하며, 이러한 힘의 불균형이 다양한 형태(부모역할, 위협, 경제적 우월성 등)를 취할 수 있다는 점을 알아야 한다.

i. 조정의 결론

조정과정을 통해 구체적이고 문서화된 자녀양육계획이나 합의문, 구두합의 등이 도출되어야 한다. 이러한 합의문은 법원에 보고되기 전에 각 당사자에게 알려져야 한다. 만일 합의에 이르지 못했을 때, 법원에 추천사항 제시 또는 한시적 명령 등을 포함하여 조정자는 다음 단계에 대해 설명하여야 한다. 자녀의 욕구는 시간이 지남에 따라 변화하기 때문에 만일 당사자들 스스로 이에 대해 재협상할 수 없을 때 다시 조정기회를 제공해야 한다. 조

정의 결과물인 합의서는 법원에 보고되기 전에 조정자에 의해 당사자들의 변호사에게 보낸다. 조정자는 조정을 마무리할 때 당사자들과 함께자녀양육계획의 문구를 재검토하는 것이 중요하다.

j. 조정 프로그램의 책임성(program accountability)

법원은 당사자와 변호인을 위한 추후 평가계획을 수립해야 한다. 당사자, 변호인, 이해관계를 지닌 사람들로부터의 불만을 다루기 위해 문서화된 정책을 수립하도록 각 법원에게 강력하게 권고한다.

캘리포니아의 조정관련 입법(민법 제4607조)의 내용에는 이혼가족을 위한 조정 프로그램을 운영하기 위해 각 법원이 준수해야 하는 통일실천 기준이 제시되었다. 이러한 기준에 의거하여 이혼 시 자녀양육분쟁 해결과정 및 이혼 후 적응과정에서 '자녀의 최대 이익 보호' 라는 대원칙을 분명히 명시하는 한편, 자녀의 최대 이익을 보장하기 위해 자녀양육계획을 수립하고 실현할 수 있는 구체적인 방안 및 절차가 제시되었다. 뿐만 아니라, 조정 서비스를 제공하는 과정에서 조정자가 담당해야 하는 역할 및 자격을 구체적으로 명시됨으로써 책임성 있는 전문적 조정 서비스가 제공될 수 있는 토대를 마련하였다는 점에서 의의가 있다.

캘리포니아의 조정관련 입법은 '이혼절차에 관한 특례법' 에서 구체화되지 않은 다음과 같은 부분들을 명확화하고 보완할 수 있는 좋은 사례를 제시하고 있다.

- 상담과 조정의 차이
- 조정의 목적
- 자녀의 최대 이익에 대한 정의
- 법원연계 조정 프로그램의 제공 및 활성화의 필요성
- 조정의 구체적 실천지침

- 조정자의 역할, 자격 및 교육
- 조정 서비스의 질을 관리하기 위한 방안의 모색

제3부

이혼조정(Divorce Mediation)

CHAPTER 5

조정(mediation)이란 무엇인가: 조정의 특성 및 내용

1. 조정의 정의

분쟁해결방안의 하나로서 조정은 이혼결정, 재산분할, 친권 및 양육권 지정, 자녀양육계획 수립 및 실천에 있어 합의에 이르도록 지원하기 위해 이혼과정 전반에 걸쳐 필요하다. 특히, 이혼이라는 갈등과 위기의 순간에 부모들은 자녀양육과 관련된 합의에 실패할 가능성이 높으며 따라서 중립적인 제3자의 도움이 필요하게 된다. 분쟁 중인 당사자들이 협력적인 방식으로 문제를 해결하는 것이 이상적이기는 하지만 당사자들의 관계가 이미 되돌이킬 수 없을 정도로 훼손되었거나 불신 및 적대감이 존재할 때, 협력적인 문제해결은 거의 불가능하다(Tillelt, 1999: 75). 또한, 이전에 협력적인 방식으로 문제해결을 시도하였으나 실패한 경험, 당사자 간 차이점을 좁힐 수 없다는 인식은 협력적 문제해결(협상) 대신 조정(mediation)을 선택하게 만드는 요인이다(Tillett, 1999: 75).

Parsons(1991: 484)는 갈등 중인 당사자들이 문제를 해결하는 과정에서 그들이 지니는 권력을 토대로 갈등해결방식을 다음과 같이 설명하였다. 협력적 문제해결의 한 방식인 협상(negotiation)은 두 당사자가 직접 의사소통을 통해 문제를 해결하고 합의에 이른다는 점에서 당사자들이 가장 권력을 많이 보유하는 갈등해결방식이다. 만일 당사자 간에 협상이 결렬되면 의사소통과 화해를 증진시키기 위해 제3자의 조정(mediation)이 필요하다. 만일, 제3자인 조정자의 개입으로도 합의에 이를 수 없다면 중재(arbitration)가 사용된다.[1)]

중재는 제3자가 마치 판사처럼 갈등에 대한 당사자 양편의 이야기를 듣고 해결책을 제시한다는 점에서 협상이나 조정의 경우보다 당사자에게 힘이 적게 부여된다. 중재(arbitration)가 성공하지 못하면 소송(litigation)을 하게 되며 이 경우 당사자는 서로 의사소통할 필요가 없고 변호사에 의해 대표되며, 외부인에 의해 의사결정이 이루어진다. 이 경우 당사자들은 가장 적은 권력을 보유한다.

1) 조정(調停, mediation)은 중립적인 제3자가 협상과정에 개입하여 분쟁 당사자들이 서로 수용할 수 있는 합의조건을 도출할 수 있도록 도움으로써 해결점에 도달할 수 있도록 도와주는 분쟁해결방법이다(김경배, 2005: 256). 조정에 있어 분쟁해결을 위한 합의여부에 대한 결정권은 당사자들이 지니며, 제3자는 협상을 도와 줄 권한만 가질 뿐 어떠한 판단작용도 하지 아니한다(유병현, 2003: 249). 한편, 중재(仲裁, arbitration)는 제3자의 판정에 따라 분쟁을 해결하기로 합의하고(유병현, 2003: 250), 당사자 간 중재합의에 기초하여 제3자의 판정에 분쟁해결을 맡기고 제3자의 판단에 따라 분쟁을 해결하는 방식이다(김경배, 2005: 257; 강수미, 2006: 211). 조정은 제3자가 개입하여 당사자들 간의 의사소통과 문제해결을 도울 뿐, 당사자들의 자기결정에 의해 해결책을 모색하고 합의에 이른다는 점에서 중재(arbitration)와 구분된다.
우리나라 법원조정의 경우 조정을 진행하다가 합의가 성립되지 아니한 경우에 제3자인 조정기관이 적정하다고 생각하는 분쟁해결안을 결정형식으로 당사자에게 제시하고 쌍방이 이의를 제기 하지 않는 경우 사건이 종결되는 것으로 처리하는 '조정에 갈음하는 결정' (민사조정법 제30조-34조)을 하게 되는데, 이는 사실상 조정판정(mediation과 arbitration의 혼합형태) 또는 중재(arbitration)의 성격을 띠고 있다.

조정은 분쟁을 해결하기 위해 당사자들이 직접 문제점에 대해 논의하고 상호만족하는 합의점에 도달하는 것을 목적으로 하는 협상이나, 권고 및 결정을 내릴 수 있는 권한을 지닌 중립적인 제3자에게 문제를 제시함으로써 분쟁을 해결하는 중재와는 차이가 있으며, 협상과 중재의 중간에 위치한다(Kruk, 1997: 5). 조정은 당사자가 상호논의를 통해 합의점에 도달한다는 점에서는 협상과 유사하지만, 중립적인 제3자가 존재한다는 점에서 차이가 있다. 반면 조정에서 중립적인 제3자인 조정자는 의사결정권한이 없으며, 당사자들이 스스로의 결정과 선택에 의해 합의에 이르도록 돕는다는 점에서 조정은 중재와 다르다. 이처럼 조정은 분쟁 중인 당사자 간에 해결을 강요하지 않고 대신 당사자들이 스스로 결정을 내리도록 문제해결을 위한 권한부여 과정을 통해 갈등을 해결하도록 한다는 특성을 지니고 있다(Maley, 1995: 95).

가족 간의 분쟁을 해결하기 위한 가족조정(family mediation)도 일반적인 조

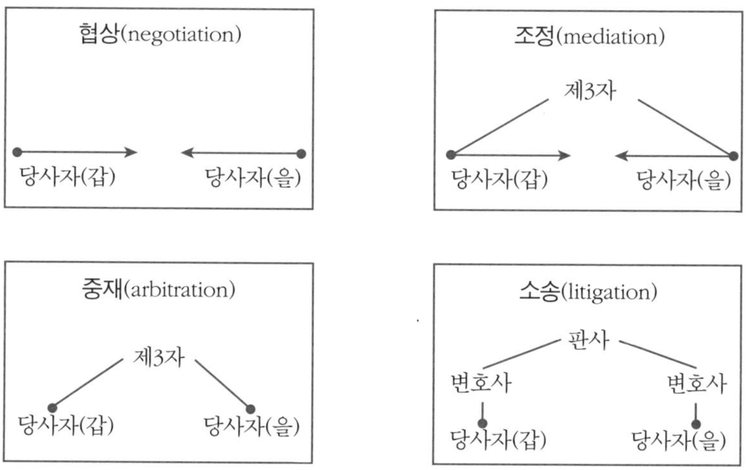

[그림 5-1] 갈등해결의 네 가지 방식

출처: Parsons(1991: 484)

정에 대한 개념 및 특성을 공유하고 있다. 가족조정자협회(Academy of Family Mediators)에서 제시한 '가족조정 및 이혼조정을 위한 실천 기준'에 따르면, 가족조정은 상담이나 치료와는 구분이 되는 독특한 전문 영역으로서 다음과 같이 정의된다.

> "조정은 비편파적인 제3자가 당사자들이 합의점을 협상하고 정보가 충분히 제공된 후 합의를 도출하도록 돕는 가족 중심적인 갈등해결과정이다. 조정에 있어 의사결정권한은 당사자들에게 있고…… 조정자의 역할은 조정에 관여되거나 이로 인해 영향을 받는 사람들의 필요를 다루는 것을 포함한다(Menin, 2000: 282 재인용)."

가족조정은 가족 스스로 자신들을 위해 가장 좋은 해결책에 이르기 위해 노력하는 가족중심적인 과정이며, 협상 테이블에 나와 있지 않은 다른 가족들(특히 자녀)의 필요 및 욕구를 고려하면서 합의를 도출한다는 특성을 지니고 있다. 이런 점에서 이혼부부를 위한 가족조정은 이혼관련 분쟁 즉, 양육권 지정, 양육비 지급 등 당면한 문제의 해결로 끝나는 것이 아니라, 이혼 후에도 양 부모가 자녀와 지속적 관계를 유지하고 이를 위해 부모들이 서로 협력적 관계를 수립할 수 있도록 가족을 재구조화하는 데 초점을 둔다. 이혼조정은 무엇보다도 이혼하는 부부 간에 쌍방이 자신이 원하는 바, 감정, 관심사를 표현할 수 있는 분위기 속에서 자신과 자녀의 미래를 만들어 나가는 결정을 할 수 있게 해주며, 상호논의를 통해 이혼 후 공동자녀양육계획에 대한 합의에 이를 수 있도록 해준다는 점에서 긍정적으로 평가되고 있다(Cohen et al., 1999: 330).

2. 조정의 기본 원칙 및 특성

시오노 나나미의 『로마인 이야기』에 서술된 부부싸움의 수호신(비리프라카 여신)의 이야기는 조정의 특성을 잘 표현해 주고 있다.

"남편과 아내 사이에 말다툼이 시작된다. 둘 다 자기가 옳다고 생각하기 때문에 주장하는 목청도 점점 높아진다. 잠자코 있으면 진다고 생각하니까, 상대가 입을 열지 못하게 하기 위해서라도 계속 떠들게 된다. 이렇게 되면 상대도 발끈해서 그만 저도 모르게 주먹이 나갈 뻔하지만, 꾹 참고 둘이서 비리프라카 여신을 모시는 사당에 간다.

거기에는 여신상이 있을 뿐, 신관도 없고 아무도 없다. 신전에서 사당에 이르기까지 신을 모시는 모든 성소에 신관을 배치하려면 로마 인구를 전부 다 동원해도 모자랐기 때문이다. 하지만 이 여신의 사당에는 나름대로 규칙이 있었다. 신을 믿는 로마인은 감시자가 없어도 그 규칙을 지켰다. 비리프라카 여신 앞에서 지켜야 할 규칙은 한 번에 한 사람씩 차례로 여신에게 호소해야 한다는 것이었다.

이렇게 되면, 어느 한 쪽이 여신에게 호소하는 동안 다른 한 쪽은 잠자코 듣고 있을 수밖에 없다. 잠자코 듣고 있노라면 상대의 주장에도 일리가 없지 않다는 것을 깨닫게 된다. 이것을 양쪽이 되풀이하는 동안 흥분했던 목청도 조금씩 가라앉고, 결국에는 둘이서 사이좋게 사당을 나오게 될 지도 모른다(나나미, 1992: 48)."

부부불화 및 이혼분쟁 해결을 위해 조정자는 위에 제시된 비리프라카 여신이 담당하였던 역할을 수행하고 있는 것으로 보인다. 부부는 자신들의 분쟁을 해결하기 위해 자발적으로 신전을 찾아와 여신에게 호소한다. 여신은 부부 중 누구의 편도 들지 않으며 각자 자신의 입장에 대해 이야기하도록 동일한 기회를 준다. 즉, 여신은 절대적 중립성과 비편파성을 유지하고 있다. 신전에서 부부가 각자의 이야기를 하는 동안 여신은 조언을 하거나 의견을 말하지 않지만, 부부는 처음으로 상대방의 이야기와 입장에 대해 들을 수 있는 기회를 가짐으로써 스스로 분쟁을 해결할 가능성을 갖게 된다. 또한 신전에 아무도 없었다는 점에서 분쟁당사자들이 한 이야기에 대해 비밀이 보장될 수 있다.

앞의 예에서 볼 수 있듯이 조정의 토대를 이루는 일반적 원칙은 조정과정의 비밀보장, 조정자의 중립성 및 비편파성, 참여자의 자발성을 그 출발점으로 삼고 있다(Stevenson, 2000: 41). Barsky(2000: 121~127)는 조정의 자발성과 중립적인 제3자라는 원칙 외에 거래에 있어 동등한 권력행사, 비적대적 해결, 상호만족할 수 있는 합의가 조정에 있어 중요하다는 점을 지적하였다. 이외에도 Irving과 Benjamin(2002: 31~34)은 조정과정에서 고려할 실천원칙으로 당사자의 자기결정, 공정성과 공평성, 완전한 정보 표출, 안전과 보

표 5-1 조정의 기본원칙 및 특성

Stevenson	Barsky	Irving & Benjamin
참여자의 자발성	자발성	자기결정
조정자의 비편파성	중립적인 제3자	
	동등한 권력 행사	공정성과 공평성
조정과정의 비밀보장		비밀보장
		완전한 정보 표출
	비적대적 해결	
	상호 만족할 수 있는 합의도출	
		안전과 보안

출처: Barsky(2000: 120~128).
Irving & Benjamin(2002: 31~34).
Stevenson(2000: 39~52).

안 등을 꼽았다.

1) 당사자에 의한 자기결정[2)]

조정에서의 자기결정(self-determination)은 당사자가 해결책을 모색하고 자신의 선택에 의해 해결방안(합의안)을 결정할 수 있다는 의미로, 조정의 가장 중요한 특징 가운데 하나이다. 조정에서는 해결이 강요되지 않으며 정보가 충분히 제공된 후 당사자가 해결책을 자유롭게 선택 또는 결정할 수 있다. 당사자는 자신의 상황에 대해 가장 잘 알고 있으며 조정을 통해 인해 도달하는 의사결정의 결과와 더불어 살아가는 주체라는 점에서 당사자의 자기결정은 중요하다. 한편, 자기결정은 당사자로 하여금 미래에 자신과 자녀의 삶을 형성하는 의사결정에 대한 책임을 지도록 권력을 강화한다(Irving & Benjamin, 2002: 31～32).

2) 공정성과 공평성

공정성(fairness)과 공평성(equity)은 당사자 모두 자신의 관점을 제시하고 제안을 할 수 있고, 각자의 요구사항을 고려하는 해결책에 이를 수 있다는 점에서 평등한 장을 제시할 수 있기 때문에 매우 중요하다. 조정에서는 당사자들이 지니고 있는 불평등한 자원이 덜 문제시되는데, 제3자인 조정자가 공정성과 공평성 원칙에 입각하여 불평등한 자원을 지닌 당사자들이 평등한 입장에서 논의할 수 있는 장을 마련하려고 노력하기 때문이다(Irving & Benjamin, 2002: 31～32).

2) Irving & Benjamin(2002: 31~32)의 내용을 요약함

Irving과 Benjamin이 위에서 언급한 조정과정에서의 공정성과 공평성은 Barsky가 말하는 당사자 간 힘의 균형화에 해당하는 것으로 보인다. Barsky(2000: 125)는 힘의 불균형은 한 편이 더 많은 정보, 보다 나은 협상기술, 더 많은 자원과 힘을 가질 때 일어나며 이러한 힘의 불균형을 조정하는 것이 조정과정에서 필요하다고 보았다.

조정과정에서 조정자는 당사자들이 최대한 평등한 입장에서 해결책을 논의할 수 있도록 하며 당사자들에게 자기결정을 할 수 있는 기회를 부여한다는 점에서, 당사자들은 조정과정 및 결과에 대해 공정 · 공평하다고 평가할 가능성이 높다. Irving과 Benjamin(2002: 33)은 조정을 통해 얻게 된 해결책이 당사자 간에 협상된 것이며 강요된 것이 아니라는 점에서, 당사자들은 설혹 자신이 원하는 바를 얻지 못하더라도 그 해결이 자신들의 상황에서 합리적이라고 생각하는 경향이 높다고 보았다.

3) 비편파성 또는 중립적 제3자

모든 조정관련 문헌과 조정자 윤리강령은 조정자가 독립적 · 중립적 · 비편파적이어야 한다고 제시하고 있지만, 이러한 용어가 사용되고 의미하는 바가 다소 다를 수 있다. 중립적인 제3자(neutral third party)로서의 조정자는 의사결정에 어떠한 권한도 지니지 않으며(Barsky, 2000: 123), 분쟁의 결과에 대한 직접적 이해관계 및 관심을 가져서는 안 되며 당사자들과 이전에 관계가 있거나 분쟁의 논쟁점에 대해 미리 알고 있어서도 안 된다(Kelly, 1998: 21). 조정자는 당사자를 판단하는 자리에 있거나 자신의 전문적 지식을 의사결정에 영향을 미치는 방식으로 사용하지 않으며, 대신 당사자들에 대한 편견 없이 공정하게 행동해야 한다(Irving & Benjamin, 2000: 35). 이처럼, 조정자의 독립성은 조정과정과 결과에 있어 조정자가 중립성을 유지하는 데 있어 필수조건이며 독립성과 중립성은 조정자로 하여금 비편파적인 태도를 유지할 수 있게 한다. Barsky(2000: 125)는 비편파성(impartiality)은 조정자가 당사자에 대한 편견 및 편애가 없음을 뜻하며 따라서 누구의 편도 들어서는 안 된다는 것을 의미한다고 보았다. Irving과 Benjamin(2002: 35)도 조정자는 당사자들을 공정하고 공평하게 대하면서 비편파적으로 행동하도록 기대된다고 지적하였다. Irving과 Benjamin은 비편파성이나 중립적 제3자라는 원칙을 명명하지는 않았지만, 그들이 제안하는 공정성과 공평성 원칙은 조정자의 비편파성 원칙을 포괄하고 있는 것으로 보인다.

중립성 또는 비편파성은 조정의 핵심적인 요구사항이지만, 절대적 의미의 중립성은 거의 가능하지 않다는 데 많은 학자들 간에 의견수렴이 이루어지고 있다(Irving & Benjamin, 2000: 35). Barsky(2000: 125)는 당사자 간 힘의 불균형이 존재할 때, 비편파성은 무엇을 뜻하는가? 조정자는 어느 정도까지 중립성, 비편파성을 유지할 수 있을지에 대한 의문을 제기하였다.[3] 조정자의 중립성, 비편파성은 당사자 간의 힘의 불균형 문제와 직결되며 힘의 불균형을 해결하는 방법과 정도에 따라 조정자의 비편파성의 정도가 결정될 것이다. 당사자 간 힘의 불균형이 존재할 때 비편파성 원칙에 어긋나지 않으면서 당사자들을 돕기 위해 등거리(equidistance)를 유지하는 방안이 제안되었다. 등거리 유지는 조정자가 각 당사자의 편에서 자신의 입장을 표현할 수 있도록 돕는 능력으로 조정자가 궁극적으로 모든 당사자를 똑같이 도울 수 있는 한, 각 당사자와 한시적으로 연합을 맺는 것을 허용한다(Barsky, 2000: 125).

3) 비편파성에 대한 Barsky의 설명은 Barsky(2000: 125)의 내용을 요약함

4) 비밀보장[4)]

소송과 달리 조정에서는 해결에 도달하는 전 과정이 기록에서 제외되며, 폐쇄된 조정과정 내에서 비밀로 보장된다. 조정에서의 비밀보장은 조정과정을 통해 밝혀지는 사실에 대한 기록을 남기지 않으며 조정자가 증인으로 법정에 서지 못하게 함으로써 이루어진다. 조정에서 비밀보장은 당사자로 하여금 자신이 말한 내용의 결과 또는 이로 인한 보복을 두려워하지 않으면서 솔직하게 이야기할 수 있으며 진실되고 협조적일 수 있도록 한다는 장점이 있다. 이혼 및 자녀양육분쟁의 해결을 위한 소송에서 배우자는 각기 다른 이해관계를 지닌 적대적 관계로 가정되지만, 조정에서 배우자들은 가족이라는 공동의 사업을 함께 하는 공동 이해관계를 지닌 파트너로 간주된다. 비밀보장이 조정과정의 효과성과 효율성을 촉진시킴으로써 조정은 불평등한 몫을 서로 차지하려고 투쟁하는 전쟁터가 아니라 공동의 문제해결 연습의 장이 될 수 있다(Irving & Benjamin, 2002: 32).

5) 완전한 정보 표출

조정과정과 결과에 있어 공정성과 공평성에 도달하기 위해서는 당사자들이 자신이 가진 정보를 모두 표출하는 것이 필수적이다(Irving & Benjamin, 2002: 33). 조정은 사실을 밝히는 데 중점을 두지 않으므로 조정과정에서 불의(injustice)가 존재할 수 있다는 비판과 당사자들이 거짓말을 할 수도 있다는 우려가 있다. 그러나 비밀보장의 원칙은 당사자들이 거짓말을 하지 않도록 하면서 정보를 완전히 표출하도록 하는 데 도움이 된다(Barsky, 2000: 120).

---

4) 비밀보장에 대한 설명은 Irving & Benjamin(2002: 32)의 내용을 요약한 것임

6) 안전과 보안

자기표출과 더불어 당사자들의 안전과 보안은 공정성과 공평성의 전제조건이 된다. 공평하고 공정한 의사결정을 위해 조정과정에서 모든 당사자들은 공격 또는 폭행으로부터 신체적으로 안전하게 보호되어야 하며, 심리적인 위협이나 학대로부터도 보호될 수 있도록 보장해야 한다(Irving & Benjamin, 2002: 33～34).

7) 비적대적 과정

조정은 소송과 같은 적대적 과정에 대한 대안으로 제시되었다. 조정은 당사자 간 경쟁보다는 협력에 초점을 두며, 당사자들이 보다 긍정적인 관계를 구축해 나갈 것을 제안한다(Barsky, 2000: 122).

8) 상호만족하는 합의

합의가 조정의 주요한 목적이지만, 조정을 통해 합의에 도달하더라도 이러한 합의가 공정한지, 합리적인지, 만족할 만한 것인지에 대한 의문이 제기된다. 조정결과 도출된 합의 내용에 대한 평가는 조정자의 전문적 배경에 따라 각기 다르게 나타나며(Kruk, 1998), 정신보건적 배경을 가진 조정자는 가족체계, 감정문제, 욕구와 공정성을 위한 주관적 기준을 강조하는 반면, 법적 배경을 가진 조정자는 계약, 협상, 권리와 공정성에 대한 객관적 기준을 강조하는 경향이 있다(Girdner, 1989; Barsky, 2000: 127 재인용). 즉 조정을 통해 상호만족하는 합의에 이르렀는지를 결정할 수 있는 기준은 조정자의 전문적 배경과 조정모델에 따라 차이가 있다.

3. 조정의 영역

조정이 비편파적인 제3자가 당사자들이 스스로의 결정에 의해 합의에 이르도록 돕는 갈등해결과정이라는 정의에 대해서는 의견의 일치를 보이지만 조정이 법 또는 치료와 어떻게 다른지, 조정의 영역에 대해서는 많은 학자 또는 실천가들 사이에 이견이 존재한다.

이혼조정은 법과 사회복지가 결합되어 이루어지지만, 조정은 법의 실천이 아니며(Melamed, 1989), 치료도 아니다(Haynes & Haynes, 1989; Severson & Bankston, 1995: 685 재인용). 조정자는 부모로서 자녀에게 서로 관여하는 부분을 제외하고는 부부관계의 역동을 변화시키는 데 책임이 없으며(Haynes & Haynes, 1989), 클라이언트의 인식 증진을 원조하지 않고 다만 부모와 자녀의 현재와 미래의 욕구 및 이해를 파악하는 것을 지원한다(Chandler & Chandler, 1987; Severson & Bankston, 1995: 685 재인용). 이혼문제해결을 위해 사회복지사들이 이혼조정자의 역할을 담당해야 할 필요성을 제시하면서 Haynes(1978: 5~7)는 이혼조정자로서 사회복지사는 감정적 문제와 경제적 문제를 분리하여 공정한 해결책에 도달할 수 있도록 도와야 하며, 실제적인 치료와 조정을 돕기 위한 치료적 기술을 구분해야 할 필요가 있다고 강조하였다.

한편, 조정은 치료 그 자체는 아니지만 조정과정이 당사자들에게 치료적 경험이 될 수 있다(Kruk, 1997: 56~57 재인용). Helm과 동료들(1992: 385)도 조정과 심리치료는 동일한 실천영역이 아니지만 이혼문제를 다루는 과정에서 상호의존적인 실천을 제공할 수 있으며, 조정과 치료가 함께 이루어질 때 이혼가족에 대한 보다 효과적인 서비스를 제공할 수 있다고 보았다.

Maley(1995: 103～109)는 조정자는 분쟁당사자 모두의 최선 이익을 증진시키는 방향으로 해결책을 도출해 나가는 과정에서 법적인 문제의 해결자뿐 아니라, 당사자 간 합의를 이루어내는 거래자 더 나아가 치료자의 역할까지도 담당해야 한다고 보았다. 즉, 조정과정에는 분쟁중인 법적인 문제 등 실제적 문제의 해결과 이를 성립시키기 위한 거래적 요소뿐 아니라, 당사자들의 감정적 문제를 다룸으로써 실제적 문제해결을 용이하게 하는 치료적 요소가 내포되어 있다. 더 나아가 조정자가 가족들, 특히 자녀의 핵심적인 욕구를 인식하도록 돕고 의사소통, 협상, 문제해결기술을 증진시킴으로써 미래의 분쟁을 해결할 수 있도록 권력을 강화한다는 점에서 조정은 자녀에 초점을 둔 치료적 교육과정이 될 수 있다(Kruk, 1997: 56).

이처럼 많은 학자들은 '조정은 치료와 명확히 구분이 된다' 라는 입장에서부터 '조정과정에 치료적 요소가 포함된다' 는 견해에 이르기까지 조정과 치료에 대해 광범위한 견해를 제시하고 있다. 조정과 치료의 관계에 대한 이처럼 다양한 의견은 조정의 기본원칙을 실천에 옮기는 과정에서 조정자의 전문적 배경과 가치관에 따라 다양한 조정모델로 제시되고 있다.

4. 조정모델

조정이 법 또는 치료와 다른 점을 규명하려는 노력은 조정의 내용, 목적 및 방법, 조정자의 역할 등에 대한 열띤 논쟁이 이루어지는 가운데 다양한 조정모델을 발전시켰다. 일반적으로 조정은 대인관계 갈등을 해결하기 위한 목적으로 합의에 이르기 위한 쟁점 중심의 목적지향적인 문제해결을 위한 노력이라고 볼 수 있다(Campbell & Johnston, 1986: 218). 그러나 갈등의 원인과 그 해결방안에 대한 관점에 따라 조정모델의 분류에 있어 학자 간 차이를

표 5-2 조정모델

	Barsky	Kruk	Campbell & Johnston	Irving & Benjamin
일반적 조정 모델	구조적 조정	구조화된 협상	실용적 의사결정	일반적 조정
	이해기반 조정			
치료적 조정 모델	치료적 조정	치료적 개입	심리적 개입	치료적 가족조정
			고도갈등부부를 위한 치료적 조정	
기타 조정 모델	변화적 조정	여권주의적 접근		
		문화적 접근		

출처: Barsky(2000: 120~128). Campbell & Johnston(1986: 218~220). Irving & Benjamin(2002: 7~8, 475~477). Kruk(1997: 10~12).

보이고 있다. 학자들이 제시하는 조정모델에 다소 차이가 있지만 대체로 일반적 조정모델, 치료적 조정모델, 기타 조정모델로 나눌 수 있다.

Campbell과 Johnston(1986: 218)은 현재 존재하는 다양한 조정모델의 차이점을 연속선상의 위치를 사용하여 다음과 같이 설명하였다. 연속선상의 한 끝에는 일반적으로 많이 사용되는 실용적 의사결정모델, 중간에는 실제적 문제해결을 위해 심리적 문제를 다루는 심리적 개입모델, 다른 한 끝에는 극심한 갈등에 처한 부부를 위한 치료적 조정모델이 있다.

각기 다른 학자들이 다양한 명칭으로 부르고 있지만 일반적 조정모델은 갈등 및 문제해결에 중점을 둔 이성적 의사결정을 위해 구조화된 조정모델이라고 볼 수 있다. 구조화된 조정모델은 현재 모든 조정자의 실천의 토대로 가장 많이 사용되는 주류 모델이 되고 있다. 그러나 구조화된 조정모델은 해결되지 않은 감정적 문제로 인해 협상이 제대로 되지 않는 상황에서는 부적절한 것으로 드러나고 있으며, 특히 이혼에 적용될 때 극도로 제한적이다

(Kruk, 1997: 10~11, 76). Irving과 Benjamin(2002)은 이혼을 비롯한 가족 간의 갈등을 해결하기 위해서는 가족조정에 중점을 두고 제한된 범위 내에서 감정적 · 관계적 역동에 주의를 기울이면서 실제적 문제해결에 초점을 두는 치료적 가족조정모델이 필요하다고 보았다.

이처럼 이성적 의사결정에 중점을 두는 구조화된 조정모델의 한계가 드러남에 따라 새로운 대안으로서 치료적 조정모델이 대두되었다. 현재 가장 많이 사용되는 조정모델은 구조화된 일반적 조정모델과 치료적 조정모델로 나눌 수 있다.

1) 이성적 의사결정에 토대를 둔 일반적 조정모델

Barsky(2000: 120~121)는 일반적 조정모델을 과업해결 중심의 구조적 조정모델과 이해기반 조정모델로 나누었고 다음과 같이 설명하였다. 구조적 조정(structural mediation) 모델은 과업중심적이며 기본적 갈등을 아주 신속하게 해결하는 데 중점을 두며, 조정자는 당사자들이 기존의 규칙 또는 법에 따라 의견의 차이점을 해결하도록 격려한다. 한편, 이해기반 조정(interest-based mediation)모델에서는 명백한 갈등보다는 기본적인 이해관계를 해결하도록 격려한다. 이해기반 조정모델에서는 당사자 모두 원하는 것을 얻도록(win-win) 하기 위해 입장(position)위주의 거래로부터 이해관계(interest)에 기반을 둔 협상을 촉진하는 데 중점을 둔다.

Campbell과 Johnston(1986: 218~220)은 실용적 의사결정을 위한 조정모델은 분쟁 중인 문제를 이성적 절차를 따라 해결하기 위해 구조적 · 체계적 접근을 제공하며 다음과 같은 특성을 지니고 있다고 설명하였다. 조정자는 공정한 결과를 도출하는 것 외에는 조정결과에 대해 비편파적인 태도를 지녀야 하며, 대다수의 부모가 자녀에게 무엇이 최상책인지 알고 있고 자녀를 대신하여 이러한 원칙에 의거하여 행동할 것이라고 가정한다. 조정자들은 부모 간의 갈등해결이 자녀에게 파급효과(trickle down)를 일으켜 가장 좋은 결과(적대감의 종식, 향상된 부모역할)를 가져올 것이라는 믿음을 공유한다(Campbell & Johnston, 1986: 218~220).

이성적 의사결정중심의 구조적 조정모델은 당사자들이 자신의 욕구와 이해관계를 명확히 말할 수 있고 문제해결 및 협상기술을 지니고 있을 뿐 아니라, 힘의 균형을 유지하며 공정하고 공평성에 맞는 합의에 이를 수 있다고 가정하고 있다. 그러나 갈등상황에 있는 대부분의 당사자들 사이에서 힘, 지식, 기능의 불균형이 발견되며 당사자들이 합의과정에서 필요한 의사소통기술 및 문제해결기술을 지니지 못하고 있는 경우가 많기 때문에 이러한 이성적 의사결정 중점의 구조화된 조정모델은 한계가 있다고 보인다(Kruk, 1997: 9).

Benjamin과 Irving(2005: 475~476)은 이성적 의사결정에 토대를 두는 일반적 조정모델에서는 '부모가 가장 잘 안다(Parents know best)' 라는 가정 하에 당사자의 자기결정권과 조정자의 중립원칙을 무조건적으로 지지하지만, 부모의 역기능 수준이 증가함에 따라 자녀를 위험에 처하게 하는 정도가 증가될 수 있으므로 조정자의 역할은 더 이상 중립적인 제3자가 아닌, 자녀의 옹호자 등으로 상황과 필요에 맞도록 달라져야 할 필요가 있다고 보았다.

현재 자녀양육관련 조정의 대부분은 부모의 자기결정과 이성적 의사결정에 중점을 두는 구조화된 조정모델의 형태를 띠고 있다. 구조화된 일반적 조정모델은 부모가 비이성적 · 감정적 갈등을 물리치고 이성적 · 합리적 해결에 도달할 수 있다고 가정하고 있으나 이러한 가정은 현실과 거리가 있다. 구조화된 일반적 조정모델의 한계점이 노출됨에 따라, 이에 대한 대안으로 관계적 · 정서적 문제를 실제적 문제와 더불어 다루고 직접적인 치료적 개입을 제공할 필요성이 대두되었다.

2) 치료적 조정모델

치료적 조정(therapeutic mediation)모델은 갈등을 야기시키거나 갈등해결 능력을 방해하는 심리적 · 사회적 문제를 당사자들이 다룰 수 있도록 돕기 위해 마련되었다(Barsky, 2000: 120). Campbell과 Johnston(1986: 219)은 이혼은 법적인 문제뿐 아니라 감정적인 분리를 포함하고 있으며 감정이 이성적인 목적을 압도하고 합의와 해결에 저항하게 만들 수 있다는 점에서, 조정과정에서 법적인 문제와 심리적 문제를 모두 다뤄야 할 필요가 있기 때문에 심리적 개입이 필요하다고 보았다. 심리적 개입을 위한 조정모델에서는 부모교육 및 상담이 자녀양육권 및 면접권 문제를 다루는 조정의 중요하고 적합한 부분으로 간주된다. 이혼 시 발생하는 감정적 갈등을 다루기 위해 일정한 지침 하에서 감정적 표현이 허락되지만, 이러한 심리적 개입의 주요 목적은 파괴적 감정을 잘 보듬어 합의를 향한 조정이 진행될 수 있도록 하는 것이다(Campbell & Johnston, 1986: 219～220). 이러한 심리적 개입을 위한 조정모델은 치료적 조정모델의 가장 단순한 형태라고 볼 수 있다.

한편, Campbell과 Johnston(1986: 219)은 부부 간 갈등이 극도로 심한 경우에는 보다 고도화된 치료적 조정모델이 필요하며 이러한 부부의 문제를 조정하기 위해 조정자가 상담자의 역할을 병행할 것을 제안하였다. 치료적 조정모델은 가족이 이혼 후 새로운 가족구조로 옮겨가는 전환의 과정에서 심층적인 가족구조 및 미해결된 갈등을 다루면서 부부가 조정과 합의안을 방해하는 과정을 검토하도록 직접적으로 돕는 것을 목표로 하고 있다.

치료적 조정모델에서는 조정의 초점을 감정적 문제, 합의에 이르는 것을 가로막는 관계 과정에 두며, 조정의 목적을 단순히 분쟁의 해결에 그치는 것이 아니라 관계의 재구조화, 의사소통 및 문제해결기술의 증진, 갈등최소화와 협력증진에 둔다(Kruk, 1997: 8～12). 특히, 치료적 가족조정모델(therapeutic family mediation model)은 이혼이라는 가족 재구조화의 과정에서 이혼부부로 하여금 미래에 부모로서 어떻게 서로 관계를 맺을 것인지 의식적으로 결정할 수 있는 기회를 제공하는 한편, 협상을 방해하는 요인에 대한 사정, 감정표현의 허용, 상호작용패턴 및 역기능적 갈등해결방식을 변화시키기 위해 개입한다(Irving & Benjamin, 2002: 100～101).

이성적 의사결정 중심의 구조화된 일반적 조정모델은 분쟁해결을 위한 보편적 접근이라고 한다면, 치료적 조정모델은 상호작용적이며 친밀한 관계, 조정 후에도 지속되는 관계 등 가족의 특성을 고려한 가족체계에 보다 잘 적용될 수 있는 모델이라는 점에서 가족분쟁의 조정을 위해 유용한 모델이라고 할 수 있다(Benjamin & Irving, 2005: 477).

치료적 조정모델로는 Irving과 Benjamin(1987)의 치료적 가족조정(therapeutic family mediation) 외에 Kruk(1997)의 치료적 개입접근(therapeutic interventionist approach)과 Johnston과 Campbell(1988)의 고도갈등부부를 위한 치료적 조정모델(trilevel model of high conflict mediation)이 가장 널리 알려져 있다(Kruk, 1997: 11). 치료적 조정을 위한 세 모델은 이혼과정에서 자녀의 최대 이익을 보호하고 자녀양육을 위해 부모 간 협력적 해결책을 모색하고 합의내용이 지속되도록 당면한 실제적 문제의 해결 외에 관계적 갈등해결 및 변화를 위해 개입한다는 공통점을 지니고 있다.

치료적 조정은 치료적 측면을 가지고 있지만 치료 그 자체는 아니며, 조정의 초점은 조정에 오게 만든 구체적인 갈등을 해결하는 것이다(Barsky, 2000: 121). Irving과 Benjamin(2002: 101)은 조정에서 치료적 기법은 치료 자체보다는 조정의 목적을 위해 사용되며, 조정을 위한 치료적 개입은 단기적 · 구체적이며, 상호생산적으로 협상하는 데 있어 클라이언트의 노력을 방해하는 요인을 다루는 것에 국한된다고 보았다. 즉, 감정과 상호작용 역동을 표면화시킴으로써 클라이언트는 가장 좋은 해결책에 이르는 것을 방해하는 요인을 변화시킬 수 있는 힘을 부여받게 되며 자녀의 최대 이익을 위해 협력적 부모 역할에 참여할 수 있는 기술을 제공함으로써 조정이 끝난 후 이혼 후 관계를 위한 준비를 할 수 있게 된다(Irving & Benjamin, 2002: 101).

3) 기타 조정모델

현재 가장 많이 사용되고 있는 이성적 의사결정을 위한 구조화된 일반 조정모델과 치료적 조정모델 외에 Barsky(2000)는 변화적 조정(transformative mediation)모델을 제시하였다. 변화적 조정은 분쟁 중인 구체적 쟁점을 해결하는 것 그 자체를 중시하지 않으며(Bush & Folger, 1994), 상호이해와 자기효능성을 발전시키도록 도움으로써 개인을 변화시키고 갈등 당사자 간에 권력과 인정을 증진시키는 것에 중점을 두고 있다(Barsky, 2000: 121 재인용).

한편, Kruk(1995: 10~11)은 기타 조정모델로 여권주의 접근(feminist-informed approach)과 문화적 접근(culturally specific model)이 사용되고 있음을 발견하였다.[5] 여권주의적 접근은 성에 기초한 권력 불균형의 현실에 입각하여 이에 개입하기 위해 제시된 접근방식으로 중립성을 표방하는 구조적 조정모델과 강한 대조를 이룬다. 조정의 목적은 분쟁의 공정공평한 해결과 분쟁에서 약자인 당사자의 권력강화라는 두 가지로 볼 수 있다. 조정과정은 당사자들의 이전 관계, 특히 학대와 힘의 불균형의 성격을 선별하는 한편, 조정과정에서 개별회의(caucus)와 당사자 간 왕복정책(shuttle diplomacy format)을 통해 안전장치를 제공하는 것이다. 현재 지배적 모델로 통용되는 구조화된 조정모델은 "한 가지로 모든 것을 맞추려는(one size fits all)" 획일적 조정모델로 문화적 다양성을 고려하지 않고 있다는 점에서, 문화적 접근모델은 다양한 문

5) 여권주의 접근과 문화적 접근에 대한 설명은 Kruk(1995: 10~11)의 내용을 요약함

화적 특성을 존중하고 문화적 차이를 반영하기 위한 대안으로 제시되었다.

5. 조정의 목적

일반적으로 조정은 쟁점이 되고 있는 분쟁 및 갈등을 해결하고 합의에 이르는 것을 목적으로 한다. 특히, 자녀양육관련 분쟁에서 조정의 목표는 쟁점이 되고 있는 자녀양육권 및 면접권, 양육비 등에 관한 합의서를 도출하는 것이다. 특정한 실천모델과 관계없이 가족조정관련 문헌에서는 가족조정에 있어 다음과 같은 공통적인 기본 목적이 제시되고 있다(Irving & Benjamin, 2002: 17～18).

- 갈등상태에 있는, 이혼을 앞두고 있거나 이미 이혼한 부부를 위해 공정하고 협력적인 과정을 만든다.
- 분쟁의 논점을 명확화한다
- 부부에게 재결합의 가능성에 대해 생각할 수 있는 기회를 부여한다
- 부모 자신의 이익에 앞서 자녀의 최대 이익을 우선시하도록 격려한다.
- 분쟁 중인 문제점(사안)에 대해 협상하도록 돕는다.
- 각각의 문제점(사안)에 대해 당사자들의 상황에 비추어 공정하고 공평한 상호수용할 수 있는 해결점에 도달하도록 한다.

Irving과 Benjamin(2002: 18)은 앞에 제시된 표준화된 조정의 목적 외에 치료적 가족중재모델(TFM)은 다음과 같은 부가적인 목적을 동시에 지닌다고 보았다.

- 부부 간 미해결된 갈등의 상황을 이해한다.
- 부부로서의 역할과 관계로부터 부모로서의 역할과 관계로 전환할 수 있

도록 돕는다.

- 조정을 하는 동안 생산적인 협상을 방해할 가능성이 있는 행동패턴을 막거나 변화시킨다.
- 전 배우자에 대한 적의, 증오의 감정을 풀도록 독려한다.
- 이혼을 새로운 시작과 변화의 기회를 부여하는 가족재구조화의 과정으로 긍정적으로 재정의 한다.

6. 조정자의 역할 및 자질

자녀양육을 위한 최선의 합의안을 도출하고 이러한 합의가 지속되도록 하면서 이혼 후에도 부모가 협력하고 협상할 수 있는 능력을 지닐 수 있도록 돕기 위해 조정자는 교육적 · 치료적 기능을 담당할 뿐 아니라, 옹호자의 역할까지도 담당해야 할 필요가 있다(Kruk, 1997: 62~63). 극도로 대립적이며 갈등적인 부모의 경우 대부분 자신과 자녀의 필요를 분리하여 인식하지 못하며, 상대 부모의 양육능력이나 의도에 대한 극도의 불신, 존중의 결여로 인해 부모로서 협력할 수 있는 능력도 미약하다(Campbell & Johnston, 1986: 220). 이런 상황에서 부모의 다툼으로부터 자녀를 보호하기 위해, 조정자는 부모에 대한 교육과 상담을 제공함은 물론, 조정과정에서 자녀의 이익을 강력하게 옹호할 수 있어야 한다(Campbell & Johnston, 1986: 220). Benjamin과 Irving(2005: 476) 역시 치료적 조정모델에서는 부모의 역기능 수준이 증가함에 따라 부모가 자녀를 위험에 처하게 하는 정도가 증가될 수 있으므로 조정자는 협상테이블에 나와 있지 않은 제3자인 자녀의 이해를 옹호하는 등 옹호자의 역할까지도 담당해야 한다고 보았다. 이처럼 치료적 조정모델에서는 중립적인 제3자로서의 조정자에 머물지 않고 정보제공자, 교사, 촉진자, 상담가, 옹호자 등 다양한 역할을 담당하게 된다. Irving과 Benjamin(2002: 38~39)은 부모들이 보다 생산적으로 협상할 수 있도록 준비시키기 위해 조정자는 전문적 정보를 제공해 주는 전문가(expert)를 비롯한 다양한 역할을 담당해야 할 필요가 있으며, 이처럼 조정자가 다양한 역할을 담당하는 점이 일반적 조정과 치료적 조정을 구분되게 하는 점이라고 설명하였다.

치료적 조정자의 경우 위에서 제시된 정보제공자, 전문가, 교사, 촉진자, 상담가, 옹호자 등의 다양한 역할을 담당할 수 있는 치료적 조정기술과 지식을 지녀야 할 것이다. 특히 이혼조정을 주로 담당하는 조정자는 조정지식과 실천기술뿐 아니라, 이혼과정에 대한 실제적 · 정서적 관점을 지니고 아동발달에 대한 지식 및 이혼 자녀의 필요 및 이혼이 자녀에 미치는 영향 등에 대한 최근 연구결과 등에 대해 알고 있어야 한다(Stevenson, 2000: 42). Menin(2000: 286)은 이혼조정을 담당하는 조정자는 자신이 사용하는 조정모델과 상관없이 적어도 다음과 같은 지식 및 자질을 지녀야 할 필요가 있다고 보았다.

이혼 조정자의 지식 및 기술 영역

- 이혼조정 시 알아야 할 법규에 대한 명확한 이해
- 조정과정에 대한 이해, 훈련 및 경험
- 자녀욕구를 최대한 반영하는 공동부모역할 합의서(자녀양육계획서)를 도출하기 위해 아동발달단계에 대한 지식, 이혼가정 자녀들이 부모의 이혼과정에서 경험하는 정서적 불안정성과 아동심리에 대한 이해
- 조정은 치료나 가족상담이 아니지만 치료적 또는 변화적일 수 있다는 점에서 치료적 조정을 위한 지식 및 기술
- 정확하고 유용한 서비스 의뢰를 위한 지역사회 자원에 대한 지식.
- 가정폭력, 아동학대, 약물남용, 스트레스, 정서장애 등에 대한 인식, 판별능력

출처: Menin(2000: 286)

CHAPTER 6

이혼조정의 실천모델: 조정과정, 실천지침 및 기법

1. 조정의 과정

조정모델은 서비스를 제공하는 주체 및 조정자의 전문적 배경에 따라 조금씩 차이가 있지만, 이런 다양성에도 불구하고 조정의 실천원칙은 일관되며 조정모델(일반적 조정 vs. 치료적 조정)에 따라 조정과정도 어느 정도 정형화되어 있다.

1) 일반적 조정모델의 과정

이성적 의사결정을 위한 가장 일반적인 조정모델은 논점과 각 당사자의 입장이 명백해지는 초기단계, 겉으로 드러난 입장(position) 이면의 이해관계(interests)를 파악하고 이해관계의 공통분모를 파악하는 중간단계, 해결을 위한 대안의 도출 및 평가가 이루어지고, 마침내 분쟁이 해결되는 종결단계의 세 단계로 이루어져 있다(Haynes, 1994; Kruk, 1997: 7 재인용).

조정모델의 순차적 단계를 실행에 옮기기 위해 조정과정을 초기면접(intake), 개별회합, 공동회합으로 구조화하기도 한다. 초기면접에서는 조정자가 당사자들을 처음으로 만나 조정의 적합성을 타진하고 조정의 원칙과 과정에 대한 소개가 이루어진다. 개별회합에서는 각 당사자가 제시하는 쟁점 및 입장을 명확화하고 정보를 수집한다. 공동회합에서는 당사자들의 입장 이면에 놓인 이해관계의 공통분모를 찾아내고, 해결을 위한 대안도출 및 평가, 분쟁해결을 위한 합의가 이루어진다. 영국의 전국가족조정(NFM)협회에서 이혼 시 자녀양육 분쟁해결을 위해 사용하는 전형적 가족조정 실천모델의 과정은 이와 같은 세 종류의 회합으로 나뉘어져 있으며, 모든 쟁점을 함께 다루는 조정(all issues mediation)도 이와 기본적으로 동일한 틀을 따르고 있다.[1)]

(1) 초기면접

초기면접(intake)은 의뢰가 이루어지는 과정으로 많은 클라이언트에게는 조정(mediation)과 첫 접촉을 의미한다. 부모가 직접 연락을 취하면(주로 전화로), 초기면접자는 조정의 원칙과 과정을 설명한다. 아울러 서비스 비용 지불체계에 대해 설명하고 조정 서비스를 이용하기를 원하는지를 알아본다. 만일 다른 서비스가 더 적절하다면(상담, 법률 조언 등) 초기면접자는 이에 대한 정보를 제공한다. 이 시점에서 조정이 가장 적절한 서비스인지 결정하기 위해 클라이언트로부터 그들의 상황에 대한 설명을 듣는 것이 필요할 수도 있다. 그러나 조정과정에서 반복하게 되므로 구체적이며 전체적인 설명까지는 요구하지 않는다.

---

1) Stevenson(2000: 43～51)에 제시된 영국의 자녀양육 관련 일반적 조정의 과정을 소개함.

만일 한 당사자가 조정을 원한다면, 다른 당사자에게도 편지를 보내 조정의 원칙을 설명하고 서비스 이용가능성을 논의하거나 조정을 위한 약속시간을 정하기 위해 전화를 하도록 요청한다. 약 3주 내에 연락이 없으면 먼저 연락을 취한 당사자에게 알려주고, 만일 나중에라도 상대방이 마음을 바꾼다면 조정 서비스를 이용할 수 있다는 가능성을 열어 놓는다. 변호사나 법원으로부터 직접 의뢰가 이루어질 경우, 초기면접자는 위와 똑같은 방식으로 각 당사자에게 편지를 하고 연락을 취하도록 요청한다. 만일 그들로부터 아무런 연락이 없으면 이를 의뢰자에게 알린다.

(2) 개별회합

개별회합은 각 당사자가 상대방 앞에서 불안감없이 자신의 관점에서 문제에 대해 설명할 수 있는 기회를 제공한다. 조정자는 비편파적인 방식으로 관심사와 감정에 대한 이해를 보임으로써 클라이언트에게 관여한다. 조정자는 당사자들이 논의하기를 원하는 주요 문제를 명확히 하도록 도우며, 당사자들에게 무엇을 성취하고 싶은지, 거기에 도달할 수 있는 다른 방법들은 무엇인지 질문함으로써 성공적 해결의 열쇠가 될 '미래초점' 을 격려하기 시작한다.

조정자는 이혼조정 시 특히 가정폭력이 문제인 경우 부부가 공동면담을 갖는 것이 적절한지 확인한다. 여기서 중요한 점은 조정자의 지지로 두려움이나 압력 없이 당사자가 자유롭게 자신의 생각을 표현할 수 있다고 느낄 수 있도록 하는 것이다.

(3) 공동회합

공동회합에서 한 회기는 약 한 시간 반 정도 진행되며, 대부분의 경우 1~3회기의 공동회합을 갖는다. 공동회합은 다른 조정에서 사용되는 구조와 비슷한 구조를 갖는다. 공동회합이 진행되는 도중 적절한 시점에서 5~10분간 휴

표 6-1 일반적 조정모델의 과정

학자 / 과정	Stevenson	Barsky	Moore	갈등해결훈련센터 (캐나다 B.C.주)
초기 면접	조정의 적합성 및 조정에 대한 소개	준비	당사자와 관계 수립 갈등해결 전략 선택 정보수집 및 분석 조정을 위한 계획수립 신뢰와 협력관계 구축	준비
개별 회합	각자의 입장 및 정보 수집			
공동 회합	과정 소개 및 기본규칙 설정	조정에 대한 오리엔테이션	조정회기 시작 긍정적 분위기 확립 행동지침 및 기본규칙 수립 감정 환기 문제(쟁점)의 한계설정	소개 조정과정 명확화 지침에 대한 설명 역할 정의 조정참여 동의 조정준비정도 사정
	논의를 위한 문제점 요약	문제(쟁점) 정의	문제정의 및 아젠다 작성 문제파악 논의될 문제에 합의 문제 논의순서 결정	아젠다 작성 시작 진술 이해 및 공동기반 확인 아젠다 확인 문제에 대한 재정의
	문제 명확화 및 아젠다 작성			
	문제탐색 및 대안(option) 도출	욕구 및 이해(interest) 탐색	숨겨진 이해관계 탐색 대안도출	문제탐색 공동기반 구축 무엇이 중요한가? (입장)
				왜 중요한가? (이해, 필요) 문제의 세분화 목적서술시 이해관계 요약

Stevenson		Barsky	Moore	갈등해결훈련센터 (캐나다 B.C.주)
공동 면담	동의 및 합의서	협상 및 문제해결	대안 사정 대안별로 이해가 충족되는지 사정 각 대안에 대한 비용과 혜택 사정 마지막 협상	해결방안에 대한 동의 문제해결의 목적 명확화 공정한 합의기준 설정 대안도출 및 합의 탐색 실행단계 상세화 실행가능성 타진 합의각서 작성 평가토대 및 평가계획 수립
		최종적 합의	최종적 해결책	
	종결, 추후회합	추후회합		

출처: Barsky(2000: 130~149).
Moore(2003: 68~69).
Stevenson(2000: 46~48).
Center for Conflict Resolution Training in B.C., Canada

식시간을 가짐으로써, 당사자들은 물론 조정자도 회합 중 나눈 이야기 내용에 대해 조용히 생각할 수 있는 기회를 부여한다. 당사자들은 각자 따로 또는 함께 휴식시간을 가질 것인지 선택할 수 있다. 휴식시간 후 회합의 분위기가 종종 바뀌기도 하고 때로는 기대하지 않았던 진전이 이루어지기도 한다.

조정과정은 조정을 준비하는 과정과 실제로 조정을 하는 과정으로 구분할 수 있으며(Moore, 2003: 67), 공동회합을 갖기 전에 준비단계에서 초기면접(intake)을 통한 당사자들과의 접촉이 이루어지고 조정의 적합성을 판별하는 선별(screening)과정이 이미 진행된다. 그 이후 당사자들이 대면하여 함께 문제해결을 위해 합의를 도출하는 공동회합을 갖게 된다. 조정과정에 대한 다양한 견해를 종합할 때, 당사자들이 대면하여 실제로 조정이 이루어지는 공동회합(공식적 조정)의 과정은 대체로 다음과 같이 5단계로 나눌 수 있다.

공동회합의 과정

1단계: 오리엔테이션(orientation) 및 소개
2단계: 문제(논쟁점)의 정의 및 명확화, 아젠다 작성
3단계: 문제(욕구, 이해)탐색 및 대안의 도출
4단계: 대안의 평가, 합의 도출 및 합의서 작성
5단계: 종결 및 추후회합(follow-up)

1단계: 오리엔테이션 및 소개

공동회합의 첫 단계에서 조정자는 당사자들이 조정에 대해 이해하고 조정과정에 전념할 수 있도록 돕기 위해, 조정의 목적을 명확히 하고 조정과정 및 절차에 대해 설명하는 한편, 조정자 및 당사자들의 역할에 대해 명확히 정의한다. 아울러, 당사자들이 조정과정에 생산적으로 임할 수 있도록 규범을 수립하고(Barsky, 2000: 133), 행동지침 및 기본규칙을 제시한다. 예를 들어 각 당사자는 다른 사람의 방해 없이 이야기를 할 수 있으며, 각자의 관점에 대해 이야기하고, 상대방의 관점에 대해 들을 수 있는 동등한 기회를 갖는다. 이를 위해 조정자는 회합을 관리할 책임권을 부여받는다(Stevenson, 2000: 46). 이처럼 조정자는 비편파성을 견지하면서 당사자들과 신뢰를 구축한다(Barsky, 2000: 133). 당사자의 이해관계에 대한 표현 및 의사결정 능력에 대한 사정이 이루어지고 이를 토대로 조정을 계속할 것인지 결정하며, 당사자들이 조정과정에 책임있게 임할 것이라는 약속과 더불어 조정에 대한 동의가 이루어지면, 절차적 지침이 협상된다(Kruk, 1997: 7～8).

2단계: 문제(논쟁점)의 정의 및 명확화, 아젠다 작성

문제(논쟁점)에 대한 정의를 내리기 위해 각 당사자로 하여금 자신의 이야

기를 하도록 하며, 각자 논의하기 원하는 문제에 대해 요약하고 조정을 통해 다룰 구체적 쟁점에 대해 당사자들이 합의하도록 돕는다(Barsky, 2000: 139). 조정자는 제기된 문제점에 대해 당사자들이 올바로 이해했는지 확인하고, 문제의 목록을 작성할 때 상호합의할 수 있는 문제정의를 발견하도록 노력한다(Stevenson, 2000: 47). 문제(논쟁점)를 명확히 하기 위해 조정자는 당사자들의 관심사를 플립차트(flip chart)에 기재하고, 문제(논쟁점)에 대해 당사자들이 공통적인 이해를 지니고 있는지 확인하는 한편, 어떤 문제를 우선적으로 다룰 것인지 우선순위를 정하도록 돕는다(Barsky, 2000: 142).

3단계: 문제(욕구 및 이해) 탐색, 대안의 도출

조정자는 당사자들로 하여금 개별적 이해와 공통적 이해를 파악하고 공통적인 이해를 발견하도록 돕는다(Barsky, 2000: 143~144). 공동기반을 구축하기 위해 "무엇이 중요한가"(입장)와 "왜 중요한가"(이해관계 또는 필요)를 탐색해야 한다. 이를 위해 당사자들이 내세우는 입장(position) 저변에 깔린 욕구 및 이해관계, 관심사를 표출하게 하면서 입장 이면에 놓인 이해에 초점을 맞춘다. 조정자는 이해관계의 공통분모를 파악하고 당사자들의 이해관계를 통합하는 방식으로 쟁점을 재정의한다(Kruk, 1997: 8).

또한 각 당사자가 자신의 욕구 및 이해를 충족하기 위한 대안을 개발하도록 돕는다. Stevenson(2000: 47)은 이러한 문제의 탐색(언제, 어디서, 무엇이 일어났는지, 진짜 관심사는 무엇인지 등)과 대안의 도출은 때로는 중첩될 수도 있다고 보았다. 문제 및 그 이면에 내포된 욕구 또는 이해를 깊이 탐색하여 문제에 대한 명확한 분석이 이루어지면, 문제해결을 위해 무엇이 도움이 될 수 있는지 알 수 있기 때문이다.

4단계: 대안의 평가, 합의도출 및 합의서 작성

조정자는 당사자가 대안을 하나씩 저울질 해보고 현실성을 검증하도록 도우며, 당사자가 각 문제에 대한 대안을 선택하면 조정자는 이를 요약하고 당사자가 올바로 이해했는지 확인한다(Stevenson, 2000: 48). 문제해결을 위한 협상과정에서 대안이 도출되면 이에 대한 객관적 기준을 제시하고 만일 합의에 도달하지 못할 경우 치루어야 한 비용(cost)을 당사자들이 인식하도록 돕는다(Barsky, 2000: 144). 즉, 합의가 어려울 경우에는 합의에 대한 차선책(BATNA: Best Alternative To a Negotiated Agreement)에 대해 토론한다.[2] 조정은 분쟁 중인 모든 쟁점에 대해 잠정적 합의를 도출할 때까지 지속된다(Barsky, 2000: 146). 각 쟁점의 해결을 위한 대안들에 대한 평가가 이루어지고, 합의서는 각 문제에 대해 당사자들이 선택하는 대안들로 구성된다(Stevenson, 2000: 47).

5단계: 종결 및 추후회합(follow-up)

공동회합이 끝날 무렵 모든 제안을 다시 요약한다. 조정자는 공통영역과 미해결 문제를 구체적으로 적은 요약서를 당사자들에게 제공하며, 당사자들은 현재의 협정을 고수할 것인지 아니면 법적 조언을 구할 것인지를 결정한다(Stevenson, 2000: 48). 즉, 당사자들은 어떻게 합의내용을 최종적으로 종결할 것인지를 결정해야 한다. 만일 당사자들이 법적 구속력을 갖는 합의서를 작성할 필요가 없다는 데 동의한다면, 비공식적 이해(합의)각서를 선택할 수 있다(Barsky, 2000: 146). 문서화된 합의서를 법적 구속력을 갖는 합의서로 공식화할 필요가 있다고 여길 경우, 당사자들은 변호사에게 조정된 합의서를

2) Moore(2003: 306)는 조정자는 대안을 선택하는 과정에서 합의에 실패할 경우, 당사자들이 가능한 대안에 대해 논의하고 이에 따르는 심리적 · 실제적 결과에 대해 논할 필요가 있다고 보았다. Moore는 각 당사자의 BATNA에 대한 조심스럽고 현실적인 사정이 이루어진다면, 당사자들이 다시 협상에 임할 수 있으며, 상호수용할 수 있는 새로운 합의를 이루어낼 수 있다고 보았다.

가져갈 수 있다(Kruk, 1997: 8). 만일 법원이 가장 적합한 결정을 내려주도록 요청하기로 했다면(법원명령), 당사자들은 합의내용을 적은 요약서를 조정자로부터 받아서 변호사에게 가져간다. 이 요약서는 법정에서 증거로 쓰일 수는 없으나 변호사가 법원명령에 대한 조언을 할때 도움이 될 수 있다(Stevenson, 2000: 48).

한편, 추후회합은 합의내용이 잘 이루어지고 있는지? 조정해야 할 새로운 쟁점이 있는지를 확인하고, 필요시 부가적 서비스로 의뢰하기 위한 목적으로 이루어진다. 그러나 일반적 조정모델에서는 추후회합이 반드시 필요한 것은 아니다.

2) 치료적 가족 조정모델의 과정

치료적 가족조정모델(Therapeutic Family Mediation)은 이혼상황에서 발생하는 가족갈등을 중점적으로 다루기 위해 개발되었으며, 이혼 후 자녀양육을 위한 최선의 합의를 도출해 내는 것을 조정의 목적으로 삼고 있다.[3] 치료적 가족조정의 과정은 사정, 조정 전 준비(premediation), 협상, 종결 및 추후회합의 4단계로 나뉘며, 조정 전 준비단계와 추후회합을 갖는다는 점에서 일반적 조정모델과 차별화된다. 초기단계에서 치료적 조정자는 클라이언트가 조정에 참여할 준비가 되었는지 확인하기 위해 사정(assessment)을 실시하고, 이러한 사정결과를 토대로 필요한 경우 조정 전 준비단계(premediation)를 제공한다. 조정이 끝난 이후에는 합의사항이 잘 이루어지고 있는지 확인하기 위해 추후회합을 갖는다.

3) 이 책에서는 치료적 조정모델 중 이혼 및 자녀양육 관련 갈등해결에 중점을 둔 Irving과 Benjamin(2002)의 치료적 가족조정모델(TFM)을 위주로 소개하고자 함. Therapeutic Family Mediation: Helping Families Resolve Conflict(2002)를 참조함.

표 6-2 일반 조정모델과 치료적 조정모델의 과정

	일반 조정모델	치료적 가족조정 모델(TFM)
1단계	초기면접 / 사정	초기면접 / 사정
2단계		조정 전 준비(premediation)
3단계	협상(개별 및 공동회합)	협상
4단계	종결	종결 및 추후회합(follow-up)

(1) 제1단계: 사정(assessment)[4)]

치료적 가족조정에서 사정(assessment)은 조정의 전 과정에 걸쳐 이루어지지만, 특히 초기단계의 사정은 조정을 받아들일 수 있는지 여부와 초기단계 다음에 진입할 단계를 결정하는 데 초점을 둔다.

① 클라이언트 사정(assessment phase)

클라이언트가 과연 조정을 받아들일 수 있는지 여부를 알아보기 위해, 조정자는 다음과 같은 질문을 통해 사정을 실시한다. 사정결과 부정적 응답이 많다면, 현재로서는 조정을 받아들일 수 없는 상태로 판명되어 소송이나 단기치료로 의뢰된다.

- 각 당사자는 분쟁 중인 문제에 대해 명확히 이해하고 있는가?
- 각 당사자는 문제에 대한 세부적인 제안(proposal)을 구체화할 수 있는가?
- 각 당사자는 부부관계의 문제와 부모의 문제를 분리할 수 있는가?
- 자신의 감정을 조절할 수 있는가?
- 서로 적절한 의사소통을 할 수 있는가?
- 자신의 이해관계와 자녀의 최대 이익을 구분할 수 있는가?
- 함께 쟁점에 대한 합의를 할 수 있는가?

4) Irving과 Benjamin(2002: 37~38) 내용을 요약함.

- 한 번에 한 쟁점에 초점을 맞출 수 있는가?
- 과거의 이야기나 부부싸움을 들추어내기보다는, 현재의 상황에 초점을 맞출 수 있는가?
- 가족을 위해 만들고 싶은 미래에 대해 함께 상의할 수 있는가?

② 조정의 진입단계에 대한 결정

사정결과 고도의 갈등 같은 관계적 역기능, 감정조절의 어려움, 자신의 입장을 지나치게 고수하는 등의 어려움이 발견되면 조정을 위한 준비가 되어 있지 않다고 판단하여 조정 전 준비단계(premediation)로, 조정에 대한 준비가 된 경우에는 직접 협상단계(negotiation)로 가도록 한다.

Benjamin과 Irving(1995: 172～173)은 초기단계에서의 사정결과를 토대로 클라이언트의 기능수준에 따라 조정의 진입단계를 결정한 후, 다음의 한 단계로 나아가도록 배정하였다.

표 6-3 초기단계의 사정에 따른 진입단계 결정 기준

	Level 1	Level 2	Level 3
기능 사정 기준	• 격심한 스트레스 • 배우자에 대한 강박적 거부감 • 기대와 계획에 있어 극도의 경직적인 반응 • 통제할 수 없는 갈등 속에 종종 나타나는 강렬한 분노 • 극도로 엉켜있는 가족에서 볼 수 있는 외부체계(조부모)의 지배적 관여	• Level I에 제시된 기능 중, 가정폭력 및 학대, 극심한 인지적 · 정서적 역기능은 나타나지 않음 • Level I에 제시된 내용 중 한 가지 이상 나타남 • 상당히 약한 강도로 나타남	• 부부관계에서 개인으로의 전환이 이루어지거나 시작됨 • 그러나 이혼에 따르는 문제해결 과정에서 한 가지 이상의 실제적 문제를 해결할 수 없음 • 자신의 입장을 명확하고 일관성있게 제시하며, 미래를 위한 계획을 세울 수 있음

	Level 1	Level 2	Level 3
기능 사정 기준	• 현재 그리고 지속적인 가정폭력 및 학대 • 극심한 인지적 · 정서적 역기능		
사정 결과	• 비심판적 태도로 현재 조정 서비스가 도움이 되지 않다는 점을 설명하고, 나중에 원하면 조정 서비스가 제공될 수 있다는 사실을 알려 준다.	• 협상단계에서 요구되는 특성을 발전시킬 수 있는 가능성을 지님 • 이러한 가능성을 현실화하기 위해서는 조정 전 준비단계(premediation)가 필수적임 • 조정 전 준비단계는 사정단계에서 제시된 문제를 해결하며 협상단계를 준비하는 과정이 됨	• 협상단계로 곧장 나아갈 수 있는 준비가 되어 있음 • 직면한 어려움을 상대적으로 빠른 기간 내에 해결할 수 있다는 가능성을 긍정적인 방식으로 전달 • 그러나 외부 장애물이 있을 수 있으며, 이를 해결하기 위해 협상단계를 멈추고 다시 조정 전 준비단계로 돌아갈 수 있다는 사실을 알려줌
진입 단계	개별상담, 부부치료, 소송을 통한 법적 해결	조정 전 준비 (premediation)	협상(negotiation)
해당 %	조정에 참여하는 부부의 약 20%가 해당함	50%가 해당함	30%가 해당함

출처: Benjamin & Irving(1995: 172～173)에 제시된 내용을 요약함.

(2) 제2단계: 조정 전 준비(premediation)[5)]

현재 시점에서 생산적인 협상이 가능하지 않으며 협상의 노력이 실패할 것이라고 판단될 때, 클라이언트가 협상을 준비할 수 있도록 돕기 위해 조정 전 준비단계를 제공한다. 조정 전 준비단계가 치료와 구분되는 점은 훨씬 더

5) TFM의 2단계인 조정 전 준비단계(premediation)에 대한 설명은 Irving & Benjamin(2002: 38～39)에서 요약함.

제한된 목적을 지니고 있다는 점이다. 즉, 영구적인 변화보다는 클라이언트가 생산적으로 협상할 수 있는 능력을 갖추기 위한 필요한 변화에 초점을 둔다. 따라서 이 과정에서 조정자는 전문가, 교육자, 촉진자, 치료자, 옹호자의 역할을 담당한다.

조정 전 준비단계를 제공한 후 이 과정의 성과를 평가한 결과, 다음과 같은 점이 발견된다면 다음 단계인 협상단계로 나아가도록 한다(Irving & Benjamin, 2002: 119~120).

- 자신의 감정의 유형과 강도에 대해 어느 정도 의식적인 통제력을 지니고 있다.
- 조직화되고 논리적인 제안(proposal)을 할 수 있다.
- 명확하고 효과적인 의사소통으로, 한 번에 한 가지씩 구체적인 문제에 대해 언급하고 자신의 입장이나 선호를 분명히 표현한다.
- 배우자에게 반응적이다. 상대방에게 이야기하고 시선을 맞추며 적절하게 이야기하는 순서를 바꾸며, 다른 사람의 생각을 고려하고 상대방이 이야기한 내용을 듣는다.
- 분쟁 중인 쟁점을 조정하려는 의사를 어느 정도 보인다. 타협하려는 의사 및 유연성을 보이며, 적어도 대안과 해결책에 대한 고려를 한다.
- 조정자에게 반응적이다. 발언권 및 이야기하는 순서 등 조정의 관리적 측면뿐 아니라 내용에 대해서도 조정자의 지시 및 제안에 대해 반응적이다.

Irving과 Benjamin(2002: 120)는 자신들의 실천경험을 토대로, 조정 전 준비단계에서 대개 2시간씩 2~3회기를 마치면 80%의 클라이언트는 협상단계로 들어갈 수 있다고 보았다. 나머지 10%는 협상단계로 나아가는 데 보다 오랜 시간이 소요되며, 그 나머지 10%는 조정 전 준비과정이 전혀 효과가 없는 것으로 나타나 장기간의 상담이나 소송으로 의뢰된다.

(3) 제3단계: 협상(negotiation)[6)]

이 단계에서 부부는 얼굴을 마주 대하고 분쟁 중인 쟁점에 대해 협상을 하게 된다. 과거 협상에 실패한 경험이 있다는 점을 감안하여, 협상단계에서는 부부가 서로 다툴 소지가 가장 적은 쟁점부터 먼저 다루도록 하고, 심한 다툼과 갈등이 예상되는 쟁점은 가장 나중에 다루도록 한다. 이러한 쟁점의 배치는 협상과정에서 성공을 경험하도록 하며, 부부 간에 신뢰를 쌓을 수 있는 기회를 주기 위한 것이다. 신뢰는 가장 어려운 쟁점을 다룰 때 필수적이기 때문에 신뢰를 쌓을 수 있는 경험을 부여하는 것이 중요하다.

협상단계 전반에 걸쳐 사정은 계속된다. 분쟁 중인 모든 쟁점을 협상하고, 합의에 도달함으로써 다음 단계인 종결로 나갈 수 있다. 그러나 어떤 부부는 결국 조정을 받아들일 수 없어서 외부기관으로 의뢰되거나, 조정 전 준비단계로 되돌아가기도 한다. 이런 부부들은 부분적 · 총체적 합의에 이를 때까지 조정 전 단계와 협상단계를 반복하게 된다. 합의가 불가능하고 더 이상의 노력이 생산적이지 않을 것이 명백하다고 판단되는 경우에는 외부기관으로 의뢰된다.

표 6-4 협상단계: 실천방법 및 판단지표

방법	• 분쟁 중인 문제의 목록을 제시한다. 조정할 수 있는 틀을 창조한다. 분쟁 중인 쟁점을 열거한다. 아젠다를 수립한다. • 복잡한 쟁점은 세부적인 부분으로 나눈다. • 배후에 있는 숨겨진 아젠다를 파악한다. • 힘의 균형을 통해 동등한 활동의 장을 유지한다. • 관계적 문제와 실제적 문제를 모두 다룬다. • 브레인스토밍을 통해 대안을 창출한다. • 협상한다. • 현실 검증을 통해 대안을 평가한다. • 교착상태(impasse)를 피한다.

6) 협상단계에 대한 설명은 Irving & Beujamin(2002: 39～40)의 내용을 요약함.

<table>
<tr><td rowspan="3">판단
지표</td><td>관계</td><td>• 긍정적 감정의 빈도 및 강도
• 부정적 감정의 빈도 및 강도
• 보다 효과적인 갈등관리 기술
당사자가 아닌 문제에 더 초점
유연성과 개방성 증가
현재와 미래에 대한 초점
차이점에 대한 허용도(tolerance) 증가
• 의사소통기술 향상
의사소통의 명확성 향상
언어적 · 비언어적 의사소통에 대한 민감성과 자기주장 증진
상호관심, 경청, 존중과 공감 증진
듣기의 정확도 증진</td></tr>
<tr><td>실제
내용</td><td>합의: 완전한 합의 vs. 부분적 합의
주어진 상황에서 공정 · 공평한 의사결정
철저한 검토</td></tr>
<tr><td>과정</td><td>클라이언트 만족도</td></tr>
</table>

출처: Irving & Benjamin(2002: 125～126)에 제시된 내용의 일부임.

(4) 제4단계: 종결 및 추후회합[7)]

조정의 종결은 합의가 불가능해서 외부로 의뢰되거나, 부분적인 합의는 이루어졌지만 다른 쟁점은 미해결 상태로 남거나, 논쟁 중인 모든 쟁점이 해결되어서 총체적 합의에 이르게 되는 세 가지 경우로 나타날 수 있다. 부분적 합의나 총체적 합의에 도달한 경우, 종결시 문서화된 합의각서(memorandum of agreement)를 준비하는 데 초점을 둔다. 이 합의각서는 각 당사자의 법적 대리인(변호사)에게 발송되어 최종적으로 승인 · 서명되어 법원기록에 포함된다.

추후회합은 조정이 종결된 지 약 6개월 후에 실시되며, 추후회합은 합의내용이 얼마나 잘 준수되고 있는지 확인하고, 합의내용이 적합한지를 평가하

7) 종결 및 추후회합에 대한 설명은 Irving & Benjamin(2002: 40～41)의 내용을 요약함.

는 것을 목적으로 한다. 아울러, 합의내용에 비공식적인 변화가 있는지, 분쟁 중인 다른 문제에 대한 협상이 필요한지를 확인하고, 필요하다고 여겨질 경우 개입이 이루어진다. 추후회합을 통해 전 배우자들이 합의를 실행에 옮기는 과정에서 발생하는 어려움을 포착해 낼 수 있는 기회를 제공하는 한편, 합의가 지속되고 있음을 지지하고 격려하면서 그들이 이룬 작은 성공을 축하하는 기회를 준다. 심각한 어려움이 발생하는 경우에는 다시 조정과정으로 다시 돌아갈 수 있도록 기회를 제공한다.

추후회합에서 주요 문제가 다 해결되지 못한 채 남아 있다면 조정으로 되돌아 가도록 요청하며, 더 이상 주요문제가 발견되지 않는다면 최종적인 종결을 하게 된다.

표 6-5 추후회합 시 최종적 종결을 위한 판단지표

시기	긍정적 종료(완전한 합의) 이후 3~6개월 경과
최종적 종결을 위한 판단지표	• 합의내용을 잘 준수함 비공식적 변화 낮거나 중간 정도의 배우자 간 갈등 스트레스 관리를 잘함 변화에 잘 적응 높은 긍정적 만족도 부모와 자녀가 잘 적응함 조정자의 축하 preempt: 미래의 문제를 예측하고 잘 처리함
최종적 종결을 위한 금기지표	• 합의사항이 잘 이행되지 않음 높은 갈등 높은 스트레스 자녀와 부모가 잘 적응하지 못함 소송이 시작됨 조정 전 준비단계(premediation)으로 돌아옴 협상단계(negotiation)으로 돌아옴

출처: Irving & Benjamin(2002: 184)

2. 조정의 실천지침 및 기법

1) 가족조정(family mediation)의 규칙

Irving과 Benjamin(2002: 104)은 조정자는 조정과정에 대한 통제력을 지녀야 하는 것이 필수적이며, 이를 위해 조정규칙을 마련해야 한다고 보았다. 조정규칙은 첫 공동회합 때 당사자들에게 공지되어야 하며 조정과정에서 반드시 이 규칙이 지켜져야 하고 때로는 조정자에 의해 강요되기도 한다는 사실을 당사자들에게 주지시킨다.

가족조정의 규칙[8)]

- '나의 고통이 너에게 이득, 자산(assets)이 된다' 라는 정서적 논리를 경계하라.
- 당신의 입장 저변에 깔린 동기를 명백히 하라. 누가 진실로 혜택을 받는가?
- 당신의 우선순위를 명백히 하라. '자녀의 최대 이익' 에 초점을 두라.
- 좋은 의도를 지니고 행동하라.
- 언행에 있어 상호 존중감을 표현하라.
- 냉정함을 유지하며 당신 자신의 감정을 계속 확인하라.
- 'I-statement' (나를 주어로 시작하는 문장)만 사용하며 당신 자신의 생각과 감정에만 충실하라.
- 유연성을 지녀라. 타협할 수 있도록 준비하라.
- 의견은 신중하게 제시하라. 당신의 과제를 충실히 해 오라.
- 거대하고 복잡한 문제는 다루기 쉬운 작은 부분으로 나누라.
- 인내심을 지녀라. 제대로 된 합의에 도달하는 데는 시간이 걸린다.
- 공통의 이해(common interests)를 찾아라.

8) Irving & Benjamin(2002: 105)에 제시된 내용임.

- 현재를 생각하되 미래를 고려하라. 좋은 합의는 오래 지속된다.
- 아무도 미래를 예견할 수는 없다. 변화에 대처할 수 있는 방안을 마련하라.
- 합의에 도달하지 못할 때 치루어야 할 비용(costs)을 고려하라.
- 좋은 합의에 도달하게 되면, 모든 사람이 이기는 것이다.

2) 치료적 가족조정의 틀(frame)[9)]

가족조정의 규칙에서 한걸음 더 나아가 Benjamin과 Irving(2005: 480～483)은 갈등을 유발시키는 부부 간 역동을 명확화하고, 이혼 시 부모역할에 대한 효과적 모델을 제시하고자 이혼부부를 위한 치료적 가족조정의 틀을 제시하였다.

(1) 자녀양육에 대한 부모의 공동책임을 강조한다.

결혼기간 중에 각 부모가 부모로서 어느 정도 관여했건 상관없이, 이혼은 새로운 부모역할선택이 가능하고 필요한 새로운 상황을 창조한다는 점을 명확히 하면서, 자녀양육에 대한 공동부모의 책임을 강조한다(Benjamin & Irving, 2005: 479～480).

(2) 부모 간 공동의 이해를 강조한다.

조정을 시작할 무렵 대다수의 부모는 서로를 비난하거나 대화를 중단한 상태일 가능성이 높다. 이러한 상황에서 평행적인 부모역할(parenting in parallel)을 선택할 가능성이 있는데, 이는 자녀들이 공동부모역할에서 얻을

9) Benjamin & Irving(2005: 480～483)의 내용을 요약함. 본 내용은 이명신 외(2006). "이혼후 자녀양육계획 수립을 위한 중재서비스(실천모델)". 「협의이혼 상담제도와 사회복지적 접근」. 한국가족사회복지학회 제19회 춘계학술대회에서 발표한 내용(pp. 80-82)의 일부임.

수 있는 많은 기회를 상실하게 만드는 극도로 비효과적인 선택이 될 수 있다. 이를 피하기 위해, 조정자는 부모 자신이 무엇을 원하는지에 대한 관점으로부터, 자녀가 무엇을 필요로 하는지에 대한 관점으로 생각을 전환시킬 필요가 있다. 아울러, 지속되는 부모의 갈등은 자녀에게 해를 끼치며 부모 사이에 대화를 재개하는 것이 자녀에게 혜택이 된다는 설득을 통해 부모 간 공동의 이익, 이해를 강조한다(Benjamin & Irving, 2005: 480).

(3) 부모는 가정 내 의사결정책임자이다.

이혼과정에서 부적절한 부모-자녀의 관계가 발생되는 것을 막고 부모와 자녀의 문제를 분리시키는 정상적인 세대 간 경계를 유지하기 위해, 가정을 사업(business)에 비유하면서 부모를 가정 내 의사결정책임자의 위치에 놓는다(Benjamin & Irving, 2005: 480~481).

(4) 부부의 역할과 부모의 역할을 명백히 분리한다.

과거 배우자로서의 역할과 현재 부모로서의 역할 간에 분명한 분리를 유지하는 것이 중요하다. 기업에서처럼 당사자들이 서로 어떤 감정을 지니고 있던 상관하지 않으며, 단지 자녀의 최대 이익을 위한 일을 공동으로 수행할 수 있는 능력만을 중시한다(Benjamin & Irving, 2005: 482). 더 이상 부부관계는 아니지만, 현재 자녀를 양육하는 공동사업에 동참하고 있음을 인식하도록 한다(Garon et al., 2000: 181).

(5) 부모 자신의 이해보다 자녀의 이해를 우선시해야 할 책임을 강조한다.

자녀는 부모의 이혼에 책임이 없으며 이혼에 따르는 부정적 영향에 노출되어 있는 취약한 상태에 놓여 있기 때문에 자녀의 현재 그리고 미래의 삶을 보호・보존해야할 책임이 부모에게 있다. 부모는 설사 자신이 어떤 점을 희생하는 일이 있더라도 부모 자신의 이익보다는 자녀의 이익을 최우선시해야 한다. '자녀 이익 최우선' 이라는 원칙은 부모가 '원하는' 바 보다는, 자녀가 '필요로' 하는 것을 고려하게 함으로써 부모가 자녀양육문제를 놓고 과열된 갈등 속에 교착상태에 빠지는 것을 막을 수 있다(Benjamin & Irving, 2005: 481～482).

(6) 가족경계에 대한 규칙(family boundary rules)을 설정한다.

이혼 시 평소 부부들이 지녔던 가치관의 차이는 자녀양육방법의 정당성과 적절성을 둘러싼 지속되는 갈등 속에서 또한 서로 부모로서의 무능력을 비난하는 가운데 나타난다. 이런 무의미한 논쟁을 막기 위해 조정자는 가족경계규칙(family boundary rule)을 설정한다. 각 부모가 자녀를 위험에 처하게 하지 않는 한, 수용할 수 있는 사회적 규범 내에서 자녀를 기르는 한, 각 부모가 각기 자신이 적합하다고 느끼는 방식으로 자녀를 양육할 자유가 있으며 다른 부모에게 간섭하지 않는다는 규칙을 부여한다(Benjamin & Irving, 2005: 481).

(7) 결혼에 대한 생각, 추억, 감정에 집착하지 않는다.

과거문제에 집착하거나 과거의 배신의 고통을 새롭게 느낄 때, 현재 조정을 통한 문제해결 노력을 위험에 빠뜨릴 수 있다. 이를 막기 위해 조정자는 결혼생활에 관한 생각, 추억, 감정은 점차 희미해지도록 해야 한다. 과거와 다른 방식으로 대응하도록 선택할 수 있고 자신과 자녀를 위해 이렇게 할 수 있고 또한 이렇게 해야 할 책임이 있다는 점을 명확히 한다(Benjamin & Irving, 2005: 482～483).

앞에 제시된 조정의 실천지침과 치료적 조정의 틀을 충실히 따름으로써 이혼 후 자녀를 위해 가장 적절한 양육방식을 선택할 수 있을 뿐 아니라(Irving & Benjamin, 1995: 297), 조정과정에서 갈등을 최소화 또는 제거할 수 있으며 부모로서의 책임과 권위를 명확히하고, 상호의사결정의 토대를 마련할 수 있다.

3) 조정의 실천 기법

이성적 의사결정에 토대를 둔 일반적 조정모델에서는 분쟁당사자들이 합의를 도출할 수 있도록 충분한 정보를 제공하고 자신들의 이해에 가장 적합한 결정을 하도록 돕기 위해 정보수집, 명확화, 요약, 현실검증, 대안의 도출, 거래제안 등 직접적인 조정기법을 사용한다(Benjamin & Irving, 2005: 477). 가족들이 잘 기능하고 있는 경우에는 일반적 조정에서 사용된 직접적 방법을 사용하는 것으로 충분하지만, 가족의 역기능이 증가됨에 따라 이러한 직접적 조정기법만으로는 비효과적이다.

가족의 역기능 수준이 증가됨에 따라 조정과정과 내용에 대한 조정자의 통제(control)도 증가되며, 조정자는 치료적 개입을 위해 일반적 조정에서는 사용되지 않는 다양한 실천기법을 사용한다. 치료적 조정모델에서는 일반적 조정모델에서 사용하는 직접적 조정기법은 물론, 재정의(reframing), 역할실연(role enactment), 은유(metaphor) 사용, 이야기하기(storytelling), 선제기법(preempting), 직면(confrontation) 등 다양한 기법을 사용한다(Benjamin & Irving, 2005: 475~477).

조정의 구체적 실천기법은 조정자가 채택하는 조정모델에 따라 차이가 있을 것이다. 조정자가 토대를 두고 있는 조정모델, 당사자 간의 역동 및 해결하고자 하는 분쟁의 특성(문제) 따라 필요한 조정기술과 활동을 선택할 수 있도록 Barsky(2000: 149~157)는 포괄적인 조정기술 및 실천활동의 목록을 제시하였다. Barsky(2000: 149)는 조정기법을 한 번에 한 단계씩 순서대로 연마해 나가는 것이 용이할 것이라는 점에서, 조정기술 및 활동의 목록을 순차적으로 제시하였다. 그러나 사실상 숙련된 조정자는 이처럼 순서대로 조정의 단계를 따라 조정기법을 사용하지 않으며 조정의 다양한 구성요소와 친근해지면 종종 여러 단계 사이를 오가며 조정기법을 사용할 것이다.

Barsky가 제시한 구체적인 실천기법 목록은 〈부록 1〉에 제시하였다(Barsky, 2000: 149~157).

CHAPTER 07

이혼조정의 실제 사례

1. 일반적 이혼조정의 사례

다음은 Stevenson(2000: 43～51)이 이혼하려는 부부에게 제공한 일반적 조정 서비스의 사례이다. 자녀양육에 대한 합의에 초점을 둔 사례를 통해 영국의 전국가족조정(NFM)서비스에서 사용하는 전형적인 조정실천모델을 제시하고 조정의 과정을 보여주고자 한다. 재정적 문제와 자녀문제를 모두 포괄하는 AIM 조정도 이와 기본적으로 동일한 틀을 따른다. 조정의 과정은 초기면접(intake), 개별회합, 공동회합으로 이루어져 있다.

사례 사라(Sarah)와 짐(Jim)의 이야기

1) 초기면접(Intake)

사라는 전화로 남편이 지금 막 자신을 떠났으며 다른 여자와 살림을 차리

려고 집을 나갔다고 설명하였다. 두 딸인 셜리(10살)와 로렌(8살)은 극도로 당황하고 혼란스러워하고 있다. 아버지가 엄마 사라를 위협하는 그 장면을 목격한 후 셜리는 아버지를 만나려 들지 않는다. 로렌은 이런 소동이 있은 후 아버지와 한번 외출했는데 아주 좋지 않은 경험을 했다고 한다.

초기면접자(intake worker)는 조정자가 조언을 하거나 편을 들지 않지만 부모들이 모든 각도에서 상황을 논의하고 앞으로의 가능한 방안을 찾도록 도울 것이라는 점을 강조하면서 조정원칙과 과정에 대해 설명했다. 또한 초기면접자는 조정과정에서 비밀보장과 자발성을 중시한다는 점을 설명하였고, 조정에 따르는 비용지불체계에 대해 알려주었다. 초기면접자는 사라에게 조정자와 문제점에 대해 이야기할 수 있는 기회를 가질 수 있다고 설명하였고, 조정자와의 개별회합을 위한 시간을 정했다.

2) 개별회합(Individual meeting)

사라는 조정자에게 자신의 상황 배경에 대해 설명했다. 남편이 현재 만나고 있는 다른 여자(린다)는 사라도 아는 사람으로 직장의 파티에서 만났고 심지어 집에도 초대했었다. 남편(짐)은 외도를 부인하고 갑자기 떠났으며, 사라는 이로 인해 충격을 받았고 분노했다. 딸들도 몹시 마음의 상처를 받았다. 처음엔 딸들이 아버지와 만나는 것에 찬성했으나 린다와 함께 만난 후에는 점점 꺼리고 있다. 이제 두 딸은 아버지를 만나는 것을 거부하고 있다.

조정자는 사라가 짐과 논의할 주요문제를 파악하도록 도왔다. 즉, 부부관계를 청산하고 어떻게 자녀를 돌보고 지지할 것인가? 딸들에 대한 짐의 면접권 그리고 새 배우자와의 관계 등에 대해 논의해야 할 것이다.

사라의 목적은 지난 번처럼 당황스런 일을 당하지 않도록 자녀를 위한 계획을 세우고, 이에 대한 합의를 도출하는 것이다. 조정자는 조정과정에서 사라가 자신의 관점을 말하는 것을 안전하게 느끼는지 확인하였는데, 사라는 짐이 위협적인 행동을 하는 것이 그의 성격에서 비롯되기 때문에 다소 어려울 것이라고 보았다.

조정자는 짐에게 연락을 취하여 조정 서비스에 응할 것인지 짐의 의사를 타진한 후 공동회합이 이루어질 것인지 여부를 사라에게 차후에 알려주겠다고 했다. 이후 짐은 편지를 받았다고 전화를 하였고 만날 약속을 하였다. 초기면접자는 사라에게와 마찬가지로 조정과정에 대해서 설명하였고 편리한 시간과 일자를 정하였다.

짐은 약속한 시간에 나왔고, 자신의 관점에서 그들이 처한 상황에 대해 설명했다. 짐은 사라를 떠날 계획은 아니었으며 사실 그는 매우 죄책감을 느끼고 있다고 했다. 문제는 그의 결혼생활이 실제로 매우 불행했다는 점이다. 이러한 상황에서 린다와의 관계는 시간이 지남에 따라 발전되었고 사라에게는 이를 터놓고 말할 수 없었다. 짐은 한 번도 자신의 불행에 대해 아내에게 말한 적이 없다. 가족을 떠나는 것이 그에겐 너무나 고통스러웠다. 딸들은 아내의 편만 들었다. 짐은 아내가 딸들이 그를 만나는 것에 대해 죄책감을 갖게 하여, 자신과 딸들이 만나는 것을 방해하고 있다고 느꼈다. 린다와 함께 외출했던 몇 번 동안 좋은 시간을 가졌고 딸들은 린다와 그녀의 아이들과 함께 지내는 시간을 즐기는 것처럼 보였다. 짐은 딸들이 자신과 지속적인 관계를 가질 수 있도록 자녀양육계획을 세우기를 원한다고 말했다.

짐의 문제는 다음과 같이 요약된다. 결혼생활 청산과 면접권 문제, 즉 그의 목적은 어떻게 하면 자녀들과 지속적인 관계를 가질 수 있을지 알아내는 것이다. 짐은 공동회합에 오는 것에 동의했다. 당사자 모두에게 적절한 시간을 파악하여 조정자가 공동회합 일정을 연락하기로 했다.

3) 공동회합(Joint meeting)

공동회합 동안 긴장된 분위기가 지속되었다. 조정자는 조정의 원칙과 과정을 설명했고 기본 규칙에 대한 합의를 확인했다(과정소개). 짐과 사라에게 각기 자신이 논의하기를 원하는 문제를 요약하도록 요청하였다(문제요약을 요청). 사라는 짐의 갑작스런 가출로 가족이 받은 충격, 딸들이 받은 스트레스, 린다와의 외출에서 야기된 문제에 대해 다시 이야기했다. 사라는 딸들이 아버지를 만나도록 어떻게 설득해야 할지 모르겠다고 말했다. 짐은 딸들과의 면접문제에 대해 주로 이야기했고 그가 딸들을 만나는 것을 사라가 방해하는 것에 대해 자신이 어떻게 느끼는지에 대해 이야기했다. 짐은 갑자기 집을 떠남으로써 가족에게 상처를 주었다는 점을 인정했지만 본질적인 문제는 어른들 사이의 문제이며 자녀들은 이런 문제에 관여되지 않아야 된다고 느끼고 있다.

조정자는 회합이 진행됨에 따라 각 문제점을 확인하고 플립차트(flip chart)에 목록을 적으면서 공동회합을 위해 부부관계의 종결, 이혼과정에서 자녀를 어떻게 도울 것인지, 언제 어디서 딸들과의 면접이 이루어질 것인지 등의 아젠다를 요약했다(문제를 명확화하고 아젠다 작성).

조정자는 이 사례에서 부부관계의 종결을 하나의 항목으로 선택했다. 왜냐하면 이 점이 현재 상황에 긴 그림자를 던지고 있음이 분명하기 때문이었다. 공동회합의 목적은 부모들을 상담하는 것이 아니라, 부모들이 자신과 자녀의 욕구를 충분히 분리시킬 수 있도록 상황을 인식하고 서로에게 질문을 할 수 있는 기회를 주는 것이다. 사라는 짐이 린다와의 관계를 자신에게 미리 알려주지 않은 이유를 물었다. 짐은 자신의 잘못은 인정하지만 사라에게 상처주기가 미안했다고 말했다. 조정자는 당사자들에게 결혼생활이 끝났다고 생각하는지에 대해 질문하였다. 사라는 이것은 자신의 선택이 아니지만 지금은 이를 받아들이며, 짐이 언급하는 문제에 대해 대화할 수 있지만 지금은 그가 돌아오기를 원한다고 해도 너무 늦었다고 말했다. 사라는 그동안 너무 많은 일이 일어났고, 그래서 이제는 각자의 삶을 살도록 노력하는 것이 모두를 위해 더 좋을 것이라고 생각하고 있었다. 조정자는 각자 어떤 공식적 단계에 대해 생각하고 있는지 질문하였다. 사라는 법적인 문제에 대한 조언을 구하기 위해 단기적으로 변호사에게 자문을 구할 계획을 지니고 있었다. 짐은 이혼을 성급하게 할 생각은 아니지만, 사라가 이혼을 결정한다면 이를 받아들일 생각이다.

짐과 사라는 자녀에 대해 이야기를 하면서 얼마간 시간을 보냈다. 사라는 딸들이 부모의 이혼에 대해 보이는 반응에 대해 이야기했다. 셜리는 아버지에게 매우 화가 나 있으며 린다를 증오하고 있다. 사라는 셜리가 아버지를 사랑하는 것을 알지만, 딸아이의 분노를 어떻게 누그러뜨려야 할지 모르겠다고 했다. 로렌은 좀 더 태평한 편이지만 지난 번 아버지와 만났을 때 일어난 끔찍한 소동 때문에 혼돈스러워하고 있다. 지금 로렌은 아버지를 만나지 않겠다고 말하고 있다. 짐은 두 딸 모두 자신과 시간 보내는 것을 즐거워하는 듯이 보였기 때문에 이제 와서 왜 자신을 거절하는지 이해하기 어렵다고 말했다.

조정자는 양 부모에게 이 시점에서 자녀를 어떻게 도울 것인지에 대해 질문했다. 사라는 부모들이 논쟁하는 것을 자녀가 보지 못하도록 해야 한다고 말했으며, 짐은 이에 동의했다. 조정자들은 부모들에게 이를 위해 무엇이 필요한지에 대해 질문했다. 짐은 자녀와 관련 없는 문제를 제기하는 않는 것이 도움이 될 것이며, 두 사람 모두 아이들 앞에서 서로 예의를 갖추도록 노력해야 한다고 생각했다.

조정자는 자녀에게 부모의 별거에 대해 이야기해 줄 것을 요청했다. 짐은 사라가 부모의 별거를 그의 잘못 때문이라고 했을 것이라고 말했다. 조정자는 사라가 무엇이라고 말해주길 원하는지 짐에게 물었다. 짐은 좀 더 일반적인 설명이 도움이 될 것이라고 생각했다. 예를 들어, "엄마와 아빠는 더 이상 함께 살 수 없다. 우리 모두에게 슬픈 일이지만, 이는 때때로 일어나는 일 중의 하나일 뿐이다." 양 부모는 자녀에게 상대방에 대해 부정적인 말을 해서는 안 되며, 부모가 더 이상 서로 사랑하지 않지만 자녀에 대한 사랑은 결코 멈추지 않는다는 점을 확실하게 해줄 필요가 있음에 동의했다.

그 다음 부모들은 면접권에 대해 이야기했다. 사라는 자녀들이 린다를 만나지 않는다면 더 좋을 것이라고 생각했다. 짐은 그의 집이나 자신의 부모 집에서 자녀를 만나는 데 동의했다. 조정자는 아버지와 자녀들이 만나는 일을 다시 시작한 것에 대해 각자 어떤 의견을 가지고 있는지 물었다. 짐은 사라가 딸들에게 그와 만나도록 격려해 준다면 아무런 문제도 없을 것이라고 생각하지만, 사라는 그럴 의사가 없다고 답하였다. 조정자는 사라에게 이제 짐이 어떻게 하면 좋을지 질문했다. 사라는 짐이 특별한 여행을 계획하는 등 자녀들을 토요일에 데리고 나갈 수 있을 것이라고 제안했다. 짐은 이러한 제안을 실행에 옮길 의사가 있다고 하였다. 조정자는 짐에게 자녀들과 외출하는 것에 대해 사라가 자녀들에게 뭐라고 이야기해 주면 좋을지 질문했다. 짐은 자신과 딸들 세 명만 같이 나갈 것이며, 언제 돌아올 것인지, 이러한 만남이 어머니인 사라의 동의하에 이루어지는 것임을 사라가 자녀들에게 말해주기를 원했다(문제탐색 및 대안도출).

조정자는 언제 자녀들과 외출할 계획인지에 대해 물었다. 사라는 짐이 좋다면 이번 주 토요일에 외출할 것을 제안했으며, 짐은 10시에 딸들을 데리러 오고 6시에 돌려보내도 되는지 물었다. 이에 사라는 자녀들을 5시에 돌려보낼 것을 제안했고, 짐은 동의했다. 조정자는 이러한 계획과 협의내용을 요약하여 양 부모에게 편지를 보낼 것을 제안했다. 양 부모는 이것이 도움이 될 것이라고 생각했다(합의서 작성).

조정자는 합의내용을 검토하기 위해 추후회합(follow-up)을 제안했다. 짐과 사라는 다음 몇 주 동안 합의내용을 시도해 보고 그 다음 단계에 대해 이야기하기 위해 다시 조정 서비스를 받는 것이 도움이 될 것이라고 생각했다. 다음 면담은 4주 후에 하기로 하였다.

추후회합에서 부모들은 이 계획이 성공적으로 실행되었음을 보고하였다. 그들은 몇 가지 작은 문제점을 제시하였다. 양 부모는 아버지의 집에서 밤을 보내는 것(overnight stay)에 대해 3개월 이내에 다시 검토해 볼 것에 동의했다(종결과 추후회합).

이 사례는 가족발달에 있어 아주 중요한 시기에 공동부모역할(co-parenting)을 지지하는 데 있어 조정의 유용성을 보여준다. 이혼이라는 상황 속에서 겪게 되는 격렬한 감정 때문에, 짐과 사라는 부모역할과 관련된 문제에 대해 효과적으로 의사소통할 수 있는 능력이 손상되었다. 결과적으로 자녀들은 림보(limbo)상태에 놓여 있었다. 아버지를 사랑하면서도 분노하고 또한 그리워하면서 한편으론 엄마에 대해 불안해하고 부모 사이의 갈등을 두려워하고 있었다. 그러나 부모 모두 자녀를 사랑하고, 자녀가 양 부모를 모두 필요로 한다는 점을 인식하고 있다. 어머니와 아버지 모두 이혼과 관련된 문제점에 대해 논의하고 효과적으로 계획을 세우기 위해 비편파적인 제3자를 이용할 수 있는 용기를 지니고 있었다.

4) 자녀들과의 회합

조정과정 동안 자녀와 직접 상담하는 일이 드물기는 하지만, 간혹 조정자는 자녀와 직접 상담하기도 한다. 자녀와의 만남은 부모의 동의를 얻은 후 부모가 없는 곳에서 이루어진다. 자유로운 분위기 속에서 자녀들에게 현 상황에 대한 그들의 관점을 물어본다. 자녀와의 회합은 때때로 도움이 되는 데,

자녀들은 객관적인 제3자에게 자신들의 생각을 표현할 수 있을 뿐 아니라, 부모의 이혼상황에서 그들이 지니는 감정이 정상적인 것이라는 점을 확인할 수 있기 때문이다. 자녀들은 부모가 가족 모두에게 가장 좋은 계획을 결정하기 위해 함께 노력하고 있다는 사실에 안도감을 느끼며, 조정자에게 직접 자신의 관점을 제공할 수 있는 것을 긍정적으로 생각한다.

조정자는 모든 이혼관련 사항에 대한 조정(AIM)을 선택하는 부모들에게 조정과정 중 그리고 조정이 끝날 때 자문을 구하기 위해 각자 변호사와 연락을 취할 것을 권한다. 조정자는 재정진술서(financial statement)와 자녀양육에 대한 이해각서(memorandum of understanding)를 준비하고, 이를 최종적인 이혼합의서로 결정하기 전에 확인하기 위해 양 당사자의 변호사에게 보낸다.

2. 치료적 가족조정의 사례

다음은 Irving과 Benjamin(2002: 188~205)이 존과 마리아 스미스 가족에게 제공한 치료적 가족조정(TFM)의 사례이다. 스미스 가족의 사례는 총 13회기로 이루어져 있다. 초기면접 및 사정단계에서 각 배우자와 1번씩 개별회합을 가졌고, 조정 전 단계에서는 6회기(존과 3회기, 마리아와 2회기, 1번의 공동회합), 협상단계에서 4회기, 검토를 위해 1회기를 가졌다.

1) 배경

스미스 가족은 부부치료로부터 조정 서비스로 의뢰되었다. 조정자와 치료자의 전화 통화를 통해 클라이언트 가족의 배경에 대한 다음의 설명이 제공되었다.

스미스 가족은 남편 존(34세), 아내 마리아(31세)와 두 딸 로즈(10세)와 매기(6세)로 구성되어 있다. 이 부부는 존은 개신교, 마리아는 가톨릭으로 각기 다른 종교를 가지고 있다. 처음 별거를 시작했던 8개월 전 스미스 가족은 남들이 상당히 부러워할 만한 재정 상태에 있었다. 존은 대규모 컴퓨터 회사의 소프트웨어 개발자이며, 마리아는 병원의 사회사업가로 10년 이상 일을 했다. 빚은 없고 집을 소유하고 있으며, 매 3년마다 새로운 차를 살 수 있을 정도로 여유가 있었다.

존과 마리아는 고등학교 시절 만났고 각자에게 첫 사랑이었다. 만난 지 1년 후 친밀한 관계가 되었고 마리아는 로즈를 임신하였다. 마리아의 부모는 딸이 임신하였으므로 결혼해야 마땅하다고 주장하였다. 결혼식 자체는 아주 멋졌지만 마리아의 환상은 곧 깨졌다. 남자 친구로서의 존은 재미있고 다정하고 세심한 사람이었지만, 남편으로서는 과묵하고 성마른 성격에 쌀쌀맞은 편이었다. 두 사람 사이의 친밀함은 어느덧 멀어졌다. 존은 일에 열중했으며 오랜 기간 출장을 가기도 했다. 일하지 않을 때, 존은 친구들과 밖으로 나돌았으며 외로움과 소홀함에 대해 늘어가는 마리아의 불평에 귀를 막았다. 이러한 상황에서 작은 딸 매기가 태어났지만 마침내 마리아는 존에게서 등을 돌렸으며, 자녀와 그녀의 부모 형제에게만 마음을 쏟았다. 존은 자녀와의 관계에서 점차 주변적으로 되어갔다. 마리아는 가족모임에서 만난 이탈리아 남자인 토니와 가까워졌고, 마침내 남편 존에게 헤어지자는 말과 함께 집을 나가줄 것을 요구하게 되었다.

마리아의 폭탄선언으로 말미암아 존은 위기에 놓이게 되었다. 존은 마리아에게 다시 한 번 기회를 달라고 청했고, 이러한 결정이 자녀에게 어떤 영향을 미칠지 생각해 볼 것을 요청했다. 한편, 존은 이 모든 것이 마리아의 부모의 간섭 때문에 일어난 것이라고 주장했다. 아내의 태도가 누그러지지 않을 때마다 존은 공격적으로 돌변하여 아내를 이기적이고 무책임하다고 비난하며, 심지어 그녀의 정신상태가 올바른지 의문을 갖기도 했다. 그녀의 애인을 위협하거나 자녀들을 데려가겠고도 하였다. 그러나 이 모든 것은 아무 소용이 없었고 마리아는 이젠 그들 부부 사이가 다 끝났다고 완강히 고집하였다.

단기간 동안 부부치료를 받았지만 그것도 별 소용이 없는 것으로 나타났다. 결혼상담의 두 번째 회기가 끝날 무렵, 재결합의 희망이 전혀 없으며 가족조정으로 의뢰하는 것이 가장 좋은 대안인 것으로 드러났다. 최근 존의 변호사는 자녀양육계획이 없는 상태에서 집을 나가는 것은 법원에서 자녀를 유기한 것으로 간주할 수 있기 때문에 그대로 집에 남아있는 것이 좋겠다고 조언을 하였다. 존은 지하층으로 이사하였는데, 이는 마리아와의 관계를 어떻게 해서라도 되살리고자 하는 희망에서였다.

2) 치료적 가족조정의 사례

조정자는 전화로 존과 마리아와 초기면접을 하게 되었으며 분쟁 중인 쟁점을 보다 잘 이해할 수 있기 위해 개별회합을 가질 것을 제안하였다. 두 사람 모두 이에 동의했다. 존은 현재 자신이 직면하고 있는 어려움을 극복하기 위해 지지가 필요하다고 보았으며, 마리아는 개별회합이 존으로 하여금 상황을 보다 현실적으로 볼 수 있도록 도울 수 있기를 희망했다. 그러나 마리아는 그녀 자신은 아무런 지지도 필요없다고 보았으며 개별회합을 갖는 것을 참을 수 없어 했다.

(1) 초기면접(intake) 및 사정

사정단계는 각 배우자와 2시간 초기면접을 하는 것으로 이루어졌고, 그 결과 부부의 결혼사 외에 부부와 확대가족 간의 관계패턴을 알 수 있었다.

처음부터 이 부부는 상호작용의 범위가 극도로 제한적인 것으로 나타났다. 그들은 갈등을 회피를 통해 해결하고자 하였으며, 간혹 갈등이 표출되더라도 극히 짧은 시간 동안 무언으로 대처하는 것이 특징적이었다.

의사소통양식 및 기술에 있어 현저한 차이점이 발견되었다. 존은 자신의 생각을 정리하고 말로 분명히 표현하는 데 어려움을 지니고 있었다. 그는 의사표현이 늘 분명하지는 않았다. 존은 말보다는 행동으로 자신의 생각을 표현하는 것을 편안히 느끼는 것 같았다. 반면, 마리아는 언어표현에 아주 능했다. 말이 많음에도 불구하고, 그녀의 언어표현은 명확하고 잘 조직화되었으며 어떤 때는 강력하고 극적이기도 했다. 결혼기간 동안 마리아는 존의 능숙하지 못한 말솜씨를 참기 어려워했으며 극도로 좌절하였다. 그들의 상호작용은 대부분 비효과적이었다. 존과 마리아는 열심히 일하고 자산을 축적한다는 똑같은 노동윤리(work ethic)를 공유하고 있었으며 자녀 복리의 중요성에 대해서도 그들의 가치관은 일치하였다.

그러나 어릴 적 양육된 경험에 있어서 극명한 차이를 보였다. 존은 서로 말을 많이 나누지 않는 부모 밑에서 자란 외아들이었고, 자녀양육은 전적으로 어머니의 역할로 여겨지는 가정에서 자랐다. 존은 아버지와 많이 접하지 못했으며 혼자 시간을 보내거나 놀았고 친구가 많지 않았다. 이와 대조적으로, 마리아는 사교적이고 아주 북적대는 대가족에서 자라났다. 마리아는 가깝게 지내는 사람이 많았고 사람들과 잘 어울리는 기술을 일찍이 터득하였다. 게다가 그녀는 많은 형제 중 중간으로 어린 동생들을 돌보며 자랐다. 두 사람은 독특한 특성을 지니고 있으며 이러한 점이 서로를 완전히 이해하는 것을 어렵게 만들었다. 마리아는 존이 자녀들과 잘 융화되지 못하는 것을 특히 이해할 수 없었고, 존은 속으로 은근히 마리아가 사람들과 쉽게 잘 지내는 것을 부러워했다.

존은 결혼이 끝을 향해 치닫는 것에 대처하지 못하고 있는 것으로 보였고,

마리아는 존보다는 이혼에 대한 준비가 많이 되어 있는 것으로 보였다. 적어도 존에게 헤어지자는 말을 하기 6개월 전부터 마리아는 무엇인가를 준비해 온 것으로 보인다. 마리아는 여러 번 이혼에 대한 힌트를 주었으나 존은 마리아가 하려는 말을 듣고 싶어하지 않았다. 그래서 마리아의 극적인 이혼선언은 존에게 청천벽력 같은 이야기였다.

이러한 차이점은 두 가지 결론을 가능하게 한다.

첫째, 두 사람이 동등한 입장에서 협상을 시작하기 위해서는 마리아보다 존이 많은 변화를 겪어야 할 것이다. 존은 아직 마음에 남아 있는 애착을 포기해야 할 필요가 있으며 마리아는 자신의 분노를 놓아버려야 할 필요가 있다. 분노는 마리아로 하여금 완강한 태도를 취하게 하고 자녀의 최대 이익을 충분히 고려하는 것을 막고 있다.

둘째, 사회적 관계에 있어 존이 마리아에게 의존하고 있는 정도가 문제로 대두되었다. 마리아와의 이혼은 존을 혼자 집에 덩그러니 남게 하고 고독과 소외의 감정을 느끼게 할 것이다.

각기 다른 이유 때문이지만, 두 사람은 정체성의 문제를 가지고 있는 것으로 나타났다. 존은 마리아가 이별을 선언하기 몇 달 전부터 마리아와의 관계가 끝났다고 느꼈으며, 그들은 1년 이상 성관계를 맺지도 않았고 사소한 일 외에는 거의 이야기를 나눈 적이 없어 서로 가깝다고 느끼지 못하고 있다. 존은 자신을 계속 마리아의 남편이라고 생각하는 것이 명백히 부적절하다고 생각하지만, 그것이 존이 알고 있는 자신의 정체성의 전부였다. 마리아의 남편이라는 정체성 없이 존은 자기자신이 누구인지 명확하지 않았고 이러한 비현실성을 끝까지 놓아 버리지 못하고 있었다. 존이 분명한 제안을 제시하기 위해서는 이 점이 변화되어야 할 필요가 있다.

마리아의 정체성은 전환하고 있는 중이었다. 그녀 자신이 더 이상 존의 아내가 아니라는 점은 명백히 했지만, 토니와의 관계는 자신에게나, 부모, 교회 및 이웃에게 불분명하게 비춰졌다. 변하지 않은 것은 마리아 자신이 사랑하는 자녀들의 어머니라는 점이다. 조정을 통해 앞으로 더 나아가기 위해서는 마리아는 전자를 명확히 하고 후자를 더 부각시켜야 할 필요가 있다.

마리아의 부모, 특히 어머니의 관여가 이 사례에서 중요한 작용을 하는 것으로 보인다. 딸 마리아에 대한 어머니의 과도한 관여는 협상의 장애물이 되고 있으며 따라서 개입의 필요성을 제기한다는 점을 살펴 봐야 할 것이다. 이런 점에 대해 같이 논하면서, 조정자는 부모역할 분담, 상호문제해결, 부모역할의 장기적 관점의 중요성을 강조하면서 조정의 틀(meditable frame)을 소개했다.

사정단계에서 발견된 점을 토대로, 조정 전 준비단계(premediation)에서 성취해야 할 목적은 다음과 같이 요약된다.

- 존이 마리아와 자녀들과의 관계를 재구조화하도록 돕는다. 즉, 임박한 이혼의 현실을 받아들이고, 자녀들과 긍정적이고 보다 많이 관여하는 관계를 유지할 수 있도록 돕는다.
- 마리아에게는 계속하여 존이 자녀의 아버지임을 인정하면서, 자녀의 최대 이익을 위해 미래에 대한 계획을 세우도록 격려한다.
- 상호문제해결에 효과적으로 참여할 수 있도록 현재로서는 서로 다른 수준에 있는 의사소통기술을 조정한다.
- 조정의 틀 안에서 자녀에 대한 사랑과, 자녀의 복리를 보호하고자 하는 그들의 이해를 쌓아가도록 한다.
- 협상의 노력이 생산적일 수 있도록 적대감을 줄이고 상호신뢰의 정도를 증진시킨다.

(2) 조정 전 준비단계(premediation)

이혼에 대해 준비가 된 정도가 존과 마리아 사이에 차이가 있다는 점을 감안하여, 조정 전 준비단계에서 존과 3회기, 마리아와 2회기, 한 번의 공동회합을 가졌다.

① John과의 개별회합

첫 번째 회기

첫 번째 회기에서 두 가지 목표를 세웠다. 첫째, 존이 자신을 마리아와 분리된 개인이라는 점을 명확히 인식하고, 마리아에 대한 존의 지속적인 애착을 감소시킴으로써 이혼에 대한 그의 반응을 정상화한다. 둘째, 조정의 틀(meditable frame)을 강조하면서 조정자와 존 사이에 신뢰의 관계를 수립한다.

이를 위해, 존에게 가족의 상실에 대해 이야기하고 자녀와 과거에 맺어온 관계 및 앞으로 자녀와 갖기를 원하는 관계를 탐색하도록 요청함으로써 이야기적 접근(narrative approach)으로 시작하였다. 특히, 자녀가 어떻게 생겼고 학교에서는 어떻게 생활하고 있는지, 자녀에 대해 자신이 어떻게 느끼는지를 묘사하게 함으로써 자녀를 상징적 형태로 회기에 데려오도록 요청했다.

초기에 존은 자녀에 대해서는 말하지 않았으며, 대신 마리아에 대한 전적인 몰두와 집착을 드러냈다. 존은 마리아가 결혼서약을 깨뜨리고 자신을 배신한 일을 특히 강조하면서 마리아의 부정적 특성 및 행동을 길게 열거하였다. 존은 자신의 좌절감, 불안, 분노, 특히 자신이 느끼는 무기력감과 무능력감에 대해 주저하면서 이야기하였다. 이러한 부정적인 관점을 긍정적인 해석의 틀로 변화시키기 위해, 이혼이라는 상황에서 그의 반응은 극히 정상적이지만 동시에 마리아와의 관계에만 너무 초점을 두고 있다는 점을 명확히 했다.

해결지향적 관점으로 변화시키면서, 예외질문(exception question)을 통해 존이 무기력하거나 무능력하다고 느끼지 않으면서 자녀를 대한 경우가 있는지 물어 보았다. 존은 그런 적이 있었다고 하면서, 자녀를 보호하고 돌보고 사랑과 관심을 주는 좋은 아버지가 되기를 많이 원했다는 점을 확인하였다.

조정자는 '좋은 아버지 되기' 라는 주제를 더 다루기 위해 존에게 자녀들과 지금처럼 함께 살지 못하더라도 계속해서 좋은 아버지가 될 수 있는 방안을 제안하도록 요청했다. 좋은 의도를 재확인했음에도 불구하고 존은 세부적인 사항에 대해 깊이 있는 의견을 제시하지 못했다. 존은 이런 문제를 구체적으로 생각해 본 적이 없음이 분명했다. 이러한 점은 마리아의 인생에 나타난 새로운 남자 토니때문에 그가 밀려날 가능성을 포함하여 염려와 관심의 근원이 될 것으로 보인다. 다시 조정자는 존의 관심사가 그와 비슷한 상황에 있는 남자들에게 있어 '자연스러운' 것이라는 점을 인정하면서, 그의 관심사를 '좋은 아버지' 가 되려는 증거로 재정의했다. 그리고 나서 조정자는 존이 원하는 좋은 아버지가 되기 위해 그가 할 수 있는 일이 무엇인지에 대해 구체적인 질문을 사용하면서 조정의 틀을 재차 소개하였다.

자녀들이 양 부모와 시간을 보낼 수 있도록 하기 위해 존과 마리아는 무엇을 해야만 하는가, 그리고 자녀의 최대 이익을 가장 중시하면서 자녀양육에 대한 의사결정을 어떻게 할 것인지 질문하자, 예상대로 존은 어떤 질문에도 구체적인 답변을 제시하지 못했다. 그러나 한 가지 분명한 점은 존은 아이들 없이 사는 것을 생각할 수 없다는 것이다.

이것은 두 가지로 재정의되었다. 첫째, 존 자신의 필요는 자녀들의 필요만큼 중요하지 않다. 둘째, 존이 간과하고 있는 이혼의 긍정적 측면이 있다. 혼자서 아이들과 보낼 수 있는 에너지와 시간이 있다는 것이다. 새로운 관점에서 좋은 아버지가 되고 싶다는 그의 갈망은 마리아가 좋은 어머니가 되는 것을 도울수록 실현이 더 가까워질 것이다. 처음으로 그는 부부의 역할과 부모의 역할을 분리하는 것이 가능하고 바람직하다는 것을 인정하기 시작했다. 이제는 두 과정이 서로 보완적인 것으로 보였다. 즉, 마리아와 부부관계가 끝났다는 사실을 수용할수록, 함께 좋은 부모가 되는 것이 더 쉬워진다는 사실이다. 지금으로서는 자녀와의 관계가 더 중요하고, 마리아와 협동적인 부모역할 관계형성이 주요한 목적이 되었다.

첫 회기가 끝나감에 따라 조정자는 조정의 틀 즉, 마리아와의 재결합에 시간을 덜 할애하고, 대신 좋은 부모가 되는 데 더 많은 시간을 쏟도록 우선순위를 변경하는 것이 중요하다는 점을 재차 확인하였다. 존은 덜 불안하게 느끼는 것 같아 보였고, 조정자와 시선을 맞추면서 더욱 이야기를 많이 하게 되었다.

두 번째 회기

두 번째 회기도 비슷한 상황이었다. 존은 앞으로 자신이 자녀들에게 관여하는 것에 대해서는 보다 명확해졌지만, 마리아의 부정과 거부로 인한 상처(trauma)에 계속 사로잡혔다. 조정자의 주요 전략은 아버지로서 존의 역할을 확대하면서 이런 상처를 줄이는 것이다. 이러한 상처는 변화될 수 없는, 이제는 멀어지고 있는 과거로 재차 재정의되었다. 이미 과거에 속하는 마리아에 대한 부정적 감정에 사로잡힐수록, 미래에 좋은 아버지가 되려는 소망을 성취하는 것이 멀어진다는 사실을 강조하였다. 자녀들을 만족시킬 수 있는 미래로 나아가기 위해 현재 무엇을 해야 하는지에 대한 답이 다음 회기를 위한 숙제로 남겨졌다. 조정자와 존은 함께 이러한 구체적 계획을 세우기로 하였다.

세 번째 회기

존에게 명백한 변화가 나타났다. 존은 자신이 할 수 있는 일은 그의 선택에 대해 보다 더 통제력을 갖는 것이라는 뼈아픈 사실을 점차 인식하기에 이르렸다. 과거를 위해 할 수 있는 일은 없으며 마음 속에서 이를 계속 곱씹어서 얻어질 것이 없었다. 대신 자녀들이 그를 필요로 한다는 사실은 이런 감정을 점차 사라지게 하고 현재 상황에서 생산적으로 대처할 수 있는 방안을 발견하도록 하였다.

존은 세 번째 회기의 대부분을 매일의 일상에서 두 자녀를 돌보는 일에 어떻게 관여할 것인지를 구체적으로 생각하는 데 중점을 두었다(새로운 집으로 이사갈 것인지, 자녀를 얼마나 자주, 얼마동안 만날 것인지 등).

긍정적인 분위기 속에 회기를 마치게 되었고 조정자는 존이 얼마나 열심히 노력하였으며, 딸들이 존처럼 관심을 쏟는 아버지를 두게 되어 얼마나 행운인지를 강조하면서 존을 지지하였다. 이 시점에서 존이 자신의 분노와 마리아와의 부부문제에 몰두하는 태도는 거의 사라졌다. 존의 관심은 과거로부터 현재와 미래로 향하게 되었다. 감정의 강도도 줄어들었고 존은 협상단계에서 가장 먼저 다루어져야 할 자녀양육계획에 대해 보다 이성적이며 구체적으로 생각할 수 있게 되었다.

② 마리아와의 개별회합(2회기)

존처럼 마리아도 배우자에 대해 아직도 매우 화가 난 상태였다. 그러나 존과 달리 그녀는 임박한 이혼이 무엇을 의미하는지 매우 실질적으로 오랜 기간 생각할 시간을 가졌다. 결과적으로 마리아는 존에 대한 그녀의 감정에 있어 덜 왜곡되었고, 과거보다는 현재와 미래를 지향하고 있었다.

사정결과, 협상을 위해 중요한 점은 존이 자녀에게 관여하는 것에 대해 마리아가 어떻게 생각하느냐 하는 것이다. 남편으로서의 존에 대한 분노와 회한은 아버지로서의 주변적 역할과 합쳐져서 마리아로 하여금 존의 자리를 새로운 남자친구인 토니가 차지하는 환상을 갖게 했다. 이러한 이미지는 몇 가지 점에서 혼란을 빚어냈다. 지금까지 부모경험이 전혀 없다는 점에서 토니의 부모역할 기술은 알려진 바가 없다. 뿐만 아니라 마리아는 존에 대한 자녀들의 감정을 전적으로 무시했다. 이런 상황에서 조정 전 준비단계의 목적은 존에 대한 그녀의 감정을 완화하고, 마리아로 하여금 존을 실패한 남편으로 보기보다는 자녀의 아버지로 보도록 하는 것이다.

존에 대한 마리아의 분노를 완화하기 위해 합류(joining)와 다른 지지기법이 사용되었다. 많은 점에서 존의 과거행동(오랜 부재, 이해와 지지 결여, 냉담함과 거절)에 대해 마리아가 생각하는 바를 이해할 수 없는 것은 아니므로 조정자가 그녀의 불평에 동감하는 것은 어렵지 않았다.

이와 대조적으로 존에 대한 마리아의 생각을 변화시키려는 노력은 저항에 부딪혔다. 마리아는 존이 과거에 좋은 남편이 아니었고 자녀에게도 거리를 두는 아버지였다는 점에서, 미래에도 별로 좋은 아버지가 되지 못할 것이라고 생각했다. 이런 상황에서 좋은 부모역할에 대한 관심은 변화를 위한 지렛대가 되었다. 존이 아버지로서 적절한가에 대해 마리아가 느끼는 불확실성은 아버지 존에 대한 자녀들의 사랑과 관심이라는 용어로 재정의 되었다. 자녀와 아버지의 만남을 금지하는 것은 자녀들의 건강한 발달을 저해하고 따라서 자녀의 최대 이익을 위한 것이 아니라고 해석하였다. 존이 좋은 남편이 아니었다는 사실이 그가 좋은 아버지가 될 수 없다는 것을 의미하는 것은 아니었다. 예외질문을 사용하자 존이 자녀에게 좋은 아버지였던 사례들이 발견되었다. 존이 좋은 아버지가 되기 위해서는 마리아의 도움을 필요로 한다는 사실이 명백해졌다. 마리아가 자녀들을 위해 이런 도움을 제공할 것인지의 여부로 재정의됨에 따라, 마리아가 이런 도움을 제공하는 것을 거절하는 것이 힘들어졌다.

다음의 두 번째 회기에서, 마리아의 생각은 상당히 변화되었다. 마리아는 존을 나쁜 남편으로 보기 때문에 갖게 된 분노를 놓아버리기 시작했고 자녀가 건강한 발달과 안전한 미래를 필요로 한다는 것에 초점을 두었다. 존의 아버지로서 자질에 대해 의심하는 경향이 남아 있었지만, 마리아는 자녀가 존을 사랑하며 아버지 없이는 자녀들이 불행해질 것이라는 점을 싫지만 인정하게 되었다. 마리아는 존과 자녀의 관계를 보존하는 방안을 생각하게 되었다.

③ 공동회합

조정 전 준비단계는 마지막 공동회합으로 끝을 맺게 되었다. 조정자는 이제 두 사람이 분쟁 중인 문제에 대해 협상할 준비가 되었다고 설명하였다. 조정자는 조정에 있어 부모와 자녀의 미래를 위한 모든 결정에 대한 책임과 권력은 전적으로 부모에게 있다는 사실을 설명하였다. 두 배우자가 규칙에 따라 행동해야 하는 것을 기대하며 많은 쟁점에 대해 그들의 견해를 표현하는데 충분한 시간을 갖게 될 것이라는 점을 명확히 하였다. 조정자의 역할은 그들의 생각을 판단하거나 평가하는 대신 이러한 생각을 나누도록 촉진하는 것이다. 조정자는 중립적이지만 만일 부모들이 자녀의 발달적 욕구와 일치하지 않는 협정을 하게 된다면 조정자는 자신의 의견을 제시할 수 있다는 점을 명시하였다. 조정자는 조정과정이 폐쇄적 · 비밀보장적이며, 조정을 통한 계약서에 서명하기 전에 자신의 법적 권리에 대해 알고 싶다면 변호사를 만나도록 권고하였다.

두 사람의 변호사는 가족조정을 분쟁 중인 쟁점을 해결하는 가장 좋은 방안으로 지지했다. 변호사와의 전화통화를 통해 조정자는 스미스 가족을 위한 조정의 목적과 목표를 설명하고 이러한 조정과정을 지지하도록 촉구했다. 조정자는 만일 변호사의 도움이 필요한 복잡한 문제에 부딪히면 두 당사자가 변호사와 상의할 수 있으며, 변호사는 조정과정을 통해 도출될 합의각서를 검토하고 최종화할 것이 기대된다는 점을 명확히 전달하였다.

(3) 협상단계(4회기)

협상과정은 각 배우자와의 개별회합으로 시작되었다. 이러한 회기는 흔한 것이 아니지만, 이 부부의 경우 임상적 문제를 먼저 다루어야 할 필요성 때문에 분쟁 중인 쟁점의 성격이 다소 불명확하게 남아 있었기 때문이었다. 그러므로 이 회기에서는 문제의 명확화, 분쟁영역 파악, 아직도 남아 있는 정서적 문제 다루기, 감추어진 아젠다를 발견하는 것을 목적으로 하고 있으며, 결과적으로 각 배우자가 미래에 대한 자신들의 생각을 솔직하게 말할 수 있도록 하는데 중점을 두었다.

이 회기를 통해 조정자는 상대방에 대한 관심사보다는 당면과제와 자신의 감정 및 관심사에 대한 초점유지와 심리적 지지를 번갈아 사용한다. 조정자의 관심사는 각 배우자가 쟁점의 범위를 가능한 한 명확히 하고, 각 쟁점의 가능한 결과를 생각하도록 하는 것이다.

조정 전 준비단계에서는 부모역할을 중점적으로 다루었기 때문에 재정적 문제를 고려할 기회가 거의 없었다. 이 회기에서는 배우자들이 혼인기간 중 모은 재산의 분할, 자녀를 위한 재정적 지원, 배우자 수당에 대해 고려하기 시작하고, 주어진 상황에서 공정하다고 보이는 금액을 얼마로 정할 것인지 토론하도록 한다.

두 사람에게 부모역할이 가장 중요한 문제이기 때문에, 두 사람 모두 자신이 자녀양육권을 갖겠다고 주장하는 것이 놀랄 일은 아니었다. 그러나 거리를 좁힐 수 없을 만큼 각자의 입장이 너무도 확고했다.

존은 너무도 확고했다. 그는 자녀를 필요로 하고 자녀들은 그를 필요로 했다. 존은 마리아의 애인 토니에게 자녀를 잃어버릴까 두려워서, 마리아가 자녀에 대해 갖는 통제력을 줄이고자 하는 방식으로 대응했다. 이는 존으로 하여금 아버지로서의 자기정체성에 대한 통제력을 갖게 만들었다. 이혼으로 인해 존은 지금까지 자신이 주변적 아버지에 불과했다는 점과, 자녀들에게 의미있는 방식으로 관여하려면 무엇인가를 해야 할 필요가 있다는 것을 인식하게 되었다. 그러나 존의 이러한 움직임은 비현실적이고 비이성적인 면이 있었다. 아버지로서의 주변적 위치는 소송에서 불리한 입장을 갖도록 하기 때문에 비현실적이었으며, 자녀에게 의미있게 관여하려는 노력 속에는 가장 상처주고 위협할 수 있는 방식으로 아내를 처벌하고자 하는 숨겨진 아젠다가 있다는 점에서 비이성적이었다.

마리아는 자녀의 양육권을 원할 뿐 아니라, 존이 자녀들에게 접근하는 것을 막고자 했다. 조정 전 준비단계에서 마리아는 존에게 상당한 접근을 허락할 의사를 보였기 때문에 이런 태도는 이해하기 어려웠다. 마리아의 태도가 급변하게 된 이유는 마리아가 존과 타협하고자 했던 것이 마리아의 부모, 특히 어머니에게 받아들여질 수 없었기 때문이었다. 마리아와 그녀의 부모는 이제 존이 자녀들의 삶에서 완전히 사라지기를 원했다. 이전에 조정자는 마리아의 부모가 협상과정에서 중요한 역할을 할 것이라고 가정했었는데, 이러한 가정이 이제 실제로 확인된 것이다.

미래의 갈등을 미리 막기 위한 노력으로, 양 부모에게 이혼으로 인해 요즘 일어나고 있는 일들이 부모 자신뿐 아니라 자녀들에게도 똑같이 심한 상처를 줄 것이라는 점을 상기시켰다. 다음의 공동회기에서 협상을 시작할 때, 두 사람에게 자녀의 최대 이익을 가장 중요한 것으로 마음에 두도록 요청했다.

공동회합의 첫 번째 회기

공동회합에서 조정자는 부부가 그들의 차이점을 협동해서 해결하기로 결정한 것을 축하하면서 회기를 시작하였고, 자녀의 최대 이익을 보호할 수 있는 합의를 도출할 수 있는 책임감있는 성인으로 부부를 인정해 주었다. 조정의 규칙, 특히 상호존중의 필요성을 상기시키면서, 조정자는 이들 부부에게 무엇이 진짜 문제이며, 이에 대해 그들이 합리적이라고 여기는 해결책이 무엇인지에 대해 이야기할 것을 요청했다.

협상은 제대로 시작되지 않았다. 존은 자신은 돈에는 관심이 없으며, 아주 너그럽게 재산을 분할할 준비가 되어 있다고 말하였다. 존은 자녀들이 얼마나 그를 필요로 하는지 알기 때문에 자녀의 양육권만을 원한다고 말했다. 마리아는 화가 나서 말을 가로막았다. 마리아는 과거에 존이 아이들에게 거의 관심조차 없었으며 자녀들이 그를 필요로 한다는 그의 말을 부정하면서, 마리아와 그녀의 부모는 존이 자녀들에게 관여하도록 하는 합의는 받아들일 수 없다는 점을 분명히 하였다.

회합이 교착상태(impasse)에 빠지는 것을 피하기 위해, 조정자는 두 사람 모두 공통으로 지니고 있는 한 가지(자녀에 대한 사랑과 애착)에 호소하였다. 자녀양육권에 대한 각자의 요구는 자녀의 복리에 대한 그들의 공통관심사의 증거라고 재정의 되었다. 문제는 두 사람 중 누가 부모로서 더 나은가 하는 것이 아니라, 각자 수용할 수 있는 목적을 발견하고 어떻게 이에 기여할 수 있는가 하는 점이었다. 이것은 여러 장점을 제공한다. 이혼 후 자녀와 보낼 수 있는 시간이 줄어드는 것에 대한 마리아의 관심은 그녀가 자신의 삶에서 많은 것을 추구하는 데 더 시간을 보낼 수 있는 기회로 재정의 되었다. 존의 부모역할기술 부족에 대한 마리아의 관심은 존이 자녀에게 관여하는 과정에서 존과 자녀가 모두 혜택을 얻을 수 있는 제2의 기회를 부여하는 것으로 재정의 되었다. 한편, 존이 자녀에게 더 많이 관여하고 싶어 하는 점은 그가 전문직으로 갖는 막중한 책임을 고려하도록 함으로써 균형점을 찾을 필요가 있다. 부모역할기술은 자연스럽게 얻어지는 것이 아니라 배워야 할 필요가 있다. 좋은 아버지가 되기 위한 노력의 일환으로, 존은 부모역할에 대한 강의를 수강하는 것을 고려해야 할 것이다. 존과 마리아 사이에서 지속되는 갈등은 현재 토론을 통해 보다 명확하게 드러나고 있는 점, 즉 두 사람 모두 좋은 부모가 되기를 원하고 있으며, 이런 목적을 달성하기 위해 필요한 일을 하도록 준비해야 하며, 서로 상반된 목적을 추구하는 대신 함께 노력할 수 있다면 자녀들이 혜택을 받을 것이라는 점을 희미하게 만들고 있었다. 공동부모역할은 이런 목적을 이루는 데 아주 적합하며 자녀들이 양 부모와 지속적인 만남을 갖도록 함으로써 자녀들은 혜택을 받을 것이다. 존은 자녀와 보낼 수 있는 시간을 어느 정도 가질 수 있다면, 공동부모역할을 고려할 수 있다고 말하면서 양보를 하였다. 그러나 마리아는 아이를 돌볼 능력이 전혀 없는 남자에게 자녀를 맡기는 결과가 된다는 점을 들어 계속 반대를 하였다.

좋은 합의를 이루기 위해서는 시간이 필요하다는 점에서, 문제해결을 강행하기보다는 부부에게 즉답하지 말고 시간을 두고 생각해 보도록 권했다. 그동안 다른 쟁점들을 다룰 것이다. 회기를 마치기 전에 부부에게 그들이 언급하고 싶은 다른 쟁점에 대해 열거하기를 요청했다. 두 사람 모두 자녀양육비를 비롯한 일련의 재정적 쟁점들을 제시하였다. 이 쟁점들은 다음 회기를 위한 아젠다에 추가될 것이다. 두 사람 모두 이런 쟁점에 대해 구체적으로 논의할 수 있도록 준비해 오도록 하였다.

공동회합의 두 번째 회기

다음 회기는 부부로 하여금 성공의 느낌을 조금이라도 경험할 수 있는 기회를 주기 위해, 우선순위가 낮은 쟁점부터 토론하는 것으로 시작되었다. 배우자 부양문제는 아무 문제없이 잘 해결되었다. 두 사람 모두 보수가 높은 안정된 직업을 가지고 있기 때문에 서로 재정적 지원을 받을 것을 기대하지 않았다. 재산분할도 쉽게 해결되었다. 조정자는 2명의 부동산업자에게 집의 감정가를 의뢰했고 존과 마리아는 평균감정가를 받아들였으며 마리아가 존의 몫을 사들여서 그녀의 이름으로 집을 등기하는 데 동의하였다. 함께 살고 있는 집이 마리아의 집이 되는 날 존은 이사를 나가기로 하였다. 은행의 공동계좌에 들어있는 돈은 반분하였으며, 연금에 대한 조정은 보다 정확히 하기 위해 남겨 두었다.

자녀양육비 문제를 다루는 과정에서, 조정자는 자녀양육비 문제와 자녀양육권 문제를 별도로 분리해서 다뤄야 한다는 점을 지적하였다. 마리아와 존은 자녀들이 성인이 되는 21세, 또는 대학을 끝마칠 때까지 소득에 비례하여 자녀양육비를 부담하기로 결정했다. 건강보험비, 치과진료비, 과외활동비 등도 자녀양육비용에 포함되는 것으로 하였다.

조정자는 스미스 가족에게 재산분할, 자녀양육비, 세금 등의 문제에 대해 각자의 변호사의 자문을 구하도록 조언했다. 한편, 조정자는 자녀양육비에 대한 합의는 잠정적인 것이라는 점을 상기시켰다. 그들이 살고 있는 주(state)의 자녀양육지침이 부모가 자녀와의 시간을 어떻게 분배할 것인지 하는 결정과 연결되어 있기 때문이다. 두 사람에게 그들이 성취한 바를 축하하면서, 조정자는 다음의 두 질문에 대한 답을 다음 회기에서 제시하도록 과제를 주었다.

- 자녀들이 모두 성장했을 때, 자녀가 그들의 인생에서 지금 이 시간을 되돌아 볼 때 어떻게 부모를 기억하기 원하는가?
- 자녀가 그런 추억을 갖도록 협력하기 위해, 부모역할에 대한 어떤 결정이 필요한가?

앞선 두 회기의 공동회합을 돌아볼 때, 자녀를 돌보는 시간의 분배 및 자녀에 관한 의사결정에 대해 부부가 교착상태(impasse)에 빠지는 것을 피하기 위해 조정자가 어느 정도의 개입하는 것이 필요하다는 점이 점차 명백해졌다. 마리아 부모의 관여가 그녀로 하여금 현재 마리아 입장을 고수하게 만드는 주요한 원인이 되고 있다고 보인다. 부모가 이런 문제에서 물러나고 마리아가 존과 협상할 수 있도록 격려하기 위해 개입이 가능할 것이다. 마리아의 부모가 손녀들과 가깝다는 점을 고려하여 한 가지 가능한 방법은 자녀를 회기에 참여하도록 하는 것이다. 마리아와 조부모 앞에서 자녀들이 아버지가 자신들을 계속하여 돌보는 것을 원한다는 점을 분명히 말한다면, 조부모들은 좀 더 유연한 입장을 취하도록 설득될 수 있다. 조정자가 이를 제안할 수도 있지만, 조정자는 만일 이런 제안이 부모 자신으로부터 나온다면 더 효과적일 것이라고 생각했다. 그리하여 조정자는 역설적 전략(paradoxical strategy)를 사용하였다. 존과 마리아에게 조정을 계속하기를 격려하는 대신, 숙제도 취소하고 낙담한 얼굴을 하고는 이제 그들이 실패했다는 것을 받아들이라고 제안하였다. 양 부모 모두 자녀를 돌보는 일에 완강한 태도를 고집하기 때문에 막다른 골목에 부딪힐 수밖에 없다. 지금까지 성취한 것을 고려할 때, 이 시점에서의 실패는 매우 불행한 일이며, 자녀와 조부모뿐 아니라 부부에게도 아주 큰 상처가 될 것이라고 말하였다. 조정자가 생각하지 못한 새로운 무엇을 부모 자신이 제시할 수 없는 한 더 이상 아무런 대안도 없어 보인다고 하면서, 조정자는 자신이 말한 바 내용을 부부가 알아들었는지 살폈다. 조정자의 갑작스런 기대치 못한 방향전환에 충격을 받은 부부는 조정을 종결해야 한다는 조정자의 제안을 강력히 거부했다. 조정자가 이 상황에서는 희망이 없음을 강조하는 동안, 조부모와 자녀들을 조정회기에 참석하도록 하자는 제안이 마침내 마리아로부터 나왔다. 조정자는 처음에는 그들의 제안을 받아들일 수 없다며 몇번 반대 하다가, 마침내 아마도 그것이 남아있는 단 하나의 대안이 될지 모른다고 인정하였다.

공동회합의 세 번째 회기: 조부모와 자녀들도 참석

세 번째 공동회합 동안 일어난 일들은 자녀양육 문제에 대한 성공적 해결을 가져오는 데 있어 중요한 전환점이 되었다. 조정에서 자녀들과의 면담은 일반적으로 부모가 없는 곳에서 이루어지고 전형적으로 비밀보장이 유지되며, 조정자는 자녀를 대신하여 행동한다. 그러나 이 경우 부모와 조부모가 자녀들이 말하는 내용을 듣는 것이 아주 중요한 특별한 상황으로 보인다. 이런 전략은 사실 상당한 위험을 내포한다. 이 상황에서 자녀들의 행동은 예측 불가능하다. 압박감 때문에 울어버리거나 아무 말도 못할 수도 있다. 그러나 다행히 자녀들은 조정자가 그들이 말하기를 희망했던 바, 즉, 두 아이 모두 아버지와 시간을 보내기를 매우 원한다고 말하였다. 자녀들의 말을 듣고 마리아는 존에게 자녀에 대한 제한적인 면접권을 허용할 준비가 된 것으로 보였다. 그러나 마리아의 어머니는 여전히 아이들이 엄마와 함께 하는 것이 최상책이라는 주장을 굽히지 않았다. 존이 이에 반대되는 의견을 말하려고 할 때마다, 마리아의 어머니는 마리아에게 이태리어로 큰소리로 말하며 방해하였다.

마리아 모녀의 연합(coalition)은 이 문제해결에 주요한 장애물이었다. 조정자는 이에 직면하는 노력은 아무 소용없고 파괴적일지 모른다고 보았다. 대신 조정자는 우회하여 개입하기 위해 두 가지 방안을 결심하였다. 먼저, 자녀의 복리에 대한 조모의 관심사와 적극적 부모가 되고자 하는 존의 최근 관심사를 재정의 했다. 조정자는 조모의 아이들에 대한 사랑과 관심을 칭찬하며, 이것을 자녀의 삶에 적극적인 두 부모를 가짐으로서 자녀들이 받게 되는 혜택을 포함하도록 확장시켰다. 조정자는 자녀에 대한 존의 사랑과 관심을 격려하고, 부모 모두 직접적 · 신체적 양육을 담당하고 미래를 위한 계획 수립에 발언권을 갖는 것으로 확장했다. 다음으로, 조정자는 조모의 지혜와 가정 내에서의 권위를 인정하면서 단지 아이들의 조모일 뿐 아니라 마리아의 어머니이며 따라서 필요할 때 도움을 줄 수 있는 분이라고 마리아의 어머니의 지위와 역할을 확인하였다. 마리아에게 힘과 지혜를 빌려줄 용의가 있다면 마리아가 자녀들을 위해 옳다고 믿는 대로 결정할 수 있도록 믿어줄 수 있는지 질문하자, 한동안 말이 없다가 결국 조모는 이에 동의했다. 이를 통해 마리아는 자녀에게 존이 접근하는 것을 허용하는 원래 그녀의 의도대로 할 수 있도록 자유로워졌으며, 조모가 더 이상 간섭하지 못하도록 막을 수 있게 되었다.

이 회기는 조부모와 자녀들에게 가족의 복리를 위한 그들의 관심사를 나누고 중요한 역할을 해주어서 고맙다는 인사로 끝을 맺었다. 조정자는 존과 마리아에게 지난 번 숙제에 대해 상기시켰다. 다음 회기까지 자녀의 최대 이익을 위한 부모역할계획(자녀양육계획)에 대해 주의 깊게 생각하고 준비해 올 것을 요구하였다. 마지막으로 조정자는 부모 모두 자녀를 위해 똑같은 것을 원하고 있기 때문에 아주 훌륭한 계획을 마련할 능력이 있다고 믿는다고 말하였다.

공동회합의 네 번째 회기

네 번째 공동회합에서 존과 마리아는 덜 긴장되고 덜 불안해 보였으며 갈등으로 치달을 기미가 적어 보였다. 존은 자녀와 합당한 정도의 시간을 함께 보낼 수 있고 자녀와 관련하여 주요 의사결정에 동등한 발언권을 가질 수 있다면, 단독양육권에 대한 그의 주장을 철회하겠다는 의사를 밝혔다. 존의 협력은 마리아에게 큰 안도감을 주었으며, 마리아도 공동부모역할에 대한 실제적인 방안을 모색할 것에 동의하였다.

조정자는 조정의 틀을 적용하면서, 존과 마리아에게 '하나의 가정과 하나의 방문장소' 대신, 자녀를 위한 '두개의 가정' 으로 생각하도록 요구하였다. 이에 대한 반응으로 부모들은 자녀의 복리와 양육을 위해 서로 수용가능한 지침을 수립하고 유지하는 데 협력한다는 원칙에 동의하였다. 부모가 구체적인 지침을 세우도록 격려하기 위해, 부모를 의사결정 책임자로 보며 각자의 '경계' 를 존중하는 데 동의하는 등의 내용을 포함하는, 이혼 시 부모역할의 지침서를 소개했다. 이런 의견이 스미스 가족에게 이해된 듯 했다. 두 사람 모두 상대방이 부모로서의 능력과 권위를 지니고 있으며, 서로 상대방의 부모역할 스타일을 존중하며 사전 연락없이는 자녀가 다른 부모와 보내는 시간을 방해하지 않기로 동의했다. 자녀를 키우는 동안 매일 발생하는 사소한 일에 대한 결정은 그 당시 자녀와 함께 있는 부모가 하도록 하며 이에 자녀가 불만을 가진다면 그것은 그 부모에 의해서만 다루어져야 하고, 다른 부모에게 그 불만이 전가되거나 이어지지 않도록 한다. 부모 모두 자녀에 대한 모든 공식적 기록에 제한 없이 접근할 수 있으며, 자녀의 삶에서 중요한 행사나 교회 및 스포츠 행사 등에 자유롭게 참여할 수 있다는 데 동의하였다.

공동회합이 끝날 무렵, 조정자의 제안으로 부부는 세 부분으로 이루어진 합의서를 만들었다. 첫 부분은 다음 12주간 지속될 임시적 합의를 포함한다. 존은 8주간 부모역할훈련 프로그램에 등록하기로 동의했다. 이 프로그램이 진행되는 동안 존과 자녀가 함께 보내는 시간은 점차 증가된다. 두 번째 부분은 1년 간 지속될 영구적인 합의내용을 포함한다. 존은 한 달 중 세 번의 주말마다 자녀와 함께 지낼 수 있으며, 금요일 방과 후 자녀를 데리고 와서 함께 지내고 일요일 저녁에는 마리아에게 다시 데려다 주며, 매주 수요일마다 방과 후 자녀를 데리고 와서 하룻밤을 보낸 다음 학교에 데려다 줄 것이다. 휴일은 똑같이 나누기로 했다. 어떤 이유에서든 일정을 변화시킬 필요가 있다면, 일방적으로 변경할 수 없으며 사전에 알리고 이에 동의를 얻어야 할 것이다. 세 번째 부분은 자녀에 대한 부모역할을 동등하게 나누는 방향으로 움직여 나가는 것을 포함한다. 부모는 해마다 정기적으로 자녀양육계획을 검토하며, 완전한 공동부모역할로 신속히 나아가는 데 동의했다.

이 회기는 특히 길었고 매우 결실이 많았다. 조정자는 그들이 동의한 내용이 모두 포함되도록 문서화된 자녀양육계획을 준비할 것이다. 이 문서는 각 부모에게 보내질 것이다.

(4) **종결**(마지막 회합): **합의내용 검토**

부모가 이 계획서를 신중히 검토하고 마지막으로 변화될 내용을 첨가하는 동안 마지막 회합을 계획했다. 마지막 회합에서 앞으로 만일 심각한 분쟁을 하게 된다면 법적 행동을 취하기 전에 다시 조정에 참여할 것이라는 문구가 첨가되었다. 각 부모는 법적인 검토를 위해 변호사에게 이 문서를 가져갈 것이다. 변호사와 전화접촉을 통해 부모들이 이 계획에 만족하고, 이를 공식화할 준비가 되었다는 것을 알게 되었다.

이 마지막 회합을 끝내기 전에 조정자는 합의내용이 잘 진행되는지 살펴보기 위해 3개월 간격으로 4번의 추후회합을 갖도록 계약을 하였다. 추후회합은 공동부모역할에 대한 부모의 반응을 모니터하고 그 후 일어날지 모르는 실제적 문제를 잘 처리하고, 부모에 대한 지지와 격려를 제공하기 위해 사용될 것이다.

스미스 가족의 사례는 치료적 가족조정의 대표적인 것으로, TFM 모델의 핵심적 내용을 포함하고 있다.

- case history: 존과 마리아가 관계를 형성해 온 패턴을 알고 이에 개입할 때 성공의 가능성이 높아진다. 부부관계의 특성은 마리아에 대한 존의 양가감정과 자녀에 대한 그의 소원한 관계를 설명한다. 마리아가 존에 대해 갖고 있는 양가적 관계, 어머니와의 친밀한 관계는 자녀문제에 대해 그녀가 완강한 태도를 취하는 것을 설명한다. 치료적 개입의 목적은 항상 생산적 협상에 직접적으로 관련된 과정에만 제한되었다. 이런 과정에 주의를 기울이지 못한다면 부부가 교착상태에 빠지거나 중도탈락할 것이며, 이혼 후 존의 적응을 훨씬 더 힘들어지게 하였을 것이다.
- 이 사례는 TFM 모델의 단기, 해결지향적, 목적중심적 특성을 잘 보여준다. 조정자는 상호작용을 만들어나가면서 조정의 목적을 유지하는 데 적극적 · 지속적으로 참여하도록 기대된다. 지지, 격려와 칭찬하기, 역

기능적 상호작용을 막기, 관점 및 행동의 변화를 위한 개입을 포함한다. 토론은 미래와 현재에 중점을 두고 이루어진다. 과거의 역사를 탐색하더라도 이는 짧게 이루어지고, 현재의 상호작용을 이해하고자 하는 목적에서 이루어진다.

- 분쟁 중인 실제적 문제에 대한 합의가 중요하더라도, 이 사례는 합의서 자체가 이 모델의 유일한 목적이 아니라는 점을 명백히 하고 있다. 실제적 분쟁은 관계적 과정에 뿌리를 두고 있다. 예를 들어, 각 배우자의 부모와의 관계는 부모역할에 대한 갈등과 직접적으로 관련되어 있으며, 자신들의 부부관계의 질과도 간접적으로 연관되어 있다. 이런 과정이 무시되어서는 안 된다. 합의의 조건은 오로지 부모로서의 상호작용에 대한 클라이언트의 새로운 현실에 맞아야 한다.
- 개입방법은 다양한 가족치료모델에서 제공되는 통찰력(insight)을 사용한다. 이 사례에는 이야기치료, 해결중심, 전략적 가족치료 모델이 사용되었으며, 재정의(reframing)도 많이 사용되었다. 다른 일반적 방법으로는 합류, 지지, 공감, 칭찬 등도 사용되었다. 이 방법들을 사용함으로써 클라이언트가 감정이 복받치는 과정을 잘 통과하도록 돕고, 클라이언트가 자신의 말이 경청되고 이해되었음을 알게 하며, 과정에 대한 조정자의 통제력을 믿고 조정자의 비편파성과 지혜, 경험에 대한 신뢰를 갖도록 한다.
- 이 사례는 다차원적 체계 모델을 잘 보여주고 있다. 각 배우자가 개인적 목표를 추구하는 동안, 자칫하면 무엇이 자녀의 최대 이익인지에 대해 쉽게 잊어버릴 수 있다. 이와 같은 관점의 상실은 이혼의 극심한 스트레스로 인해 종종 일어난다. 개인적 욕구나 이해라는 용어보다는, 체계적 용어로 클라이언트를 개념화하는 것은 이혼 후 '두 핵가족'을 형성하는 것을 돕는다.

TFM 모델의 특징은 유연성이다. 조정자는 클라이언트의 요구에 과정을 맞추어야 할 준비를 해야 한다.

제4부

이혼조정의 효과성 및 활용방안

CHAPTER 8

이혼조정에 대한 평가: 효과성 및 적합성

1. 이혼조정의 효과성

이혼과정에서 발생하는 갈등과 문제를 어떻게 해결하는가에 따라 이혼 후 부모와 자녀가 겪는 어려움과 적응정도에 차이가 있다는 인식과 더불어 이혼분쟁의 해결에 대한 관심이 증가되었다. 재판을 통한 분쟁해결의 적대적 과정이 이혼하려는 부모 간 갈등을 고조시키며 결과적으로 부정적 결과를 가져온다는 인식이 증가됨에 따라, 이에 대한 대안으로 이혼조정이 대두되었고 1980년 대 초에는 이혼조정이 급속히 발달하였다. 이혼조정은 이혼과정에서 부모 간 갈등을 감소시킬 뿐 아니라, 의사소통 및 부모의 협력을 증진시키고, 시간과 비용이 적게 들면서 보다 나은 합의를 도출할 수 있다는 점, 그리고 합의된 사항을 보다 잘 준수하게 한다는 점에서 긍정적으로 평가되고 있다(Kelly, 1996: 373). 소송과 비교할 때, 조정은 문제해결을 위한 결정이 빠르며 제로섬게임이 아닌 타협과 협력을 통해 양편 모두에게 승리를 가져오는 결정을 추구한다는 점에서 그 유용성이 인정되고 있다(Maley, 1995: 95). 아울러, 이혼조정은 법원의 업무량 감소, 이혼비용 절감, 자녀양육비에 대한 법원명령 준수 증진, 자녀적응 증진에 효과가 있는 것으로 알려져 있다(Marcus et al., 1999: 142).

Saposnek(2004: 37)은 이혼조정은 이론적으로나 경험적으로 (이 과정을 통해 혜택을 전혀 받을 수 없고 실패할 것이 자명한 부부를 제외하고는) 대다수의 가족에게 혜택을 준다고 보았다. 왜냐하면 조정을 통한 갈등관리 패러다임은 양 부모 모두 자녀의 미래에 중요하며 이혼 후 자녀양육에 대한 결정은 부모 자신이 해야 한다고 보며, 부모 자신의 고통보다 자녀의 복리를 우위에 두고 자녀를 위한 최선의 결정을 하도록 격려하기 때문이다(Schepard, 2004: 175~176; Saposnek, 2004: 37 재인용). 이처럼, 이혼조정은 이론적 · 도덕적으로 보다 더 매력적인 방안으로 비춰졌고, 그 효과성을 뒷받침하기 위해 많은 경험적 연구가 이루어졌다.

Kelly(1996: 373)는 지난 12년간 이루어진 연구를 검토하면서 이혼조정에 대한 연구조사의 대부분이 조정의 과정(process)보다는 주로 조정의 결과(outcome)에 중점을 두고 있음을 지적하였다. Kelly는 조정의 결과에 대한 연구조사에서 가장 공통적으로 제기되었던 질문들을 다음과 같이 요약하였다(Kelly, 1996: 374).

- 조정은 합의에 이르는 효과적인 수단인가?
- 조정은 시간과 비용을 절약하는가?
- 재판에 의한 분쟁해결과 비교할 때, 조정을 통해 도출된 합의는 어떤 점에서 다른가?
- 조정은 당사자들로 하여금 합의내용을 보다 잘 준수하게 하며 재소송율을 감소시키는가?
- 당사자들은 조정과정과 결과를 어떻게 평가하는가?

- 소송 또는 변호사에 의한 협상에 비해, 조정을 통해 부모 간 갈등이 감소되고 협력이 증진되었는가?
- 조정은 부모와 자녀의 심리적 적응을 증진시키는가?
- 어떤 사람들에게 조정이 적절한가? 어떤 기준에 의해 누가 포함되고 배제 되어야 하는가?

이혼조정에 대한 연구에 있어 자녀양육문제를 다루는 조정뿐 아니라, 재산분할, 배우자 부양비, 자녀양육비 등을 포함하는 포괄적인 이혼조정(All Issues Mediation)의 효과성을 평가하는 연구가 영국, 미국, 캐나다, 호주 등 많은 나라에서 이루어졌다. Kelly는 조정의 효과성에 대한 많은 연구결과를 조사대상과 조사방법 및 측정도구의 다양성, 조정의 구체적 내용 및 방식, 조정 전 선별과정의 유무에 대한 기본적 정보의 누락 등으로 인해 일반화하는 데 많은 어려움이 있지만, 다양한 연구결과 간에 수렴되는 부분이 있음을 지적하였다.[1] 최근 연구결과들은 이혼조정의 효과에 대해 다음과 같이 비슷한 결론을 제시하고 있다.

1) 합의율(settlement rates)

조정결과에 대한 국가 간 비교연구는 이혼조정을 통해 합의에 이른 비율이 50%에서 85%에 이른다는 사실을 제시하고 있다. 이러한 합의율은 가정폭력이나 극심한 갈등을 겪는 부부 또는 이혼하기를 꺼려하는 부부들을 선별절차를 통해 배제했을 때 더욱 증가되는 것으로 나타났다(Kelly, 1996: 375). 캘리포니아 주의 51개 카운티(county)에서 자녀양육분쟁 해결을 위해

1) 조정에 대한 연구에서 제기되는 공통적 질문에 대한 연구결과는 Kelly(1996: 375~381)가 정리한 내용을 요약하였음.

조정을 이용한 1388명의 부모를 대상으로 조사한 결과, 조정을 제공받은 부모의 46%는 2주안에 합의에 이르렀고, 20%는 좀 더 조정을 할 필요가 있으며, 나머지 30%는 자녀양육권 지정을 위한 평가(custody evaluation) 등 다른 적대적 해결방식을 선택한 것으로 나타났다(Kelly, 1996: 376). Emery와 Wyer(1987)는 조정에 참가한 이혼부부는 소송을 제기한 부부보다 합의에 도달하고 법정을 피할 가능성이 67% 더 높았다는 사실을 발견하였다(Hughes & Kirby, 2000: 54 재인용). 이러한 사실은 소송보다는 조정을 통해 합의에 이를 가능성이 월등히 높다는 점을 시사한다.

한편, Kelly(1996: 376)는 양육 단독조정에 비해 포괄적 이혼조정에 있어 합의율이 더 높게 나타난다는 결과에 비추어 볼 때, 단일 사안에 대한 분쟁에서 합의에 이르는 것이 더 어렵다고 보았다.

2) 시간 및 비용의 효율성

양육 단독조정 및 포괄적 조정에 대한 몇몇 연구에서는 소송에 비해 조정을 이용하는 경우 비용이 적게 드는 것으로 나타났다. 소송에 비해 조정에 참여한 부모는 분쟁해결에 있어 시간을 절반 이하로 줄일 수 있었고 비용도 덜 드는 것으로 나타났다(Emery, 1994; Kelly, 1996: 376 재인용). Pearson과 Thoennes(1984)는 조정에 참여한 부모와 소송을 한 부모가 지불한 비용을 비교한 결과, 조정을 통해 합의에 도달한 부모는 소송을 통해 분쟁을 해결한 부모보다 법적인 비용(legal cost)이 적게 들었지만, 조정에서 성공적이지 못했던 부모는 법적인 비용을 가장 많이 지불했다고 보고하였다(Hughes & Kirby, 2000: 54 재인용). 한편, 조정과 소송에 드는 비용을 비교한 결과, Kelly(1990)는 조정에 참여한 부모 집단이 지불한 비용이 조정에 참가하지 않는 부모보다 천 달러 정도 적었다는 것을 발견하였다(Hughes & Kirby, 2000:

54 재인용).

이혼 시 자녀양육 및 포괄적 문제해결을 위해 조정을 이용할 경우 개인적 차원에서 비용이 절감될 뿐만 아니라, 공적 부문에서 정부의 지출비용을 감소시키며 양육 관련 소송이 자녀양육관련 분쟁의 2%이하로 감소되어 행정적 · 사법적 비용과 시간이 절감되는 것으로 나타났다(Kelly, 1996: 376).

3) 소송과 조정에 의한 합의의 차이점

소송과 비교할 때 일반적으로 조정을 통해서는 법적 공동양육이 더 많이 결정되는 반면(Emery, 1994; Pearson, 1991; Richardson, 1988), 신체적 양육 및 면접권에 대한 합의에 있어서는 별 차이점이 없는 것으로 나타나고 있다(Emery, 1994; Kelly, 1996: 376 재인용). 조정을 사용한 경우 캘리포니아 주에서는 비거주부모의 면접을 확대하는 결과를 가져왔으며(Kelly, 1993), 캐나다에서도(Richardson, 1988) 조정을 이용할 때 공동부모역할에 대한 합의가 더 많이 이루어지는 것으로 나타났다(Kelly, 1996: 377 재인용).

한편, 소송 또는 변호사에 의한 협상과 비교할 때, 조정을 통한 합의의 내용 중 재산분할 및 자녀양육비에 대한 합의에서는 별다른 차이점이 발견되지 않았으나, 조정의 경우 아버지들이 자녀의 대학등록금과 그외의 다른 비용을 더 많이 지불하기로 합의할 가능성이 높은 것으로 나타났다(Kelly, 1996: 377). Kelly는 이러한 연구결과를 종합하면서, 조정 비판자들에 의한 "조정은 여성들로 하여금 자녀양육 및 주 부양자로서의 자격을 쉽게 포기하도록 강요한다" 또는 "양육갈등을 둘러싼 남성들의 전략사용에 의해 여성들이 경제적으로 불이익을 당한다"라는 주장을 지지하는 경험적 근거가 발견되지 않았다는 점을 지적하였다(Kelly, 1996: 377).

4) 합의사항 준수 및 재소송률

양육권, 면접권, 부모의 의사결정, 비용지원 문제 등에 대해 구체적으로 자세히 협상하고 기록하는 과정을 통해 합의내용을 구체화할 수 있다는 점에서, 조정은 이에 참가한 사람들에게 보다 많은 만족감을 주었을 뿐 아니라 합의결과를 보다 잘 준수하도록 하는데 기여하는 것으로 나타났다(Kelly, 1996: 377). Emery와 Wyer(1987)는 이혼부부를 대상으로 1년 후에 이루어진 추후조사에서, 조정에 참여한 부부는 그들의 합의사항을 준수할 가능성이 높았으나 재소송율에 있어서는 소송을 이용한 부부와 별 차이가 없었다고 보고하였다(Hughes & Kirby, 2000: 54 재인용).

5) 조정에 대한 이용자(클라이언트)의 평가

여러 나라에서 행해진 거의 모든 이혼조정에 대한 연구에서 조정의 과정과 결과에 대한 클라이언트의 만족도가 상당히 높은 것으로 나타나고 있다.

캘리포니아 주 전역의 75개 지방법원에서 조정을 제공받은 1,388가정을 대상으로 조사한 결과(Depner et al., 1994)[2], 조정이 자녀양육계획 수립에 도움이 되는 정보제공(63%~93%), 문제에 대해 이야기할 수 있는 기회 제공, 조정자가 내 관심사를 잘 들어줌(92%), 조정결과에 만족함(76%) 등 조정에 대한 클라이언트의 긍정적 평가가 제시되었다. 특히, 이 연구에서 한 가지 특기할 만한 점은 조정을 통해 합의에 이르지 못한 클라이언트도 조정서비스에 대한 만족도가 높았다는 점이다. 합의에 이르지 못한 부모의 80%는 조정이 자녀양육계획에 이르는 좋은 방법이라고 평가하였으며, 90%는 문제에

2) Depner et al.(1994:306~325)에 제시된 내용을 요약함.

대해 논의할 수 있는 기회가 제공된 것에 만족하였고, 조정에 대해서도 80%가 만족하는 것으로 나타났다(Depner et al., 1994: 311~313).

Depner와 동료들(1994: 314)은 조정을 통해 합의에 이르지 못한 경우에도 왜 만족하는지에 대해, 클라이언트의 대다수가 조정을 통해 문제에 대해 이야기할 수 있는 기회가 주어졌으며, 자녀양육계획수립에 필요한 정보가 제공되었을 뿐 아니라, 그 외에 유용한 도움과 서비스를 제공받았다고 느끼기 때문이라고 보았다. 자녀양육관련 조정에 대해 클라이언트들이 긍정적으로 평가하는 이유를 Kelly(1996: 378)는 이혼이라는 상당히 힘든 상황에 처해 있으면서도 다른 배우자와 의사소통을 하고 각자의 의견을 표현할 기회를 가질 수 있었으며, 자녀 및 부모자신의 관심사를 신중하게 검토할 수 있었던 점, 그리고 부모역할 및 자녀양육계획에 대한 도움이 되는 의견을 조정자로부터 들을 수 있었던 점으로 설명하였다.

6) 부모 간 갈등 또는 협력, 그리고 의사소통

미국과 캐나다의 연구들은 자녀양육관련 조정이 이루어진 후, 부모 사이에 단기적인 협력 및 의사소통 증진이 이루어진다는 사실을 제시하고 있다. 소송과 조정 후 부모들의 갈등 및 협력관계를 조사한 연구들(Emery, 1994; Dillon & Emery, 1994)은 조정에 참여한 부모들의 경우 조정 후 1년 동안 갈등이 적었으며, 9년 후 자녀에 대해 더 많이 의사소통을 하며, 비거주부모의 경우 자녀와 관련된 의사결정에 더 많이 참여하는 것으로 보고하였다(Kelly, 1996: 379 재인용; Hughes & Kirby, 2000: 54 재인용). 이러한 연구결과는 조정이 장기적으로 공동부모역할 과정(coparental process)에 영향을 미칠 수 있다는 증거를 제공한다.

Kelly(1991: 393~397)는 이혼한 남녀 435명을 대상으로 이혼 초기부터 2

년 동안 조정의 효과성을 조사한 결과, 다음과 같은 점을 발견하였다. 조정에 참여한 부모는 면접권, 자녀양육계획 및 자녀양육비 결정에 있어 이혼과정 중 갈등이 적었으며, 이혼 후 약 2년 동안 서로 많은 접촉을 가지며, 이혼 후 부모역할수행에 있어 다른 부모가 도움이 된다고 볼 가능성이 높은 것으로 나타났다. 즉, 조정은 이혼과정에서 초기의 갈등을 억제하며, 이혼과정 그리고 최종적 이혼 후 자녀양육을 위한 협력과 의사소통을 증진시키며, 다른 부모에 대해 보다 더 긍정적인 견해를 가져오는 것으로 나타났다. 그러나 이혼 후 2년 정도 되었을 때 조정의 긍정적 효과는 감소 또는 거의 사라졌다. Kelly(1991: 398)는 조정의 개입의 효과가 비록 1~2년이라는 짧은 기간동안 지속되지만, 이혼으로 인해 부모가 극도의 갈등과 적대감 속에 대립하는 시기에 조정을 통해 배우자에 대한 분노와 적대감을 누그러뜨리고 그 결과 더 많은 의사소통과 접촉을 가능하게 한다는 점에서 어린 자녀의 삶에 유의미한 변화를 가져올 수 있다고 긍정적으로 해석하였다.

7) 심리적 적응 향상

조정이 이혼 후 부모관계 및 부모-자녀관계에 긍정적 영향을 미친다는 연구결과에도 불구하고 이러한 분쟁해결과정, 즉 조정이 부모와 자녀의 복리(well-being)에 직접적으로 영향을 미친다는 경험적 증거는 제시되지 않고 있다(Hughes & Kirby, 2000: 54). Kitzmann과 Emery(1994: 156)는 조정으로 인해 부모의 심리적 적응이 향상되었다는 근거는 없으나, 자녀의 경우 제한적이기는 하지만 심리적 적응이 다소 향상되었음을 발견하였다. 자녀의 심리적 적응이 향상된 것은 부모의 갈등이 감소된 결과인 것으로 보인다. 다른 연구들(Emery & Wyer, 1987; Kelly, 1991)에서도 이혼조정이 부모의 심리적 안녕상태를 증진시킨다는 주장에 대한 지지는 발견되지 않았다(Walton et al., 1999: 36). Saposnek(2004: 48~49) 역시 이혼조정은 '자녀를 위한 보다 나은 결과'를 만드는 데 역점을 두고 있을 뿐, 헤어지는 배우자 간의 관계를 향상시키지는 못한다고 보았다. 소송과 비교할 때 조정이 자녀양육에 대한 합의를 보다 많이 이끌어낼 수는 있지만, 조정에 참여한 부모의 상황이 이러한 합의로 인해 개선되었는지에 대한 증거는 제시되지 않고 있다(Campbell & Johnston, 1986: 222).

조정과정을 통해 이혼부부의 관계가 획기적으로 변화되지 않는다는 사실은 조정이 부부관계의 변화에 중점을 두는 것이 아니라, 이혼과정에서 필요한 의사결정 및 합의를 위한 것이라는 조정의 특성에 의해 설명될 수 있다. 더군다나 현재 법원에서 제공하는 단기 조정 서비스(1~2시간 정도)로는 오랜 기간 쌓여온 부부갈등의 해결 및 역기능적 상호작용 패턴 변화를 가져올 수 없으며, 따라서 심리적 적응을 증진시키는 데 한계가 있는 것으로 보인다.

2. 이혼조정의 한계 및 대안

1) 조정의 한계

많은 연구결과들은 조정이 이혼 시 자녀양육분쟁의 해결 및 자녀양육계획 수립에 많은 도움이 된다는 점에서 조정의 효과성을 제시하고 있다. 1980년대 초에 조정을 매우 혁신적인 이혼분쟁해결방법이며, 이혼의 부정적 영향에 대한 만병통치로 믿었던 초기 조정자 중의 한 명이었던 Saposnek(2004: 37~38)은 조정에 대한 초기 연구들은 조정의 효과성을 입증하였지만, 이는 다음과 같은 점에서 더 이상 진실이 아니라고 보았다. 첫째 Kelly(2002)에 의해 이루어진 그 동안의 경험적 연구결과에 대한 분석 및 요약에서도 알 수 있듯이, 이혼조정이 효과가 있기는 하지만 실천가들이 기대한 만큼의 포괄적인 효과를 가지지는 못하였다. 둘째, 조정을 제공받는 인구집단이 보다 심각하고 다중적 문제를 지닌 가족들을 포함하는 방향으로 극적으로 변화되고 있기 때문에, 과거에 잘 작동했던 조정의 접근방식 및 기법은 오늘날 종종 부적절하다. Saposnek(2004: 38)은 요즘 가정법원에는 다중적 문제를 지닌 가족이 증가되고 있으며, 이러한 가족에게는 한 가지 조정모델을 모든 사례에 적용하는 식의 획일적 조정모델의 사용은(one-size-fits-all mediation model) 더 이상 가능하지 않다고 보았다. 복잡한 사례는 보다 집중적 · 치료적 · 장기적 서비스를 필요로 하지만, 현재 대다수의 법원에서는 시간이 극히 제한된 단기 조정 서비스(1시간 정도)를 제공하고 있다(Saposnek, 2004: 45). Kelly (1996: 380) 역시 현재 법원 중심으로 제공되는 조정 서비스는 가장 어려운 문제를 가진 사람들에게 서비스의 시간을 극도로 제한하는 한편, 획일적인 서비스를 제공하고 있다는 점에서 조정의 성공 가능성에 대한 의문을 제기하였다. Kelly(1996: 380~381)는 조정이 성공할 수 있는 요건으로 조정자의 전문적 자질과 경험, 조정자가 사실보다는 당사자 간 상호작용 및 의사소통에 중점을 두는 정도, 문제의 특성 및 당사자의 갈등 수준에 따라 차별화된 개입을 들었으며, 조정과정이 잘 구조화되고 조정에 보다 많은 시간이 할애될 경우 조정이 성공할 가능성이 높다고 보았다.

이런 조정의 성공요건에 비추어 볼 때, 현재 법원을 중심으로 제공되는 사실 및 문제해결 중심의 전형적 단기 이혼조정 서비스로는 효과적 이혼조정 서비스의 제공이 어려우며, 보다 심각하고 다중적 문제를 지닌 가족들에게 부적합하거나 한계가 있음을 알 수 있다.

2) 이혼조정의 대안 및 개선방향

이혼조정의 효과성에 대한 재평가를 토대로 할 때, 조정이 적합한 경우 이혼조정 서비스의 효과성을 증진시킬 수 있는 방안과, 그 외의 경우 이혼가족에게 필요한 다른 다양한 서비스를 제공해야 할 필요성이 대두된다. 이를 위해서는 이혼부부의 유형 및 이혼가족이 직면하고 있는 문제의 성격을 파악하여 이에 따라 효과적인 서비스를 차별적으로 제공해야 할 필요가 있는 것으로 보인다.

① 법원연계 부모교육 프로그램

Saposnek(2004: 38)은 복잡한 사례에 보다 적절하게 개입하기 위해서는 다양한 접근방식이 필요하다는 점에서, 이혼가족을 위한 다차원적 · 다학제적 서비스를 제공할 것을 제안하였다. 일단 이혼하기로 결정한 경우, 조정을 통해 성공적으로 합의에 이를 수 있는 가능성을 극대화하기 위해 미국의 가정법원에서는 조정을 시작하기 전에 이혼교육 프로그램 또는 조정 전 개입(premediation intervention) 서비스를 제공하고 있다. 이혼하려는 부모들에게 자녀양육문제 해결을 위해 조정을 강제화하는 것만으로는 부족하다. 안전하고 지지적인 환경 속에서 심리교육적 프로그램을 통한 구체적 지도없이 조정을 강제화할 경우 부모 간 갈등만 고조될 가능성이 높다(Garon et al., 2000: 171). 부모들이 이혼 후 자녀양육계획을 세우고 이에 대한 합의에 이를 수 있도록 도와야 할 필요성이 제기되면서, 이혼하려는 부모들을 위한 예방적 교육 프로그램이 중시되고 있다.

이러한 목적을 위해 Garon과 동료들(2000: 171)은 '이혼가족과 자녀에 초점을 둔 의사결정모델' 을 개발하였으며, 이러한 의사결정모델은 부모교육 세미나와, 자녀에 대한 욕구사정결과를 토대로 자녀양육에 관한 부모합의서를 작성하는 두 부분으로 나뉘어져 있다.[3] 부모교육 세미나는 부모들이 자녀양육방식을 결정하는 과정에서 필요로 하는 법적인 정보의 제공은 물론, 자녀의 최대 복리 및 최대 이익의 원칙에 대한 정의를 제시해 주며, 부모들로 하여금 이혼이 상당한 공동부모역할기술이 필요한 적응의 과정임을 인식하도록 교육하면서 공동부모역할기술 및 의사소통기술을 교육하는 데 초점을 두고 있다(Garon et al., 2000: 175～176). 한편, 부모교육 세미나에 참석하는 동안 각 자녀의 발달과정 및 이에 따른 욕구사정, 자녀의 발달욕구충족을 위해 필요한 부모역할에 대한 인식을 토대로 각 부모의 역할을 명시하는 부모역할계획을 수립하고, 자녀양육을 위한 부모의 합의서를 작성하도록 돕는다(Garon et al., 2000: 176～182). 부모교육 세미나를 제공한 후, 욕구사정 및 자녀양육을 위한 합의서(자녀양육계획) 작성과정에서 전문적 개입, 즉 조정 또는 상담이 제공된다(Garon et al., 2000: 184～185).

이처럼 '조정과 연계된 부모교육 프로그램'은 부모로 하여금 자녀욕구에 대한 사정결과를 토대로 자녀의 발달욕구에 중점을 두면서 이혼이 자녀에게 미칠 수 있는 부정적 영향을 최소화하는 방향으로 자녀양육계획을 수립하도록 돕는 데 중점을 두고 있다. 아울러 자녀를 위한 최선의 자녀양육계획을 수립하는 과정에서 부모가 합의에 도달하도록 하기 위해 조정(mediation)에 임할 수 있도록 준비시킨다. 미국에서는 이혼부모를 위한 교육 프로그램을 제공하는 법원의 80%는 조정을 동시에 제공하고 있다.[4] 미국의 1,516개 카운티에서 제공되는 법원연계 이혼교육 프로그램은 2시간의 단기 또는 일반 프로그램에서부터 다중회기의 기술훈련 및 상호작용에 중점을 둔 워크숍에 이르

3) Garon과 동료들(2000)이 제안한 '이혼가족과 자녀에 초점을 둔 의사결정모델'에 대한 설명은 이명신 외(2006)가 한국가족사회복지학회 제19회 춘계학술대회에서 발표한 "이혼 후 자녀양육계획 수립을 위한 중재서비스(실천모델)"의 일부(pp. 82～85)를 요약한 것임.

4) Geasler & Blaisure(1999: 52).

는 다양한 프로그램이 제공되고 있다(Geasler & Blaisure, 1998: 171～172). 이런 프로그램을 통해 부모역할기술 및 의사소통기술을 배움으로써 자녀를 부모의 갈등에 노출시키는 일이 감소되고, 이런 교육 프로그램에 참석하지 않은 부모에 비해 재소송율이 유의미하게 낮아졌다는 긍정적인 결과가 보고 되었다(Arbuthnot et al., Kramer & Gordon, 1997: Saposnek, 2004: 41 재인용). 이처럼, 클라이언트에게 맞는 교육 프로그램을 제공할 경우 생각과 행동을 변화시킴으로써 조정을 할 때 보다 생산적으로 협상할 수 있도록 준비시킬 수 있다.

② 고도갈등부부를 위한 대안: 공동부모역할을 위한 지시적 개입(Directed Co-parenting Intervention)[5]

Garber(2004: 55)는 부모가 서로 갈등할 때, 자녀들은 오래 지속되는 심각한 감정적인 해를 입게 될 위험에 처해있으며, 이러한 위험은 자녀가 부모의 갈등에 삼각관계로 연루될 때 더욱 증가된다고 보았다. 극도로 갈등적인 부부에게도 조정이 제공될 수는 있지만 그 효과성이 다소 의심되는데, 조정은 서로 다투고 있는 두 어른 사이에 공통영역을 발견하는 것을 추구할 뿐 자녀의 최대 이익을 대표하지는 않는다는 점에서 자녀중심적 접근방안이 아니기 때문이다(Garber, 2004: 56). 이러한 점에서 Garber(2004: 56)은 새로운 대안으로 '공동부모역할을 위한 지시적 개입' (Directed Co-parenting Intervention)을 제시하였다. Garber(2004: 56)은 '공동부모역할을 위한 지시적 개입' 이 감정을 다루거나 통찰력을 추구하지 않으며, 관계개선을 추구하지도 않을 뿐 아니라, 당사자 간의 균형점을 모색하거나 주고받기 식의 타협이나 협상

5) Garber(2004)가 제안한 DCI에 대한 설명은 이명신 외(2006)가 한국가족사회복지학회 제19회 춘계학술대회에서 발표한 "이혼 후 자녀양육계획 수립을 위한 중재서비스(실천모델)" 의 일부(pp. 85~87)를 수정 · 요약한 것임.

도 추구하지 않는다는 점에서 종래의 다른 접근방식과 구분된다는 점을 강조하였다. '공동부모역할을 위한 지시적 개입' 은 단지 자녀의 최대 이익을 위하여 지속적인 자녀중심적 공동양육의 구조를 확립하는 데 중점을 두며, 부모 간 갈등의 중지, 돌봄의 환경 사이의 지속적 양육구조 확립, 두 개의 평행적인 핵가족을 구축하는 것을 목적으로 한다(Garber, 2004: 56~57). 각 부모의 자녀에 대한 책임을 강조하면서 교육과 코칭을 통해 지도하고 그 외에 부모에게 필요한 치료를 지원하며, 자녀양육환경의 지속적 구조가 확립되고 성공적으로 실행될 때 '지시적 개입' 은 종료된다(Garber, 2004: 56~61).

극도로 갈등적인 부모들에게는 자녀의 최대 이익을 고려한 자녀양육계획을 수립하는 과정에서 합의점에 이를 수 있도록 돕기 위한 조정, 이러한 조정과정을 용이하게 하고 조정에 대한 준비를 위한 이혼부모 교육 프로그램을 실시하는 것만으로 효과를 거두기 어려울 경우가 많다. 이러한 상황에서 Garber가 제안하는 '공동부모역할을 위한 지시적 개입' 은 부모의 관계 개선 또는 부모 간 갈등해결을 목표로 하지 않으면서, 이혼 후 자녀에게 가장 좋은 두 개의 평행적 핵가족을 구축하도록 도움으로써 지속적인 공동양육구조를 확립하도록 하는 좋은 대안으로 보인다.

③ 선별과정을 통한 서비스 제공의 차별화

Saposnek(2004: 41)은 이와 같은 부모교육 프로그램, 워크숍 및 개별적 코칭이 조정 시 보다 좋은 결과를 이끌어 낼 수 있도록 준비하는 데 도움이 되는지 여부를 검증할 필요가 있음은 물론, 이혼부부의 유형을 파악하고 각 유형에 잘 맞는 효과적인 서비스를 차별화하여 제공할 필요가 있다고 보았다. Saposnek(2004: 42)는 가정법원에서 처리하는 다중적 문제사례가 증가됨에 따라 조정이 모든 사례에 적합하고 효과적이라는 낡은 전제를 토대로 모든 사례에 조정을 제공하는 것은 무의미하다고 보았다. 이어서 Saposnek(2004:

42)는 만일 법원이 강제적 조정 프로그램을 유지하고자 한다면 조정의 성공과 실패를 예측할 수 있는 선별방법(screening method)을 개발하는 것이 필요하다고 주장하였으며, 특히 다중적 문제를 지닌 가족에게 좀 더 집중적인 서비스를 제공하기 위해 가정법원은 사례를 선별할 수 있는 기준을 마련해야 할 필요가 있다고 보았다. 가장 효과적이고 적합한 조정 서비스를 제공하기 위해서는 클라이언트의 욕구 및 문제의 특성에 따라 모델을 다양화 · 차별화하여 사례에 가장 잘 맞는 특수한 개입모델을 적용해야 하며, 이를 위해서는 클라이언트의 욕구 및 문제를 사정할 수 있는 분류기준이 필요시된다.

이러한 분류기준을 토대로 클라이언트의 유형에 따라 조정의 적합성 여부를 판단할 수 있을 것이다.

3. 이혼조정의 적합성 판단기준

1) 이혼조정의 금기 대상

조정에 영향을 미치는 클라이언트의 특성을 알아보기 위해서는 어떤 사람들이 조정에 적합한가? 조정은 어떤 사람들에게 효과적인가? 라는 질문이 제기된다.

이혼조정에 실패한 부모들의 특성을 토대로, 법원은 부모가 만성적으로 소송을 선호할 때, 가정폭력이 발생하거나 아동학대 및 추행의 혐의가 있을 때, 부모가 심각한 심리적 어려움을 지닌 경우에는 조정이 적절하지 않다는 공식적 정책을 가지고 있다(Campbell & Johnston, 1986: 223). 대체로 많은 연구자들은 분노 및 갈등 수준이 높은 사람, 개인적 성격장애가 있는 사람, 폭력이 존재하는 경우에는 조정이 적합하지 않다고 보고 있다.

(1) 극도로 갈등적인 부부

고도의 갈등 및 분노에 가득 찬 사람들에게 조정이 적합하지 않다는 주장에 대해서는 다양한 의견이 제시되고 있다. Kelly(1996: 380)는 오랜 기간 갈등이 지속되거나 다중적 분쟁에 휩싸인 분노에 찬 부부들의 경우, 성공적으로 조정을 할 수 없을 것이라는 회의론자들의 믿음에도 불구하고, 많은 연구들(Depner et al., 1992; Irving & Benjamin, 1989; Kelly & Duryee, 1992; Kelly & Gigy, 1989)은 분노와 부부갈등의 수준이 높은 경우 이런 것이 합의에 이르는 데 장애가 되는 것으로 나타나지 않았다는 점을 제시하였다.

그러나 Kressel과 동료들(1980)은 이혼조정의 적합성 여부는 이혼에 대한 양가감정, 의사소통능력, 갈등의 수준에 달려 있다고 보았다(Campbell & Johnston, 1986: 222 재인용). Campbell과 Johnston(1986: 223)은 부부들이 재결합의 환상을 지니고 감정적으로 이혼에 대한 부정의 단계에 머물 때, 또는 결혼생활을 통해 오랜 기간 누적된 부부관계 문제 및 이혼관련 갈등으로 부부 간 갈등이 상승될 때 조정에 대한 저항이 일어나며 따라서 조정이 어려워진다고 하였다.

특히 극도로 갈등적 부부의 경우 부부가 서로 엉켜있거나 감정적으로 혼란되어 있기 때문에 자녀를 보호할 수 있는 능력 및 자신과 자녀의 필요를 분리시킬 수 있는 능력이 거의 없으며, 그 결과 끊임없이 투쟁하면서 자녀를 오랜기간 동안 부모의 갈등에 노출시키는 경향이 있다(Campbell & Johnston, 1986: 223).

(2) 가정폭력

가정폭력은 이혼조정에 있어 특별한 문제점을 제기한다. 가정폭력 피해자의 경우 힘의 불균형과 보호의 필요성에 의해 조정이 적절하지 않다는 여권론자들의 주장이 있으며, 이에 대한 반응으로서 법원 또는 기관에서는 조정을 제공할 때 가정폭력 여부에 대한 선별과정을 거치도록 되어 있다(Kelly, 1996: 380). 어떤 법원에서는 결혼 및 이혼 기간 중 가정폭력이 일어난 경우, 특히 여성은 자동적으로 조정에서 배제되고 공동회합을 갖지 말아야 한다는 입장을 취하고 있다(Kelly, 1996: 381). 폭력피해여성의 옹호자들은 가정폭력의 경우 피해자와 가해자를 한 자리에 모아 놓고 종종 법적대리인도 없는 상태에서 협상하도록 하는 것은 부적절하며, 이처럼 조정에는 불공평 · 불안전의 요소가 내재되어 있기 때문에 조정보다는 적대적 법적과정을 통해 가정폭력문제를 해결해야 된다고 주장하였다(Newmark et al., 1995: 31).

이혼조정에 있어 가정폭력문제를 다루는 것을 반대하는 사람들은 신체적으로 학대받는 여성들의 취약성, 특히 부부 간 권력의 불균형, 구타하는 남편의 교묘한 조종, 폭력의 사용과 조정에서 추구하는 자발적 동의의 상충 등에 초점을 맞추었다(Cohen et al., 1999: 335).

한편, 이혼조정에서 가정폭력 문제를 다루는 것을 선호하는 사람들은 선별과정, 개별회의(caucus), 조정회기 중 변호인 참석 등 여성에 대한 보호장치가 마련된다면 가정폭력 피해여성에게 안전과 공정성을 보장할 수 있기 때문에 가정폭력의 경우에도 조정이 가능하다고 주장하였다(Thoennes et al., 1995: 8). 아울러 조정자가 특별히 훈련받고(Landau, 1995), 조정기간이 더 길고 의사소통에 초점을 둘 때(Kelly, 1996) 가정폭력문제를 지닌 부부에게도 조정이 가능하다고 보았다(Cohen et al., 1999: 335 재인용). 더 나아가서 Ericson과 Mcknight(1990)은 조정이 학대받는 여성의 권력강화에 도움이 될 수 있다고 주장하기도 했다(Newmark et al., 1995: 31 재인용). 가정폭력의 경우에도 조정을 통해 얻을 수 있는 혜택으로 소송과정에서 결코 표현될 수 없는 원망을 토로할 수 있는 기회를 부여하고, 부모로 하여금 피해를 부모당사자 간의 관계로 국한시키면서 자녀의 필요에 중점을 두도록 할 수 있다는 점이 제시되었다(Newmark et al., 1995: 32).

조정을 통해 가정폭력 문제를 다루는 것에 대한 중도적 입장을 취하는 사람들은 가정폭력 부부에게 조정이 적합한 정도는 폭력의 유형에 달려 있다고 주장하였다(Cohen et al., 1999: 335). 배우자 폭력은 그 심각성 및 지속기간에 있어 매우 다양하게 나타나고 있다. 미국에서 양육분쟁문제로 법원에 오게 된 부부 중 여성의 80%와 남성의 72%가 이혼 또는 헤어지는 기간 중 학대를 경험했다고 보고하였고, 특히 대다수의 학대가 이혼 또는 별거 6개월 전 경에 일어났다고 보고하였다(Kelly, 1996: 381). Ellis(1995)는 두 배우자 모두 공격적이거나 결혼 중 서로에게 폭력적이었거나, 여성이 폭력적인 경우, 이혼과정에서 한두 번 폭력을 행한 경우에는 특별한 보호장치가 마련된다면 조정이 적절할 뿐 아니라 적대적 이혼과정보다 당사자들에게 더 많은 혜택을 줄 수도 있다고 보았다(Kelly, 1996: 381 재인용). 이러한 폭력의 범주는 매맞는 아내가 희생자이며 보호가 계속 필요한 만성적 폭력과 비교할 때 그 심각성, 의미 및 의도에 있어 매우 다르다(Kelly, 1996: 381). 여성이 폭력을 주도하거나, 상호 간 폭력, 이혼의 상처(trauma)로 인해 발생된 폭력은 조정의 여지가 있는 반면, 남성의 구타, 정신병적 과대망상의 경우에는 조정이 적합하지 않은 것으로 보인다(Johnston & Campbell, 1988; Chandler, 1990; Cohen et al., 1999: 335 재인용).

극도로 갈등적인 부부 또는 가정폭력이 존재하는 경우 이혼하려는 부부들이 모두 조정을 통해 합의에 이르는 것은 가능하지 않다. Kelly와 동료들(1988)의 연구에서는 조정을 시도한 부부의 약 60%정도에게는 조정이 이혼분쟁 해결을 위해 적절한 방법이 아니었을 수 있다는 점이 제시되었다(Cohen et al., 1999: 330 재인용). 이러한 사실은 조정이 어떤 부부에게 적합한지를 예측하는 것이 상당히 어렵지만 매우 필요하다는 점을 시사한다.

2) 이혼조정의 적합성 판단을 위한 이혼부부의 유형분류[6]

어느 정도의 정확성을 가지고 조정의 적합성 여부를 예측할 수 있는 것은 조정을 강제화하거나 권고하는 법원, 법원에서 조정을 담당하는 심리학자, 사회복지사, 조정자, 그리고 조정을 고려하거나 조정으로 의뢰되는 이혼하려는 부부 모두에게 중요할 뿐 아니라, 이러한 예측은 시간, 비용, 감정적 자원을 절약하게 할 수 있다(Cohen et al., 1999: 329～344). 이러한 점에서 이혼하려는 부부를 조정으로 의뢰하거나 조정을 담당하는 전문가를 돕기 위해, 어떤 특정 부부가 조정과정으로부터 혜택을 얻을 수 있는 정도, 그 가능성을 예측할 수 있기 위해서는 이혼하려는 부부의 유형을 파악하는 것이 중요하다.

Cohen과 동료들은(1999: 329～344) 이스라엘의 Tel Aviv의 가족조정센터에서 이혼조정자로서의 15년간 임상경험을 토대로 조정의 적합성 여부를 판단할 수 있는 기준을 제시하기 위한 이혼부부의 유형을 모색하였다. 이 연구자들은 이혼과정의 어느 단계에서 조정이 제공되는지 그 시기적절성도 중요하지만 이러한 이혼의 단계보다는 이혼부부의 특성에 따라 유형을 나누는 것이 더 타당하다고 보았다. 갈등적인 부부 또는 이혼하려는 부부에 대한 기존의 유형(typology)은 주로 부부역동 및 심리특성 파악과 부부갈등치료의 목적으로 개발되었으며 부부관계의 한 측면에만 초점들 두고 있어 이혼조정의 적합성 여부를 판단하는 기준으로는 적합하지 않다.

6) 여기에서 제시되는 이혼부부의 유형은 Cohen, et al.(1999: 329～344)의 내용을 요약한 것임.

표 8-1 이혼부부 분류의 목적 및 기준

	Kressel et al. (1980)	Parkinson (1987)	Weingarten & Leas (1987)	Cohen et al. (1999)
분류 목적		이혼 또는 화해의 목적을 위해 부부갈등 치료	행동, 심리적 특성 및 부부역동 파악	이혼조정의 적합성 판단 및 결정
분류 기준	이혼에의 양가감정 의사소통 빈도 의사소통의 개방성 갈등의 수준	갈등의 표현 갈등의 강도	부부갈등의 강도	이혼의지 및 전념 이전 소송 경험 부부 관계 의사소통 능력 자녀에 대한 헌신

출처: Cohen et al.(1999: 333~336)의 내용요약.

(1) 이혼부부의 유형분류를 위한 기준

Cohen과 동료들(1999: 334~336)은 다른 연구자들이 제시한 유형을 토대로 이혼에 즈음하여 흔히 볼 수 있는 다양한 형태의 부부들에 대한 보다 통합적인 모습을 제공하고자, 다음의 5가지 기준을 설정하여 어떤 이혼부부에게 조정이 적합하고 효과가 있을 것인지 예측할 수 있는 이혼부부의 유형을 제시하였다.

① 이혼 의지, 이혼에 전념하는 정도

이혼서류를 제출하거나 이혼조정을 신청한 대부분의 부부들은 결혼생활를 끝내기를 원한다고 말하지만, 이혼결정에의 단호함, 이혼에 대한 준비, 이를 실행할 능력에 있어 아주 많은 차이가 있다. 이혼조정은 한 배우자가 다른 배우자의 이혼결정을 거부하거나, 한 배우자 또는 두 사람 모두 서로에게 심리적으로 강하게 밀착되어 있을 때, 또는 이혼에 대해 양가감정 및 미래에 대해 두려움을 지니고 있을 때 실패하는 경향이 있다.

② 이전의 소송경험

법원명령, 법정출두, 변호사와의 접촉 등 이전의 소송경험은 각 배우자의 입장을 더욱 완강하게 만들며 분노를 증가시키고 서로 의사소통하는 것을 더욱 어렵게 만드는 위험을 초래한다.

③ 배우자 간 관계

부부관계가 긴장되고 적대적일수록(Pearson, 1991), 갈등의 정도가 더 강할수록(Tan, 1991), 조정이 성공할 가능성이 낮아진다. 서로 협력할 수 없거나 신체적 폭력 및 파괴적 갈등해결 패턴은 문헌에서 반복적으로 금기사항으로 제시되었다.

④ 의사소통할 수 있는 능력

부부 간 의사소통은 갈등의 강도, 권력 균형, 조정자의 기대에 대한 좋은 지표를 제시한다. 이혼조정자들은 당사자들이 명확하게 직접 의사소통할 수 있는 능력을 조정결과가 성공적일 수 있는 주요 예측요인으로 언급하고 있다. Weingarten와 Leas(1987)는 방어 또는 조종을 위한 모호한 의사소통, 이기기 위한 전략적인 의사소통, 개인적 공격 및 비난 등의 혼돈되거나 혼란된 의사소통은 조정의 성공을 거의 불가능하게 만든다고 보았다.

⑤ 자녀에 대한 헌신

자녀의 복리에 대한 관심은 자녀가 어떻게 자라나야 할지에 대한 공유된 견해와 상대방의 자녀양육에 대한 신뢰를 가져오기 때문에(Zeidel, 1988), 이혼조정의 결과에 긍정적 영향을 미치는 것으로 알려져 있다. 반면 자녀를 둘러싸고 극도의 갈등상태에 있는 부부들은 조정을 통해 합의에 이를 가능성이 매우 낮다.

(2) 이혼부부 유형의 특성과 조정 적합성[7)]

이와 같은 5가지 기준을 토대로 이혼부부의 유형을 제시하는 과정에서 Cohen과 동료들(1999: 336)은 이혼하려는 부부의 현재 관계의 특성에 중점을 두었으며, 개인적 특성(공격성, 정신장애, 협상기술 등)을 포함하지 않았다는 점을 명시하였다. 연구자들은 어떤 특정 부부에게 조정이 적합한지 여부를 결정해야 하는 판사, 조정자, 사회복지사가 이를 공정하고 신속하게 판별할 수 있도록 돕기 위해 '전형적인' 이혼하려는 부부의 모습과 유형을 제시하고자 하였다.

표 8-2 이혼부부의 유형에 따른 특성

부부의 유형	실제 이혼 의지		양가 감정		부부 관계		갈등 수준		대처		의사 소통		자녀 복리 관심		부모/자녀 역할 분리		변호사 도움		조정 가능성	
	유	무	유	무	분리	엉킴	고	저	직면	회피	불가능	가능	유	무	유	무	유	무	유	무
이미 반쯤 헤어진 부부	■			■	■			■	■			■	■		■			■	■	
감정적으로 철회된, 서로 의사소통할 수 없는 부부	■			■	■			■		■	■		■		■			■	■	
권력다툼에 사로잡힌 부부		■	■			■	■		■		■		■		■		■		△	
떠나는 자와 남겨진 자	1		1		1	1	■		1	1	■		■		1		■		△	
전투 중인 부부		■	■			■	■		■		■			■		■	■			△
서로 엉켜있는 부부		■	■			■	■			■	■			■		■	■			■
폭력적인 부부	■			■		■	■		■		■			■		■	■			■

■은 해당됨, △는 절반가능성, 1은 부부 중 1명만 해당됨

7) 이혼부부 유형의 특성 및 조정 적합성은 Cohen과 동료들(1999: 336~343)의 내용을 요약·정리한 것임.

① 이미 반쯤 헤어진 부부

부부 모두 이혼을 결정하고 결혼을 끝내는 데 합의한 부부로 사실상 이미 별거가 시작된 상태이다. 때로는 한 사람이 이미 떠났거나 아니면 감정적 별거가 이루어진 상태로 볼 수 있다. 배우자 간 감정적 유대감이 매우 약하고 자신을 부부로서가 아니라 분리된 개인으로 본다. 두 사람 모두 새로운 인생을 설계하는 중이다.

동시에, 그들은 이혼 후 자녀양육에 있어 협조의 필요성을 이해하고 있다. 이와 같은 자녀에 대한 관심은 변호사를 통한 협상이나 법원의 결정보다는 조정을 선택하도록 하는 동기를 제공한다. 두 사람 사이에 감정의 강도가 낮기 때문에 구체적 문제에 대해 의사소통 할 수 있다. 아울러 자신들 스스로 이혼합의에 이를 수 있다고 믿기 때문에 변호사의 자문을 아직 구하지 않은 상태이다.

이런 부부들은 자신의 분쟁을 해결하고자 하는 열망과 능력을 지니고 있기 때문에 조정에 아주 적합한 지원자가 될 수 있다. 이러한 부부들은 조정자가 이혼절차에 대한 정보, 의사결정이 이루어져야 하는 문제, 이혼합의가 형성되는 틀 등에 대한 정보를 제공해 줄 것을 필요로 한다.

② 감정적으로 철회된, 서로 의사소통할 수 없는 부부

감정적으로 철회하여 서로에게서 물러나 있으며, 의사소통할 수 없는 부부로 이들은 이혼하는 데 찬성하였으나 이러한 결정은 상호적인 것이 아닐 수 있다. 한 배우자는 이혼에 대해 보다 강력한 태도를 취하고 이를 제안하는 반면, 다른 배우자는 이에 따르는 상태에 있다. 어쩌면 다른 배우자는 느닷없이 이혼문제에 봉착하게 될 수 있다. 한 배우자가 결혼을 끝내고자 하는 바람을 말하기 전에 이들의 결혼은 아마도 서서히 죽어가고 있었을 것이다. 두 사람은 서로 관계맺기를 그만두어 버린 지 오래이며, 모두 상처받고 취약하다. 이들 부부는 삶의 조각들을 모으는 데 몰입하며 각자 자신의 내면으로 침잠한다. 아니면 외적으로 만사가 이혼결정 전에 해오던 것과 똑같이 보이도록 하기 위해 이들은 일시적인 마비 또는 깊은 결빙(deep freeze)의 상태 속에 있다. 한 명 또는 둘 다 변호사와 상의할 수도 있지만 아무도 이혼서류를 최종적으로 접수시키지 않는다. 더 이상 공동으로 부모역할을 하지 않고 있으나, 자녀들에게 부모의 이혼계획을 말하지 않았다. 각자는 전과 마찬가지로 자녀들과 관계를 맺고 통상적인 부모로서의 역할을 지속하면서 각기 개별적 부모로서 기능한다.

이런 부부들은 서로 직면하거나 대결하지 않는다. 또한 거의 서로 의사소통을 하지 않는다. 의사소통의 필요성에 대해 알고 있지만 의미 있게 서로 이야기를 나눈다는 것이 고통스럽고 힘겹다. 만일 완전히 서로에게서 물러나 있지 않다면 자기 자신을 보호하고 뚜렷이 드러나는 갈등을 피하고자 매우 모호하게 힌트를 주거나 일반적인 말을 나누는 경향이 있다. 이들은 이혼합의 또는 자녀양육문제에 대해 의논하지 않는다. 아무도 상대방이 원하는 이혼조건을 알지 못한다.

이런 유형의 부부의 경우 조정은 대화를 촉진시킬 수 있다. 조정가의 업무는 두 배우자가 자신의 감정 및 원하는 바를 표현할 수 있도록 격려하고 감정이입을 제공함으로써 자신의 감정을 명확화 하는 것을 도울 수 있다. 이혼을 제안한 배우자가 상대방에게 자신이 이혼을 원하는 이유를 명확히 말하도록 하는 것을 포함한다. 그 다음에 이혼합의에 대한 구체적인 내용에 대한 의사소통이 이루어 질 수 있다.

③ 권력다툼에 사로잡힌 부부

이혼서류를 제출하였으나 이들은 실제로는 헤어질 수 없다. 서로에게서 물러나 있는 유형의 부부와 마찬가지로 이들도 서로를 의심하고 신뢰하지 못한다. 그러나 이들의 두려움은 상대방이 자신에게 감정적으로 상처를 줄까봐 두려워해서가 아니라, 만일 자신이 약점을 보이면 상대방이 자신을 착취 또는 이용할까봐 두려워하는 마음에서 나온다. 앞의 경우에는 부부관계에서의 불신과 자기방어가 상호소외로 이어진 반면, 이들의 경우에는 권력다툼으로 표출된다.

의사소통은 공격적이며 비난으로 가득하다. 이혼합의 과정에서 각자 극단적 입장을 취하며, 모든 세부사항에 대해서 전술적 싸움을 일삼는다. 이 부부는 모두 자녀에게 헌신하고 있으며 자녀의 복리에 관심을 지니고 있다. 하지만 권력다툼에 사로잡힌 부부들은 다른 부모에게 정보를 주지 않은 채 자녀를 위한 계획을 세움으로써 자녀의 삶에 대한 통제력을 위해 다툴 것이다.

이런 부부들은 친구 또는 변호사의 조언으로 조정에 참여할 수도 있다. 통상적으로 이들은 조정자가 심판자의 역할을 해줄 것을 기대하며 각자 자신의 입장이 옳고 상대방이 틀렸다는 것을 조정자에게 설득시키려고 든다.

조정자의 업무는 이들이 이혼합의의 구체적 사항에 대해 합의를 도출할 수 있도록 구조화된 틀과 명백한 규칙을 제공하는 것이다. 조정의 가능성은 앞의 두 유형보다는 덜 낙관적이다. 배우자가 이혼에 대해 지니고 있는 양가감정의 깊이, 변호사의 지지에 많은 것이 달려 있다. 만일 변호사가 조정을 선호한다면, 그리고 이혼에 대한 양가감정이 혼자 남는 것에 대한 두려움이나 어린 시절의 부모의 이혼으로 인한 깊은 상처 등 뿌리 깊이 박힌 요인이 아니고, 이혼에 직면하여 자신 및 자녀의 문제를 다루는 등의 상황적 요인에서 기인하는 것이라면 성공의 가능성이 높다.

④ **떠나는 자와 남겨진 자**

이혼에 대해 상호성(mutuality)이 존재하지 않는다. 한 사람은 이혼하기로 결심하였고 다른 사람은 거부당했다고 느끼며, 갈등이 고조에 달하는 대가를 치르더라도 온 힘을 다하여 이를 막고자 한다. 떠나는 배우자는 이혼서류를 접수하였을지 모른다. 그러나 남겨진 배우자는 화해기간을 얻고자 법정에 진정서를 낼 수도 있다. 이와 반대로, 남겨진 배우자는 뻔히 거절당할 것을 알지만 재산분배, 위자료, 양육권에 대한 실현가능하지 않은 요구를 하면서 이혼에 동의하는 척할 수 도 있다. 남겨진 배우자는 결혼생활을 지켜나가기 위해 전문상담가의 도움을 구하거나 과거에는 결코 받아들이지 않았던 경제적 부담, 가사분담 등을 수용하는 타협책을 강구할 수도 있다.

자녀들에 관심이 있지만, 그들의 양육은 분리되어 있다. 자녀에 대한 공동양육계획이 부재하거나 이에 대한 논의가 거의 없는 실정이다. 이혼을 원하는 배우자는 이미 부부역할과 부모역할을 분리시켜 놓았다. 이혼 후 기대되는 양육패턴(예. 격주로 자녀와 시간을 보내기 등)을 염두에 두고 자녀와 관계맺기를 시작할 수도 있다. 남겨진 배우자는 아마도 이 단계에서 부부역할과 부모역할을 분리시키는 것이 어렵다는 점을 발견하게 되고, 그 결과 말다툼이 계속된다.

이런 부부의 의사소통은 한쪽으로 기우는 경향이 있다. 남겨진 배우자는 모든 주제에 대해 모든 가능한 방식으로 의사소통을 시도하려 하지만 떠나는 배우자는 마음의 변화나 주저함으로 해석될 수 있는 어떠한 접촉도 피하려고 한다. 남겨진 배우자는 떠나는 배우자가 제공하려고 하지 않는 정보 또는 설명을 요구할 것이다. 자녀에 대해 이야기할 필요성에 대해 알고 있지만 남겨지는 배우자만 이러한 문제에 대해 이야기하기를 원하고, 떠나는 배우자는 관계 속으로 얽혀들을 것을 두려워하여 경계하고 있다.

두 사람 모두 자신의 입장을 명확히 하고자 하는 반복적인 시도에 상대방이 들은 척도 하지 않는다는 점에 있어 좌절하고 있다. 이런 부부들은 자신의 메시지를 전달하고 이런 막다름, 교착상태에서 벗어나기 위해 독립적인 제3자의 도움을 얻고자 조정에 온다. 그러나 이들은 각기 다른 아젠다를 가지고 온다. 떠나는 자는 조정자가 이혼합의에 이르도록 돕기를 기대하며, 남겨진 자는 상대방을 다시 설득하는 기회를 얻고자 한다.

조정은 이혼합의를 가져올 수도 아닐 수도 있다. 그러나 조정은 이런 교착상태에서 벗어나 앞으로 어떻게 해야 할지 부부들이 결정하도록 하기 위해 토론할 수 있는 장이다. 이혼은 여러 대안 중 하나일 뿐이다. 다른 대안으로는 결혼상담, 이혼재판 또는 두 가지 모두를 포함한다. 조정자의 기능은 이러한 부부들이 다음 단계에 대해 결정하도록 돕는 것이다. 이 시점에서 조정의 성공은 교착상태를 깨는 것이며, 이는 남겨진 배우자가 거부당했다는 자신의 감정을 넘어설 수 있는 능력에 달렸다. 조정자의 주요 과제 중 하나는 이러한 감정을 인식하고 이를 극복하도록 돕는 것이다.

⑤ 전투 중인 부부

부부 모두 이제 남은 해결책은 이혼이라는 것을 속으로 인정하면서도 혼자 남는 것이 두려워서 또는 더 많은 위자료나 보다 나은 재산분할 등의 전략적 이유에서 나오는 무의식적인 양가감정 때문에 이혼하자는 말을 입 밖으로 내지 않는다. 각자 재산분할, 자녀양육비, 면접권 등 모든 이혼 관련 쟁점에 대한 소장을 제출하였고, 각자 변호사를 선임한 상태이다.

이처럼 전투를 일삼는 투쟁적 부부들은 서로에 대해 매우 화가 나 있고 아주 구체적이고 사소한 일에 대해서도 서로 의사소통을 할 수가 없다. 서로 비난하며, 언어적 학대가 주를 이룬다. 서로 상대방의 움직임을 방해하고 싸움에서 보다 유리한 입장을 차지하려고 노력함에 따라 부부의 상호작용은 주로 전술적으로 되어간다. 이런 상호작용은 좌절감으로 인해 더욱 커져가는 끝없는 갈등의 악순환을 가져온다. 또는 배우자가 통제력을 잃고 익숙하지 않은 폭력에 의존하기도 한다. 더욱 극단적인 입장을 취하고 상대방을 무너뜨릴 수 있는 한 어떠한 해(harm)도 감당할 준비가 되는 시점까지 폭력이 상승되어 간다.

자녀들은 억제되지 않은 투쟁 속에서 포로가 된다. 부모들은 싸움에 너무 몰두하여 자녀들이 겪는 고통과 자녀의 욕구를 전혀 파악하지 못한다. 자녀 앞에서 상대방을 헐뜯고 자녀의 도움을 구하며 다른 부모에게 대항하도록 선동한다. 자신들의 행동이 자녀의 건강한 발달을 방해하고 있다는 것을 인식하지는 못하지만, 두 사람 모두 저변에는 자녀의 건강한 발달에 관심을 지니고 있다.

이런 부부들은 자신의 싸움에 지쳐서 또는 강제적이기 때문에 조정에 올 수 있다. 각 배우자는 조정자를 그들의 싸움에서 자기편으로 만들려고 한다. 첫 단계에서, 제한적이나마 조정의 성공으로 여길 수 있는 것은 이들 부부를 싸움의 소용돌이에서 벗어나도록 돕는 것이다. 명백한 규칙과 확고한 지도를 제시하면서 개별 · 공동회합을 자주 갖는 것이 필요하다. 조정을 통해 부부가 언어적 · 신체적 학대를 그만두도록 도와야 한다. 한 사람 또는 두 사람 모두 너무 감정적으로 혼란되어서 자기억제를 할 수 없는 상황이라면 옹호자를 통한 조정을 고려할 수 있다. 옹호자는 부부의 입장을 일관성 있게 제시할 수 있는 부부의 변호사, 친구, 가족이 될 수 있다.

조정자는 자녀의 욕구가 충족될 수 있도록 돕기 위해 구체적 · 단기적인 일에 초점을 두어 조정을 시작하는 것이 좋다. 이와 같은 문제에 대해 협조하도록 하는 것은 부부가 서로에게 상처를 주려 하거나 더 나은 고지를 점령하려는 노력을 대치할 수 있고, 이런 일에서 성공을 거두게 되면 이혼에 대한 합의에 이를 때까지 조정에 대한 동기강화 요인으로 작용할 수 있다. 조정의 성공은 이혼을 원한다는 점을 공공연히 인정할 수 있는 부부의 능력에 많이 달려 있다. 조정은 이들이 변호사 주관으로 이루어지는 전체적 또는 부분적 재판 전 합의(pretrial settlement)에 도달하도록 도울 수 있다.

⑥ 서로 엉켜있는(enmeshed) 부부

자신들의 결혼생활이 이미 수습하기 곤란할 정도로 파괴되어 있다고 느끼며 헤어져야 한다는 것을 인식하면서도 서로 너무 감정적으로 엉켜 있어서 그렇게 할 수가 없다. 이혼으로 인해 겪게 될 헤어짐, 버려짐, 혼자 남는 것에 대한 두려움으로 인해 순조롭게 이혼이 이루어지는 것을 막으려는 경향이 강하게 나타나며, 서로를 분리된 개인으로 보는 것을 방해한다.

부부 모두 자신이 지닌 개인적 문제에 대해서는 알지 못하며, 악화되는 상황에 대한 비난을 상대방에게 투사한다. 두 사람은 아주 중립적이고 실제적 문제에 대해서도 의사소통을 할 수 없다. 상대방이 말한 것과 관련이 없는 것에 대해서는 말하지 않을 뿐더러, 자신이 바라는 바를 분명히 제시할 수도 없다. 논쟁은 그 내용의 구분이 어려울 정도로 서로 엉켜 있으며, 결과적으로 혼동에 빠지게 된다.

이런 부부는 임박한 헤어짐이 너무 두려워서 이혼을 막상 행할 수 없으며, 이를 막기 위해 모든 가능한 감정적 지원 또는 법적 도움을 청하려 한다. 즉, 이런 부부들은 상대방과의 싸움에 임해 종종 변호사나 여성단체 등 지역기관에 도움을 청한다. 그러나 두 사람 모두 결혼의 와해, 이혼결정, 이혼과정에서 부딪히는 곤경(교착상태)에 대해 책임지지 않는다. 이런 부부들은 가능한 모든 법적 소송을 시도한다. 법정에서 한 배우자에게 유리한 판결을 내면 상대방은 고등법원에 다시 소송을 제기한다. 때로는 인정하는 듯이 보이지만, 법적 다툼을 다시 하기 위해 기회를 기다릴 뿐이다.

자녀들은 탈진되는 부모의 싸움 속에서 포로가 되거나 더 심하게는 양 부모사이에서 메신저의 역할을 하도록 강요받거나, 무조건적 충성심을 각 부모에게 요구받기도 하고, 다른 부모에게 사랑을 보이면 자신의 사랑을 철회하겠다는 위협받기도 한다. 이혼 후 자녀가 양 부모를 필요로 한다는 것에 대한 이해가 전혀 없으며 이혼 후 공동양육을 위한 계획도 세우지 않는다.

이런 부부에게 조정을 위한 여지가 거의 없기 때문에 법정싸움은 몇 년이고 지속될 수 있다. 기대하지 않았던 충격(예를 들어, 자녀가 학교의 중도탈락, 도벽, 약물남용 같은 문제행동 등)을 받거나 갑작스레 배우자에 대한 생각이 바뀌어서, 이혼합의에 이르도록 하는 법정결정을 받아들이고 일시적으로 싸움을 멈출 수 있을 것이다. 그러나 이들 부부는 이혼 후 다양한 문제에 대해 싸우기 위해 다시 법정으로 되돌아 올 것이 예상된다.

⑦ 폭력적인 부부

이 부부들은 많은 해 동안 함께 불행했다. 이혼절차는 한 배우자가 경계선을 넘었을 때(즉, 배우자의 부정, 신체적 폭력, 무관심, 다른 사람이 더 이상 견딜 수 없는 어떤 일이 발생했을 때) 비로소 시작된다. 각자는 깊이 상처받았으며, 자신의 체면을 세우기 위해 상대방에게 상처 줄 수 있는 가능한 모든 방법을 동원한다.

만일 의사소통이 존재한다면, 서로에 대한 비난과 모욕이 계속되며 통제력을 완전히 잃을 때까지 고함지르고 모욕하는 일이 지속된다. 말이 충분하지 않을 때 부부들은 신체적 폭력으로 치닫는 악순환에 사로잡힌다. 상대방의 폭력을 의도적으로 유도해 내면서 경찰, 사회복지사, 자발적 지원기관 등의 지역사회 서비스에 도움을 청한다. 빈번한 법정소송과 법적인 개입이 존재한다.

자녀들은 부모의 무모한 싸움 속에서 포로가 된다. 두 사람 모두 상대방의 부모기능을 부인하거나 중립화시키려고 노력한다. 자녀의 몸과 마음의 상처, 심지어 학대에 대한 심각한 비난이 따르는 가운데 싸움은 계속된다. 실제로는 가능하지 않다는 것을 알면서, 또는 실제로 원하지 않는다는 것을 알면서도 자신에게 양육권을 주도록 요구한다. 부모는 자녀 앞에서 다른 부모에 대해 비난하거나, 상대 부모에 대항하여 자신의 편을 들라고 한다. 만일 이미 헤어졌다면 거주부모는 비거주부모가 자녀를 만나거나 방문하는 것을 어렵게 하거나 방해한다. 극단적인 경우 자녀를 유괴하려고 하기도 한다.

갈등의 강도는 분노와 복수의 감정에서 나온다. 보복하기 위해서는 수단을 가리지 않는다. 많은 경우 보복의 주요수단은 상대방에게 이혼의 자유를 주는 것을 거절하는 것이다. 상대방에게 상처를 주기 위해 자신을 해칠 준비가 되어 있는 경우를 종종 볼 수 있다.

이런 부부는 법원의 의뢰를 통해 조정에 온다. 만일 자발적으로 온 경우, 이런 부부들은 조정자가 그들의 싸움에 자신을 지지해 줄 것을 기대한다. 그러나 이런 싸움을 일삼는 부부에게 조정자가 해 줄 수 있는 일은 없다. 신체적 폭력이 있는 경우 조정자는 희생자를 구원해 줄 수 있는 사람으로 보인다. 이와 같은 기대감은 폭력을 막아야 한다는 객관적 필요와 더불어, 조정자가 인간적이며 책임감 있는 방식으로 행동하는 동안 쌍방에 대한 중립성을 지키도록 하는 것을 불가능하게 한다.

Cohen과 동료들(1999: 336~340)은 자신들이 분류한 이혼부부의 유형을 토대로 조정 적합성 여부를 다음과 같이 설명하였다. 즉 자신들이 제시한 7유형 중 처음의 4가지 유형은 조정을 통해 완전한 또는 부분적인 이혼합의에 도달할 수 있을 가능성이 높다고 보았다. 처음의 2유형은 조정만으로도 충분하며, 그 다음의 2유형은 변호사의 도움이 필요하다. 나머지 3유형에 속하는 부부는 서로 상대방에게 상처를 주고자 하며, 상처 줄 준비가 되어 있다는 점에서 앞의 4유형들과 다르다. 이러한 상처는 이혼의 부산물이 아니라, 이들 부부가 문제해결보다는 말다툼에 더욱 사로잡히고 있다는 사실을 반영하는 것이다. 말할 필요도 없이 이는 조정을 매우 어렵게 만든다. 나머지 3유형에 속하는 부부는 조정으로부터 얻을 수 있는 혜택이 점차로 줄어 들 것이다. 제5유형은 분쟁 중 몇 가지를 해결할 수 있을지 모르지만, 제6유형 또는 제7유형에 해당하는 부부는 아마도 조정에 의해 도움을 전혀 받지 못할 수 있으며, 그들의 갈등을 해결하기 위해서는 적대적 대응이 필요한 소송을 택하게 될 필요가 있을 것이다.

Cohen과 동료들(1999: 343)은 자신들이 제안한 이혼부부의 7가지 유형은 일반적인 모델이라고 보았으며, 이혼갈등에 내포된 복잡성을 고려할 때 이 중 한 유형에만 속하는 부부는 드물며, 아마도 모든 유형에 속하는 경우도 있을 것이라고 보았다. 이와 같은 이혼부부의 유형분류는 아직은 초보적인 것으로, 법원이 어떤 부부에게 조정을 받도록 할 것인지 결정하거나, 법적 · 사회적 영역의 전문가들이 이혼하려는 부부에게 조정의 적합성 여부에 대해 조언할 때 도움이 될 수 있는 실용적 원칙을 제공해 줄 수 있을 뿐이다. 이 책에서 제시하는 이혼부부의 유형이 조정의 적합성 여부를 판별하는 과제를 수행하기에 경험과 훈련이 부족한 사람들도 신속한 사전선별을 가능하게 하는 유용한 가이드라인이 될 수 있을 것이다.

CHAPTER 9

이혼조정의 산물: 자녀양육계획

1. 자녀양육계획의 수립 및 실천

이혼은 가족관계의 단절이 아니라 재구조화를 요한다. 자녀를 둔 이혼부부는 이혼 후에도 자녀양육을 위해 부모역할을 지속해야 하므로 특히 친밀감과 권력의 경계를 재설정해야 할 필요가 있다. 이혼 후 자녀양육계획(Parenting Plan)의 수립은 성공적으로 부모역할을 수행하기 위해 부부로 하여금 이미 끝나버린 배우자 역할로부터 현재에도 계속되는 부모역할을 분리시키도록 도우며, 전 배우자와의 친밀했던 관계를 사업적 관계(business-like)로 전환하도록 돕는다(Emery & Dillon, 1994: 375). 아울러 자녀와의 관계나 일상생활 속에서 각 부모가 담당해야 할 책임에 대한 경계를 분명히 함으로써, 이혼 후 자녀에 대한 양 부모의 지속적인 관여를 보장하는 한편, 양육을 둘러싼 갈등을 감소시킨다. 이처럼 이혼 후 가족관계를 구체화하고 자녀에 대한 부모의 책임을 명확화한다는 점에서 자녀를 둔 이혼부부의 경우 자녀양육계획의 수립은 필수적이다. 이혼 후 공동부모역할을 담당하지 않는 단독양육의 경우에도 비거주부모와의 면접(만남)을 구체화하고 자녀와 지속적 관계를 유지할 수 있도록 지원하기 위해 자녀양육계획을 수립하는지 필요하다.

자녀양육계획은 자녀의 '최대 이익'을 보장하는 방향으로 구성되어야 하며, 자녀의 욕구를 최대한 반영하면서도 각 가정의 상황에 가장 잘 맞도록 계획하고 실천하는 것이 중요하다. 자녀양육계획은 부모의 편의위주가 아니라, 자녀의 연령 및 발달단계, 학교생활 등을 고려하여 자녀의 욕구에 가장 잘 맞도록 수립되어야 하며, 기존의 부모와 자녀 관계, 각 가정의 형편과 상황을 고려하여 맞춤고안할 필요가 있다(Kruk, 1997: 68).

1) 자녀양육계획의 기본적 구성요소

자녀양육계획에 포함되어야 할 기본적 내용에 대해 많은 학자들은 거의 비슷한 의견을 제시하고 있다. 미국 캘리포니아 주에서는 법규정을 통해 자녀양육계획에 다음과 같은 내용을 포함하도록 명시하고 있다.[1)]

- 법적 양육권과 신체적 양육권의 지정 및 의사결정권한의 내용
- 주별 부모역할분담 일정표
- 각 부모와 자녀의 명절, 여름휴가 일정
- 휴가 기간
- 자녀, 부모, 형제의 생일 등 특별한 기념일을 위한 계획
- 위험에 처할 가능성이 있는 경우, 감독하의 면접(supervised visitation)과 같은 자녀보호대책

1) 미국 캘리포니아주에서는 민법 제4607조에 의거하여 '자녀양육관련 조정의 통일 실천기준'을 명시하고 있으며, 자녀양육계획에 포함되어야 할 내용은 법원규칙 중 사법행정기준 제26조에 구체적으로 명시하고 있음(Norton et al., 1992: 221～228).

자녀양육계획에는 각 부모가 자녀를 돌보면서 함께 보내는 시간을 구체적으로 명시한 주별 시간분배일정표는 물론, 명절 및 휴가 일정, 생일 등 가족에게 특별한 기념일에 대한 계획의 내용이 포함되어야 한다. 이외에도 자녀의 교육욕구를 고려한 특별활동 및 방과 후 활동, 종교적 · 문화적 행사에 대한 가족의 선호도, 자녀의 건강관리를 위한 의료진 및 치료계획의 선택, 양 부모집의 거리 및 교통편 등도 자녀양육계획서에 포함하는 것이 바람직하다 (Norton et al., 1992: 218).

Ricci(1980)는 자녀양육계획을 형성하는 과정에서 시간과 관련된 세 가지 요인과 의사결정과 관련된 두 가지 요인을 고려해야 한다고 보았다. Ricci(1980)는 자녀양육 계획수립과정에서 고려해야 하는 시간차원을 자녀가 비거주부모의 집에서 밤을 지내는 시간(overnight stays), 매일 자녀를 돌보며 부모역할을 실제로 수행하는 시간, 특별활동(activity)을 위한 시간으로 나누었다. 아울러 의사결정과 관련된 요인은 매일 일상생활 속에서 자녀양육에 필요한 의사결정과, 자녀의 학교문제 · 종교 · 의료문제에 대한 중요한 의사결정으로 나누었다(Kruk, 1997: 71 재인용). Ricci(1980)는 자녀양육계획을 수립할 때 한 부모는 특별활동 시간은 별로 갖지 못하면서 매일의 일상생활 속에서 주요한 책임만 지거나, 또는 매일의 일상생활 속에서 구체적이고도 자세한 의사결정의 책임은 지지 않으면서, 자녀와 관련된 주요한 일에 대한 결정권을 갖는 것은 부모 간 책임 및 권리의 분배에 있어 불공평하기 때문에 문제시된다고 보았다(Kruk, 1997: 71 재인용). 정확히 반반은 아니더라도 어느 정도 형평성에 맞도록 부모역할의 책임을 나누는 것이 바람직하다.

Irving과 Benjamin(2002: 242~245)은 매일의 일상생활 속에서 자녀와 관련된 일상적인 의사결정은 자녀를 돌보고 있는 각 부모가 내려도 무방하지만, 교육, 의료 및 종교문제에 있어서는 양 부모가 함께 의사결정을 하는 것이 필요하다고 보았다. 이 모든 의사결정은 자녀의 '최대 이익' 을 고려하는 방향으로 양 부모가 협력하는 가운데 이루어져야 할 것이다.

문서화된 합의서에는 자녀의 주 거주장소, 실제적인 시간분배일정, 책임 및 비용분담에 대해 구체적으로 서술하여야 한다. Koopman과 동료들(1994: 84)은 합의서 작성시 자녀양육과 관련된 주요사안을 빠뜨리는 것은 이혼과정에서 그리고 이혼 후 가족 내 갈등을 악화시킬 수도 있다는 점을 지적하면서, 자녀양육과 관련된 포괄적 내용을 간단하면서도 구체적으로 서술해야 할 필요성을 강조했다. 구체적으로 작성된 합의서는 어떤 내용이 더 포함되어야 하는지 또는 부적절한지를 한 눈에 볼 수 있도록 하며, 자녀가 성장함에 따라 추가적으로 포함되거나 수정해야 할 내용에 대해 부모들이 합의하도록 돕는 데 유용하다(Koopman et al, 1994: 84).

한편, 합의서의 내용이 지속되는 기간을 정하고 정해진 기간마다 정기적으로 합의내용을 수정해야 할지 여부를 재검토한다는 점을 명확히 서술해야 한다. 아울러, 정해진 일정이 변화될 경우 다른 부모에게 알려야 하며 이에 요구되는 최소한의 기간 역시 명시되어야 한다(Kruk, 1997: 71～72).

2) 자녀양육계획 수립 및 실천에 있어 고려 사항

(1) 변화에 따른 자녀양육계획 변경 가능성

자녀가 성장함에 따라 변화되는 발달상의 욕구를 반영하기 위해 자녀양육계획도 변화 · 수정되어야 한다. 자녀양육계획의 변경은 부모가 서로 이에 대해 대화할 것을 필요로 한다. 그러나 이러한 대화가 이루어지지 않을 경우, 자녀양육계획을 지나치게 경직된 방식으로 실천해 나가게 되면 이는 자녀에게 치명적인 해를 가져올 수 있다(Irving & Benjamin, 2002: 246～247). 이러한 점에서 자녀양육계획은 정기적으로 검토되어야 하며 이의 변화 · 수정을 위해 부모 간 대화가 절대적으로 필요하다.

자녀양육계획을 수립할 때 자녀의 변화되는 발달상의 욕구, 부모 자신의 상황 및 환경상의 변화로 인해 자녀양육계획이 정해진 대로 실천되지 않을 수도 있다는 가능성도 고려해야 할 것이다. 자녀양육계획을 실천하는 과정에서 발생될 수 있는 장애물을 예측하는 것이 필요하며, 예기치 못했던 변화에 대처할 수 있도록 긴급시 대책을 마련해야 할 것이다(Kruk, 1997: 73). 즉, 자녀의 변화되는 발달상의 욕구, 이사, 직장 이동, 재혼 등 미래에 일어날 수 있는 변화를 예측하고 이러한 변화에 대해 협상할 수 있는 통로를 마련하고 이에 대한 대책을 미리 수립하는 것이 바람직하다.

(2) 경계 설정 및 의사소통 방안 마련

자녀양육계획을 실천해 나가는 과정에서 자녀양육일정을 너무 자주 변경하는 등 지나치게 유동적으로 운영하는 것은 자녀들을 혼란에 빠뜨릴 뿐 아니라 전 배우자와의 관계에서 경계를 침해할 가능성이 있기 때문에, 적어도 분명한 패턴이 수립될 때까지는 자녀양육일정을 엄격하게 따르는 것이 바람직하다(Emery & Dillon, 1994: 376).

매일의 일상생활 속에서 자녀와 관련된 의사결정을 할 때, 각 부모가 행사할 수 있는 권한의 경계를 명확히 하는 것이 바람직하다. 부모 간 권한의 경계를 명확히 할 수 있는 한 가지 방법은 부모가 각자의 집에서는 자신이 적절하다고 생각하는 방식으로 가정을 꾸려나가고 생활양식 및 일상사를 결정할 수 있지만, 자녀를 위험에 처하게 하지 않는 한 상대방의 집에서 일어나는 일에는 간섭하지 않도록 하는 것이다(Irving & Benjamin, 2002: 243). 부모들은 자녀에 대한 각자의 의사결정권한을 극대화하고 공동으로 결정해야 하는 사안을 최소화하는 것이 바람직하다(Emery & Dillon, 1994: 377).

매일 일어나는 수많은 문제를 일일이 다 열거할 수는 없으므로, 자녀 양육 합의서에 부모가 자녀와 관련된 문제를 의논할 수 있는 의사소통의 수단을 확립하도록 명시하는 것이 좋다. 즉, 1주일에 1~2번 정해진 시간에 정기적인 의사소통을 함으로써 자녀에게 일이 있을 때마다 서로 직접적으로 접촉해야 하는 필요성을 줄이면서 부모의 권위 및 책임의 경계를 분명히 할 수 있다(Emery & Dillon, 1994: 377~378). 서로 직접적으로 의사소통하는 것을 참기 어려워하거나, 의사소통에 문제가 있는 부모들에게는 부모가 서로 의사소통할 수 있는 방법을 제공하기 위해 "의사소통을 위한 생활일기장"(communication book)을 마련하는 것이 유용하다(Irving & Benjamin, 2002: 247). 이 "의사소통을 위한 생활일기장"에는 예방접종기록에서부터 친한 친구의 이름과 전화번호, 학교에서의 중요 행사(시험 및 특별활동 일정 등), 주요 가족행사, 각 부모의 자녀양육 시간분배일정표 등에 이르는 자녀와 관련된 모든 내용을 기록하여 전달한다.

(3) 점진적 일정표(graduated schedule)의 필요성[2)]

Irving과 Benjamin(2002: 255~256)은 일방의 부모(주로 아버지)가 자녀와 보내는 시간을 점진적으로 늘려가도록 하는 점진적 일정표(graduated schedules)가 필요한 경우를 제시하였다. 이와 같은 점진적 일정표는 다음의 세 가지 상황에 적용될 수 있다.

첫째, 부모가 과거에 자녀를 위험에 처하게 하는 무책임한 행동을 한 경우, 법원은 이런 부모가 자녀를 다시 만날 때 감독하의 면접을 통해서만 만나도록 허용할 것이다. 감독하의 면접기간이 끝난 후에는 이러한 점진적 일정표의 적용이 필요하다. 협상을 통해 정해진 기간(2년) 동안, 일방의 부모는 처음에는 공공장소에서, 이후에는 사적인 장소에서 자녀를 만나게 되며 보내는 시간도 점차 증가된다. 이 기간 동안 부모는 8주간의 부모역할교육 및 분

2) Irving & Benjamin(2002: 255~256)의 내용을 요약함.

노관리 프로그램에 참가한다.

둘째, 결혼기간 중 부모역할에 전혀 관여하지 않았던 부모의 경우, 부모역할 능력이 없다고(parental incompetence) 여겨진다. 그러나 이러한 부모들은 이혼을 하게 되면 자녀들과의 관계가 영영 끊어질까봐 두려워한다. 자녀를 돌보는 능력이 부족한 부모에게 전형적인 공동부모역할을 요구하는 것은 문제가 된다. 점진적 일정표는 이런 부모들에게 필요한 자녀양육기술을 습득할 수 있는 시간을 주면서 양 부모가 자녀에게 관여하도록 하는 혜택을 가져올 수 있다.

셋째, 소송을 통해 갈등을 해결하는 것이 더 바람직하다고 보이는상호불신이 심한 부부의 경우, 상대방의 부모역할에 대한 불신(parenting mistrust)이 존재한다. 조정과정에서 상호불신을 극복하는 하나의 방법은 이들에게 자녀양육계획이 효과적인지를 볼 수 있도록 우선 충분한 시간을 주는 것이다. 점진적 일정표는 이러한 목적을 달성하는 수단이 될 수 있다.

(4) 조부모와의 관계에 대한 고려[3)]

자녀의 삶에서 조부모가 중요한 역할을 하며 때로는 이혼 전에 주 양육자의 역할을 한 경우도 있다. 그러나 갑자기 부모의 이혼으로 조부모와 이별하게 된다면, 자녀의 삶에 소중한 중요한 조부모와의 단절로 인해 자녀의 발달에 부정적 영향을 가져올 수 있다.

이러한 문제를 해결하기 위한 한 가지 방법은 경계규칙을 수립하는 것이다. 즉, 각 부모의 집에서 자녀와 함께하는 시간에는 조부모가 지속적으로 자녀들의 삶에 관여하도록 하고, 각자가 알맞다고 생각하는 대로 자녀를 기르도록 자유를 주는 것이다. 다른 방법은 조부모가 부모의 역할을 보조할 수

3) Irving & Benjamin(2002: 256)의 내용을 요약함.

있다고 보며, 부모와 조부모가 자녀양육책임을 분담할 수 있다는 장점을 강조하는 것이다. 또 다른 방법은 '자녀의 최대 이익'과 생활방식의 선택을 구분하는 것이다. 손자녀에게 조부모가 관여할 때 얻을 수 있는 혜택이 양 부모의 생활방식 차이를 이유로 반대하는 입장보다 더 중요한가에 대한 손익을 따져 보는 것이다. 일반적으로 조부모가 손자녀에게 관여하는 것은 손자녀에게 장기적인 최대 이익을 가져올 수 있다. 그러나 이를 특정한 가족에게 적용할 때 면밀한 초기면접(intake) 사정결과에 기초하여야 한다. 왜냐하면 어떤 조부모는 정말로 파괴적인 방식으로 행동할 수도 있고 그렇다면 그들의 자녀에 대한 관여는 금기시되기 때문이다.

2. 자녀양육계획을 위한 합의서

Irving과 Benjamin(2002)은 조정을 통하여 합의에 도달한 경우 작성하게 되는 자녀양육계획을 위한 합의서의 예를 다음과 같이 제시하였다.

자녀양육계획[4)]

1. 머리말

이혼가정의 자녀가 양 부모에 의해 사랑받고 돌봄을 받는다고 느끼는 것이 자녀의 복리를 위해 최선이며, 이는 양 부모가 자녀와 지속적인 접촉을 가지면서 자녀의 삶에 전적으로 참여할 때 가능하다. 자녀들이 양 부모가 그들을 원하고 그들의 삶에 관여하기를 원한다는 것을 알게 될 때, 부모로부터 버림받거나 거부당했다는 감정을 없애거나 줄일 수 있으며 자녀들은 자기자신에 대해 보다 좋게 느낀다. 자녀들은 그들의 삶에 지속성과 안정성을 필요로 하며, 이러한 욕구의 균형은 자녀(연령, 발달적 욕구 및 기질), 부모 그리고 상황과 관련된 많은 요인에 따라 달라진다.

2. 자녀양육계획에 대한 개괄적 설명

부모는 자녀(갑) ________(이름, 나이)과 자녀(을)________(이름, 나이) 등 몇 ___명의 자녀를 위한 부모역할을 분담할 것이다. 양 부모는 자녀들이 부모들과 지속적이고 좋은 관계를 원한다는 점을 인식하고 자녀와 관련된 모든 문제에 관여하는 공동부모역할을 명시하는 자녀양육계획의 정신을 따라야 할 것이다.

공동부모역할은 1) 자녀와 관련된 의사결정의 방식과 2) 부모와 자녀가 어떻게 시간을 보낼 것인가? 하는 두 가지를 포함한다. 이러한 자녀양육계획의 주 목적은 부모 간 갈등요인을 최소화하고 자녀양육계획의 실행을 원활하게 하며, 자녀의 건강한 적응을 최대화하기 위한 것이다.

3. 자녀관련 의사결정의 내용

a) 건강 문제
   통상적 또는 일상적 건강관리
   주요한 의료적 결정(장기 약복용, 수술, 치아교정 등)

b) 교육(학교 선정, 부모-교사 회의 등)

c) 종교

4. 부모와 자녀의 시간

a) 통상적 · 일상적 시간분담 일정

b) 휴일 및 방학 중 시간분담 일정

c) 교통편

d) 자녀의 의복 및 소지품

5. 의사소통

a) 부모 간 의사소통(매주 정기적 통화, 양 부모집에서 일어난 일을 적는 생활일기장 등)

b) 부모-자녀 간 의사소통(비거주부모와 자녀의 통화 등)

c) 자녀와 함께 있을 때 부모 간 의사소통

4) Irving & Benjamin(2002: 160～169)에 제시된 내용을 요약함.

6. 자녀의 특별활동
   a) 자녀의 특별활동 선정 및 시간배정, 관련 정보 입수 및 특별활동에 참석

7. 예기치 못한 사건들
   a) 시간분담 일정의 변경-부득이 하게 일정을 변경해야 할 때, 구두 또는 문서를 통해 요청하고, 이에 대해 적어도 48시간 내에 응답하도록 한다.

8. 이사
   a) 이사할 계획이 있다면 2달 전에 문서를 통해 통보한다.
   b) 20마일 이상의 거리로 이사한다면, 부모들은 시간분담계획에 요구되는 변화에 대해 의논한다. 다른 부모의 동의 없이 이사할 수 없다.

9. 연간 검토 (annual review)
   자녀양육계획은 영구적인 것은 아니며, 부모와 자녀의 욕구가 변함에 따라 수정을 필요로 한다. 자녀양육계획은 부모의 상호 동의하에 수정될 수 있으며, 자녀의 지속적인 적응과 관련하여 부모는 자녀양육계획의 내용을 중간평가하고 적어도 일년 단위로 계획을 재검토하여야 할 것이다.

10. 분쟁해결 방법: 교착상태를 깨뜨리는 방법
   a) 한 부모가 다른 부모와 해결하기를 원하는 문제가 있을 때, 다른 부모에게 이를 알린다.
   b) 부모들은 이 문제를 자신들의 힘으로 해결할 수 있는지 의논하고, 자신들의 힘으로 해결할 수 있다는 확신을 지닌다.
   c) 그러나 부모끼리 갈등을 해결할 수 없다면, 상호 동의하에 그 문제되는 쟁점을 조정(mediation/arbitration)하기 위해 전문가에게 제시한다.
   d) 문제가 조정을 통해 해결되어지는 동안, 거주부모는 필요한 일상적 의사결정을 계속하지만, 상호의견이 불일치되는 문제에 있어 자신에게 유리하도록 거주부모의 지위를 이용하는 행동을 하지 않을 것이다.

(도시) _____ / (지역) _____

_____ (년) _____ (월) _____ (일)

제5부

결론

Chapter 10 이혼조정제도의 도입을 위한 제안

CHAPTER 10

이혼조정제도의 도입을 위한 제안

1. 우리나라 이혼실태 및 협의이혼 제도의 문제점

우리나라에서 현재 급증하는 이혼에 대한 이해 증진 및 실태 파악을 위해 실시된 연구조사를 통해, 이혼가족이 이혼 후 경제적 어려움, 사회적 낙인 및 편견, 한 부모로서 자녀교육 및 훈육의 어려움에 직면하고 있으며, 이러한 어려움을 경감시키고 이혼 후 새로운 삶을 정립해 나갈 수 있도록 지원하기 위한 사회적 대책을 절실히 필요로 하고 있다는 사실을 알 수 있었다. 뿐만 아니라, 이혼에 대한 현실적·심리적 준비가 부족한 상태에서 성급하게 이혼결정이 이루어지는 경우도 많은 것으로 나타나, 성급한 이혼결정 및 준비되지 않은 이혼으로 인해 발생할 수 있는 문제점을 예방해야 할 필요성이 대두되었다.

이혼결정과 이혼에 대한 합의가 신속히 진행되고 있다는 점에서, 재산분할, 위자료는 물론 자녀양육 등 주요한 사안에 대해 충분히 합의할 수 있는 시간을 갖지 못할 뿐 아니라, 이혼을 결정한 후 특히 자녀양육문제에 대한 합리적 의사결정 또는 합의에 이르는 데 어려움을 지니고 있는 것으로 보인다.

현재 우리 민법에서는 이혼할 경우 자녀에 대한 친권, 양육권, 면접교섭권 행사에 대해 부모가 협의하도록 되어 있을 뿐, 분쟁해결을 위해 소송을 제기하지 않는 대다수의 협의이혼 부부들에게는 이혼 시 해결해야 할 문제에 대해 협의하고, 이러한 내용을 확인할 수 있는 절차가 제공되지 않고 있다. 이러한 현행 협의이혼제도가 안고 있는 문제를 개선하기 위해서는, 미성년 자녀의 양육문제에 대해 충분히 협의하여 자녀의 복리를 최대화할 수 있는 방향으로 의사결정을 하고, 이혼 자체에 대해 재고할 수 있는 기회를 제공하기 위해 숙려기간 제도를 도입할 필요가 있다. 그러나 단순히 숙려기간 제도를 도입한다고 해서 이 기간 동안 이혼을 앞둔 부모가 이혼 후의 자녀양육문제를 협의하고 합의를 도출하리라는 보장은 없으며, 실질적 의미를 가지기 위해서는 이 숙려기간 동안 부모 스스로 합의를 이끌어 낼 수 있도록 상담과 조정 등 사회제도적 지원책을 제공하는 것이 필요하다(김상용, 2006: 38). 즉, 협의이혼의 경우에도 재판상 이혼의 '조정전치주의'에 상응되는 문제해결 및 합의도출을 위한 조정 및 상담의 기회를 제공하는 사회적 장치가 필요하다.

2. 숙려기간 및 이혼 전 상담제도에 대한 생산적 비판

현행 협의이혼제도가 내포하고 있는 문제점 및 한계가 노출됨에 따라, 이를 개선하고자 하는 취지 하에서 '이혼절차에 관한 특례법(안)'이 대안으로 제시되었다. '이혼절차에 관한 특례법(안)'은 이혼을 예방하고 미성년자인 자의 복리도모를 목적으로 하고 있으며(제1조), 이를 위해 숙려기간제도와 이혼 전 상담제도의 도입을 내용으로 하고 있다.

1) 숙려기간의 존재 이유

법의 목적 중 하나인 '이혼의 예방'에 대해 이혼을 가정해체와 동일시하는 등 이혼에 대한 부정적 가치판단을 내포하고 있으며, 이혼을 앞두고 있는 당사자들의 의사결정의 자유를 침해할 소지가 존재한다는 비판과 함께, 법안의 목적을 '이혼예방'에만 둘 것이 아니라, '성급한 이혼의 방지 및 원만한 혼인해소와 이혼 후 안정된 생활을 돕는 것'으로 하는 것이 바람직하다는 의견이 제시되었다(권정순, 2005: 21~22). 법의 목적이 단지 이혼의 예방뿐 아니라 원만한 혼인해소 및 이혼 후 자녀의 복리도모를 위한 것이라면, 이 법에 의해 요구되는 숙려기간은 준비 없이 이루어지는 성급한 이혼결정을 유보하면서 이혼 후 결과에 대해 보다 신중하게 생각하고 합리적 의사결정을 할 수 있는 기간이 될 것이다.

숙려기간 동안 해야 할 과업을 단지 이혼여부를 결정하는 것으로부터, 지난 결혼생활을 돌아보면서 부부관계의 회복가능성을 타진해 보고 이혼을 결정할 경우 이혼 후 삶에 대한 현실적 고려 및 준비, 미성년 자녀를 위한 양육계획을 수립하는 것으로 확장한다면, 이혼 전 상담의 성격 역시 확대되고 변화되어야 할 것이다. 이러한 점에서 '이혼절차에 관한 특례법(안)'에서 숙려기간을 거치거나 이혼 전 상담 중 하나를 선택할 수 있도록 한 것은 숙려기간의 의미를 상당 부분 퇴색시키는 것이다(권정순, 2005: 34). 숙려기간 동안 이혼을 원하는 부부들이 반드시 해야 할 과업을 이룰 수 있도록 돕기 위해 이혼 전 상담은 필요하며, 이러한 점에서 숙려기간과 이혼 전 상담은 불가분의 관계에 있다. 어느 하나가 다른 것으로 대치될 수 있는 것이 아니라, 후회없는 보다 생산적인 이혼을 위해 숙려기간과 이혼 전 상담은 모두 이혼하려는 부부를 위해 절대적으로 필요하다고 보인다.

2) 현행 이혼 전 상담제도의 문제점

현재 시범적으로 시행되고 있는 바와 같이 숙려기간을 단시간의 상담으로 대체하는 것은 바람직하지 않다. 현재는 이혼 전 상담을 받으면 숙려기간을 면제받을 수 있기 때문에, 하루 속히 이혼하기를 원하는 부부들에 의해 상담제도가 도리어 악용당하고 것으로 나타나, 성급한 이혼을 예방하고 자녀양육문제에 대한 협의기회를 제공한다는 이혼절차에 관한 특례법(안)의 본래의 취지를 제대로 살리지 못하고 있다. 숙려기간을 통해 이혼에 대해 다시 생각해보고 이혼 후의 삶에 대한 현실적 고려 및 준비를 충분히 하지 않은 채 단 1시간의 상담을 통해 이혼 후의 삶에 대한 중요한 결정을 내리도록 하는 것은 숙려기간이 이혼하려는 부부에게 가져올 수 있는 긍정적 효과를 처음부터 배제시키는 결과를 초래한다.

한편, 현재 단 1시간의 상담으로 이루어지고 있는 이혼 전 상담은 이혼에 이르기까지의 복잡한 결혼생활을 돌아보고, 이혼 후의 삶에 대한 현실적 고려 및 준비, 그리고 이혼 후 자녀양육문제 등에 관한 의사결정을 하도록 돕기에 턱없이 부족한 시간이다. 이혼 전 상담이 목적하는 바를 이루기에는 현행 이혼 전 상담제도는 적절하지도 충분하지도 않기 때문에, 현행 이혼 전 상담은 이혼하려는 부부들에게 의무적으로 거쳐야 하는 번거로운 절차의 일부로 여겨지고 있는 실정이다.

현행 이혼 전 상담제도의 문제점을 개선하고 이혼하려는 부부들이 진실로 원하는 상담 서비스를 제공하기 위해서는, 먼저 이혼 전 상담의 목적을 재검토해 볼 필요가 있다. 현재로서는 이혼 전 상담의 목적이 이혼의 예방을 위한 것인지, 자녀양육에 관한 협의 도출을 위한 것인지 다소 모호하며, 이러한 상담과정에서 다루어야 할 내용에 대해서도 의견이 수렴되지 못한 상태이다. 이러한 상황에서는 이혼 전 상담이 각기 다른 전문적 배경을 지닌 상담가들에 의해 각기 다르게 제공될 가능성이 있다.

3) 상담과 조정의 분리의 필요성

이혼 전 상담을 하는 동안 다루어야 할 내용은 이혼 자체에 대한 의사결정, 이혼 후 삶에 대한 준비 및 계획, 이혼 후 자녀양육문제에 대한 협의 등으로 상담만으로는 충족될 수 없는 부분을 내포하고 있다. 이혼을 결심하기까지의 복잡한 부부관계 및 결혼생활, 이혼을 둘러싼 부부갈등 및 심리정서적 문제는 상담을 통해 다루어질 수 있지만, 이혼과정에서 필요한 의사결정, 특히 자녀양육문제 등에 대한 합의는 현실적 · 합리적 문제의 해결에 초점을 두는 조정(mediation)을 통해 이루어질 수 있다.

이혼조정(divorce mediation)은 자녀양육문제 등 이혼과정에서 필요한 주요 의사결정을 위해 갈등 및 분쟁을 원만히 해결함으로써 부부 당사자 간 합의를 도출하는 데 그 목적이 있다. 조정을 하는 동안 간혹 미해결된 감정적 갈등 또는 부부관계 문제를 다루기도 하지만, 이러한 심리치료적 개입의 주요 목적은 치료 자체가 아니라, 합의에 걸림돌이 되는 감정이나 관계적 문제를 다룸으로써 합리적 의사결정과 합의를 향해 조정이 진행될 수 있도록 하는데 있다.

이처럼 그 목적과 가능에 있어 조정은 상담과 차이가 있으며, 이러한 점에서 이혼 전 상담과 구분되는 이혼조정의 도입이 필요하다. 부부관계를 둘러싼 감정적 문제를 경제적 그리고 다른 현실적 문제와 분리하고, 현실적 문제 해결에 초점을 둔다는 점에서 이혼절차와 이혼 후 결과의 조치에 대해서는 '조정' 의 개념을 도입할 필요가 있다(변화순, 2005: 15). 상담과 조정을 구분하기 위해 이혼절차에 관한 특례법(안)의 제11조에서 법원의 상담인뿐 아니라 조정인의 확립조항을 명시하여야 할 필요가 있다는 주장이 제시되고 있다(변화순, 2005: 17).

3. 이혼조정제도 도입을 위한 제안

1) 가정법원의 적극적 역할

우리나라에서는 현재 협의이혼시 이혼가족을 위한 법원자체의 프로그램이나 서비스는 마련되어 있지 않다. 아직 법제화되지 않은 '이혼절차에 관한 특례법(안)' 에서 제안하고 있는 숙려기간 제도와 이혼 전 상담제도를 몇몇 가정법원에서만 시범적으로 시행하고 있을 뿐이며, 그것도 부부의 이혼에 대한 합의확인과 미성년 자녀의 양육문제를 협의하기 위해 단 1시간의 상담을 제공하는 것으로 그 내용이 제한되어 있다.

이와 대조적으로, 다른 여러 나라에서는 이혼분쟁의 해결을 위해 대립당사자구조를 지양하고 상담과 조정을 중요한 절차의 일부로 도입함으로써, 법원이 갈등과 논쟁보다는 화해와 협력이 강조되는 광장(forum)으로 변모되는 패러다임의 이동까지 나타나고 있다(선재성, 2007: 14). 특히 미국의 경우 가정법원 내에서 상담과 조정의 중요성이 강조되었다. 캘리포니아 주에서는 1939년 법원부속으로 인간관계 조정 서비스를 제공하여 초기에는 파탄위기에 직면한 부부의 화합조정을 위한 가족상담을 제공하였으나, 이후 시간이 지나면서 그 중심이 이혼상담이나 자녀 양육문제에 대한 조정으로 목적이 전환되었다(선재성, 2007: 17~18). 미국의 경우 대다수의 법원에 조정 프로그램이 설치 · 운영되고 있으며(Marcus et al., 1999: 142), 이혼 시 자녀양육 및 면접교섭 관련 분쟁해결을 위해 재판에 앞서 조정을 하도록 강제화하거나 권고하고 있다(Cohen et al., 1999: 329). 이처럼 가정법원이 중심이 되어서 자녀양육 및 면접교섭을 둘러싼 갈등해결을 위해 조정을 거치도록 적극적으로 조치를 취할 수 있는 근거는 이혼조정관련 입법이 존재하기 때문이다.

2) 이혼조정을 위한 법안의 필요성

미국을 비롯한 서구국가에서 가정법원은 이혼조정실천 관련 입법을 토대로 이혼가족에게 조정을 제공하는 데 있어 주도적 역할을 담당하고 있다. 캘리포니아의 경우, 이혼조정관련 입법(민법 제4607조)을 통해 이혼가족을 위한 조정 프로그램을 실행 운영하기 위해 각 법원이 준수해야 하는 통일실천기준을 제시하고 있다. 이러한 기준에 의거하여 이혼 시 자녀양육분쟁 해결과정 및 이혼 후 적응과정에서 자녀의 '최대 이익' 보호라는 대원칙을 분명히 명시하는 한편, 이를 보장하기 위해 자녀양육계획을 수립하고 실현할 수 있는 구체적인 방안 및 절차를 제시하고 있다. 뿐만 아니라, 조정 서비스를 제공하는 과정에서 조정자가 담당해야 하는 역할 및 자격을 구체적으로 명시함으로써 책임성 있는 전문적 조정 서비스가 제공될 수 있는 토대를 마련하고 있다. 캘리포니아의 이혼조정관련 입법 내용은 '이혼절차에 관한 특례법(안)' 에서 미처 구체화 되지 않은 내용을 명확화하고 보완할 수 있는 좋은 사례를 제시하고 있다.

'이혼절차에 관한 특례법(안)' 에 대해 사회 일각에서는 이혼을 원하는 부부에게 숙려기간을 강요함으로써 사적영역에의 국가가 개입하고 개인의 자유결정권을 침해하는 한편, 경제적으로 어려운 부부들의 경우 상담이 경제적 · 시간적으로 부담을 줄 가능성이 있다는 점을 들어 비판하였다. 뿐만 아니라, 상담의 목적 및 내용에 대해 많은 논란이 지속되었으며, 법원 내 · 외 상담인의 자격과 이를 관리하는 방안 역시 구체화되지 않은 채 모호하게 남겨져 있다. 아직 법제화가 되지 않은 만큼, 이혼가족들이 이혼과정에서 실제적으로 필요로 하고 도움을 받을 수 있는 상담 및 조정제도를 제공하기 위해서는 '이혼절차에 관한 특례법(안)' 이 추구하는 법의 목적, 숙려기간과 상담제도의 합리적 운영방안에 대한 철저한 검토 및 분석이 필요하다. 또한 다른 나라의 조정관련 입법 내용을 토대로, 자녀의 '최대 이익' 의 정의 및 기준확립, 조정의 목적 및 내용, 조정의 구체적 실시지침, 조정자의 훈련 및 자격기준 관리, 조정의 질을 관리하기 위한 방안, 법원연계 조정 프로그램의 활성화 등의 내용이 추가적으로 보완될 필요가 있다.

4. 이혼조정제도의 구체적 실천방향

1) 선별과정(screening)을 통한 상담과 조정의 분리

(1) 초기면접(intake)을 통한 선별과정

이혼을 원하는 부부들에게 주어진 숙려기간 동안 이혼결정을 다시 고려해보고, 이혼 자체에 대한 합의 및 자녀양육문제에 대한 합의를 도출하도록 돕기 위한 이혼조정의 첫 단계에서 초기면접(intake interview)을 실시한다. 조정의 첫 단계인 초기 면접에서는 이혼가능성에 대한 판별이 제일 먼저 이루어져야 한다. 초기면접을 통해 이혼을 원하는 부부들이 실제로 결혼생활이 파탄에 이르렀는지, 부부 모두 이혼결정에 동의하고 있는지를 알아보고, 이혼하려는 부부들이 부부관계의 회복가능성 여부에 대해 다시 한 번 생각해볼 수 있는 기회를 부여한다.

초기면접 단계에서 조정자(mediator)는 부부들로 하여금 결혼생활 및 부부관계를 다시 한 번 돌아보고, 현재의 이혼결정이 부부 모두 진실로 원하는 것인지, 합리적인 결정인지에 대해 생각해보고, 자기결정(self-determination)에 의한 선택이 될 수 있도록 돕는다. 조정자는 초기면접 단계에서 이혼하려는 부부가 조정에 적합한지 여부를 판별하며, 그 판별결과에 따라 가장 적합한 개입을 차별적으로 제공한다.

(2) 이혼가능성 판별에 따른 차별화된 개입: 상담 vs. 조정

① 부부관계 회복가능성이 있는 경우

초기면접과정을 통해 부부가 이혼을 실행에 옮기기 전에 이혼에 대해 다시 한번 고려하거나 부부관계 회복을 위해 노력해 보고자 하는 의향이 있다고 판단되면, 부부관계 회복을 위한 상담을 제공하는 것이 바람직하다. 상담과정을 통해 결혼생활 및 부부관계를 돌이켜 보면서 현재 이혼결정에 이르게 된 문제점을 분석하고 이러한 문제의 해결을 부부관계 회복을 위한 변화의 목표로 삼을 수 있다. 부부관계 회복 및 향상을 위해 의사소통, 문제해결능력, 갈등해결능력 향상에 초점을 둔 부부상담을 제공하는 것이 바람직하다. 이혼결정을 보류하면서 부부관계 회복을 위해 노력하고자 하는 부부들을 위한 부부상담 및 가족치료는 현재 단 1시간 제공되는 이혼 전 상담으로는 충족될 수 없으므로 법원 외 부부상담 서비스로 의뢰하는 것이 좋을 것이다.

② 이혼의사가 확고한 경우

초기면접 과정에서 결혼생활을 회복할 수 있는 가능성이 희박하고 부부 모두 이혼하고자 하는 의지가 확고한 경우, 이러한 이혼결정의사를 존중하면서 이혼과정 및 이혼 후 발생될 수 있는 문제점을 예측하고 이에 대처할 수 있도록 도와야 할 필요가 있다.

이혼을 결정한 부부들이 이혼에 따르는 구체적 문제를 해결하고 자기결정에 의한 합리적 의사결정 및 합의에 이르도록 돕기 위해서는 상담보다는 조정(mediation)이 더 적절하다고 본다. 현재 법원에서 진행되는 협의이혼 전 상담의 내용을 보더라도 거의 조정의 형식을 갖추고 있다. 오리엔테이션, 문제에 대한 서술 및 감정표현, 개별상담 통한 개인감정 표현, 이혼의사확인, 공동상담 통한 해결방안 타진 및 이혼의사 재확인, 상담내용정리 및 협의서 작성 등 사실상 조정과 유사한 단계를 거치도록 하고 있다. 이러한 점에서, 이혼의사가 확고한 부부를 위해서는 사실상 이혼조정(divorce mediation)이 필요하다. 따라서 '이혼절차에 관한 특례법(안)' 의 주요 내용인 이혼의사확인 및 자녀양육에 대한 합의 도출을 위해서는 이혼 전 상담이란 용어는 적절치 않으며, 그 명칭을 이혼조정으로 바꿀 필요가 있다.

초기면접의 선별과정을 통해 아직 혼인관계 회복가능성 및 이혼에 대한 재고 의사를 지닌 경우에는 상담, 이혼의사가 확인된 경우 이혼 후 결과에 대한 의사결정 및 합의를 위해서는 조정으로 분리하여 제공하는 것이 바람직하다.

2) 클라이언트에게 맞는 차별화된 조정 서비스 제공

(1) 갈등수준 및 문제의 성격에 따른 조정의 차별화 필요성

이혼하는 부부는 이혼 후에도 자녀와의 관계를 지속하며 자녀양육을 위해 부부 당사자 간에도 지속되는 관계를 유지해야 하므로, 이혼하는 과정에서 갈등을 원만히 해결하고 합의에 도달하는 것이 매우 중요하다. 조정자가 이혼하려는 부부들이 이혼 후의 결과, 특히 자녀의 양육문제 및 면접교섭에 대해 합의에 이를 수 있도록 대화를 이끌어 나가고 이러한 합의에 걸림돌이 되는 부부의 관계적 문제를 함께 다룰 때, 이혼하려는 부부들은 이혼과정에서 자신들이 직면한 문제해결을 위해 보다 합리적으로 의사결정을 하고 합의에 도달하게 될 가능성이 높다. 특히, 심각한 관계적 문제를 지닌 부부의 경우

분쟁 중인 문제 자체보다 관계적 문제(relational problem)가 더 중요하기 때문에 관계적 문제를 다루어야 할 필요가 있다.

이처럼 이혼과정에서 부부가 직면하고 있는 문제의 특성에 따라 조정과정에서 사실적 · 현실적 문제뿐 아니라, 관계적 문제까지도 다루어야 할 것이 요구된다. 성공적인 조정이 되도록 하기 위해서는, 이혼하려는 부부의 특성 및 문제에 따라 조정을 문제해결중심의 일반적 조정(solution-focused mediation)과, 의사소통 및 관계적 문제까지 다루는 치료적 조정(therapeutic mediation)으로 구분하여 제공할 필요가 있다.

(2) 차별화된 조정 서비스 제공: 일반적 조정 vs. 치료적 조정 vs. 고도갈등조정

부부의 이혼의사가 확고하고, 이혼에 대해 부부가 동의한 경우, 그리고 이혼에 대한 양가감정이 없는 경우에는 이혼에 따르는 구체적 문제해결 및 의사결정을 위해 일반적 조정만으로 충분할 것이다.

그러나 부부가 권력다툼에 사로잡히거나, 한 배우자는 떠나고 싶어하고 다른 배우자는 결혼을 지속하기를 원하는 경우, 즉, 부부가 이혼에 동의하지 않거나 양가감정이 있는 경우에는 부부의 관계적 문제를 다루고 의사소통을 증진시키는 데 중점을 두는 치료적 조정이 보다 효과적일 것이다. 치료적 조정모델에서는 조정의 초점을 합의에 이르는 것을 가로막는 감정적 · 관계적 문제해결에 두며, 조정의 목적을 단순히 분쟁을 해결하는 것으로 그치지 않고, 관계의 재구조화, 의사소통 및 문제해결기술의 증진, 갈등최소화와 협력증진에 둔다.[1)] 치료적 조정은 그 목적이 치료 자체는 아니며, 조정이 필요하게 된 구체적인 갈등을 해결하도록 돕는 것이다.

한편, 이제 더 이상 결혼생활을 유지할 수 없을 정도로 파탄에 이르렀고 이

1) Kruk(1997: 8~12)

제 남은 것은 이혼뿐이라는 것을 속으로 인정하면서도, 끊임없이 싸움을 일삼거나 서로 엉켜서 헤어질 수 없는 부부, 폭력을 되풀이하고 있는 부부들은 조정만으로 그들의 문제를 해결하기 어려울 것이다. 이들은 자신의 감정에 사로잡혀 자녀와 자신의 욕구를 구별하지 못하고 자녀를 볼모로 삼으면서 무모한 싸움을 되풀이한다. 이러한 고도갈등 부부를 위해서는 조정과 상담을 동시에 제공하는 고도갈등조정(high conflict mediation)이 효과적이다.

이처럼, 이혼하려는 부부의 관계특성 및 갈등 수준에 따라 적합한 조정모델을 선택하여 조정을 제공하는 것이 바람직하다. 고도갈등부부의 경우에는 조정과 상담을 동시에 제공하고, 그래도 합의에 도달하는 데 어려움이 있다면, 이혼과정에서 그들이 직면한 문제해결을 위해서는 소송이라는 적대적 방식을 취할 수밖에 없을 것이다.

3) 이혼조정의 구조 및 단계

시범적으로 시행하고 있지만, 현재와 같이 단 1시간의 1회기의 개입으로는 이혼을 앞둔 부부들의 부부관계 회복을 위한 상담이든, 또는 이혼 시 자녀양육문제에 대한 의사결정 및 협의를 위한 조정이든 그 목적을 달성하는 데 충분하지 않다. 현행 1회기 1시간의 이혼 전 상담을 이혼가능성을 판별하고 상담과 조정의 필요성을 타진하기 위한 초기면접(intake) 과정으로 활용할

표 10-1 조정의 구조

서비스	내용
초기 면접(1회기)	선별(screening)을 위한 면담
차별화된 개입(3회기)	선별 결과에 따라 상담 또는 조정 서비스제공
연계 및 의뢰	필요시 법원연계 부모교육 프로그램이나 외부 기관에 의뢰

수 있을 것이다.

선별 결과에 따라, 부부관계 회복가능성이 있는 경우에는 상담, 이혼의사가 확고하여 이혼에 따르는 자녀양육문제에 대한 협의가 필요한 경우에는 이혼조정을 제공하는 것이 타당할 것이다. 초기면접은 법원이 주도적으로 제공하는 것이 바람직하며, 상담이 필요하여 법원외 상담으로 의뢰된 경우에는 '이혼절차에 관한 특례법(안)' 에 제시되어 있듯이 최대한 3시간까지 상

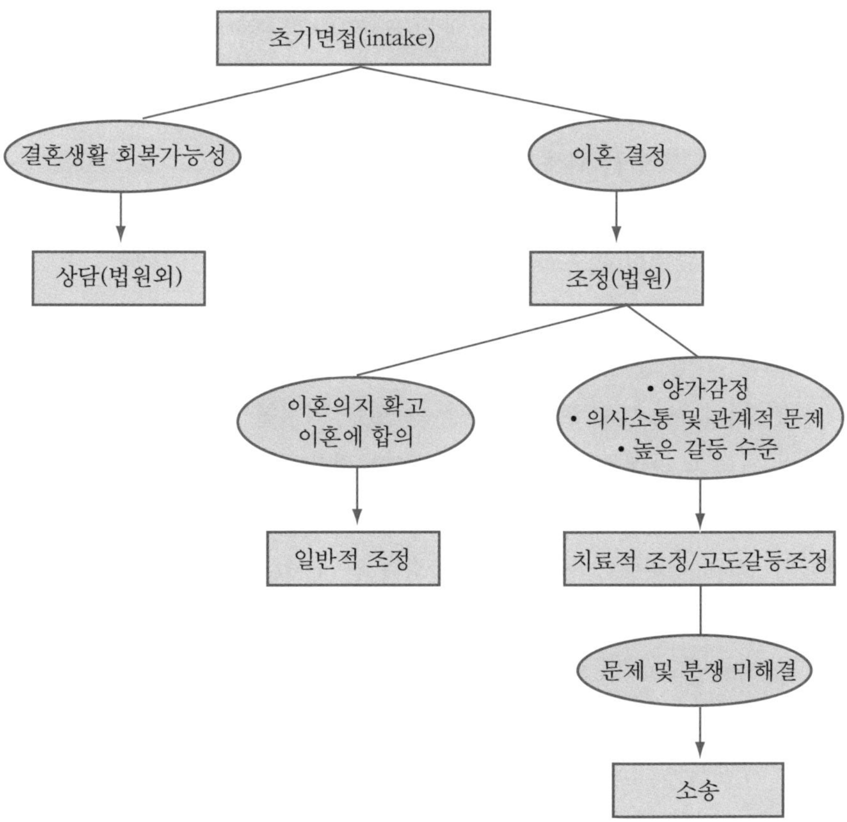

[그림 10-1] 조정의 단계

담을 무료 또는 실비로 받을 수 있도록 하는 것이 바람직하다. 한편, 조정의 경우 법원 주도하에 최대한 3시간의 조정을 제공하는 것이 바람직할 것이다. 상담이건 조정이건, 결혼 회생가능성을 타진하고 부부관계 회복을 위한 노력을 기울일 수 있도록, 또는 자녀양육문제에 대한 협의 및 합리적 의사결정을 할 수 있도록 돕기 위해, 숙려기간 3주 동안 1주일의 간격을 두고 1주에 1회기씩 상담 또는 조정을 제공하는 것이 바람직할 것이다.

4) 조정의 목표: 자녀양육계획(parenting plan) 수립

미성년 자녀를 둔 이혼부부는 이혼 후에도 자녀와 지속적 유대관계를 유지하면서, 자녀양육을 위해 부모역할을 지속해야 할 필요가 있기 때문에, 이혼부부로 하여금 자녀양육을 위한 협력관계의 중요성을 인식하고 이를 구축할 수 있도록 지원할 필요가 있다. 이혼 조정은 이러한 목표를 달성하기 위해 좋은 방편을 제공한다. 즉, 자녀양육과 관련된 현실적인 문제에 대해 협의하고 이혼 후 어떤 방식으로 자녀를 양육하고 지속적인 자녀-부모관계를 유지해 나갈 것인가에 대한 계획을 세울 수 있는 기회를 제공함으로써, 이혼 후 부모와 자녀의 관계를 구체화시키고, 일상생활 속에서 각 부모가 담당해야 할 역할 및 책임의 경계를 분명히 할 수 있게 된다. 이혼 후 자녀양육에 있어 자녀의 '최대 이익'을 고려한 의사결정을 할 수 있도록 동기를 부여하며, 부모로서의 책임을 다 할 수 있도록 자신의 책임과 의무를 구체화시킬 수 있는 기회를 제공함으로써, 조정을 통해 수립된 자녀양육계획은 이혼 후 자녀양육을 둘러싼 갈등을 감소시킬 뿐 아니라 자녀양육을 위해 필요한 협력적 관계를 구축할 수 있도록 돕는다.

자녀양육계획 수립 시 부모들은 이혼을 통해 더 이상 부부의 관계를 유지하지 않지만, 자녀의 부모로서의 역할은 계속된다는 점을 명심하고, 자녀의

'최대 이익'을 보장하도록 힘써야 할 것이다. 자녀의 '최대 이익'을 보장하기 위해서는, 부모의 편의위주가 아닌, 자녀의 연령 및 발달단계, 학교생활 등을 고려하여 자녀의 욕구에 가장 잘 맞도록, 가정형편과 상황을 고려한 맞춤고안식의 자녀양육계획을 수립해야 할 것이다. 조정에 오기 전에 부모들로 하여금 대략적인 자녀양육계획을 수립할 수 있도록 지침(가이드라인)을 제공한다면, 조정을 통해 부모들이 자녀양육 계획을 협상할 수 있고, 필요한 도움을 얻을 수 있을 것이다. 부모가 심히 갈등적이어서 공동으로 자녀양육계획을 수립하는 것이 불가능한 경우, 부모 각자 별도의 자녀양육계획을 세워서 조정에 오게 되면, 조정과정을 통해 이에 대한 합의를 도출하도록 지원할 수 있다. 자녀양육계획은 단독양육의 경우에도 비거주부모와의 면접(만남)을 구체화하고 자녀와 지속적 관계를 유지하도록 하는 데 필수적일 것이다.

5) 효과적인 조정을 위한 법원연계 부모교육 프로그램의 필요성

우리나라보다 이혼문제를 먼저 경험하고, 이혼과정에서 발생되는 자녀양육을 둘러싼 갈등을 해결하기 위해 서구 국가들은 이혼조정제도를 채택하여 실시하고 있다. 이혼조정은 경험적 연구를 통해 그 효과가 입증이 되고 있으나, 최근 조정의 대상이 되는 인구집단이 보다 심각하고 다중적 문제를 지닌 가족들이 포함하는 방향으로 극적으로 변화되고 있기 때문에, 조정만으로는 이러한 가족들의 문제해결이 비효과적이거나 부적합한 경우가 있다. 이러한 점에서, 이혼가족에게 보다 적절하게 개입하기 위해서는 자녀양육관련 갈등을 해결하기 위한 조정뿐 아니라, 조정의 효과를 증진시킬 수 있도록 다른 법원연계 프로그램을 제공해야 할 필요가 있다. 일단 이혼하기로 결정한 경우, 조정을 통해 성공적으로 합의에 이를 수 있는 가능성을 극대화하기 위해, 미국의 가정법원에서는 조정을 시작하기 전에 부모교육 프로그램 또는 중재

전 개입(premediation intervention) 서비스를 제공하고 있다.

미국의 경우 전국법원의 약 50%가 법원연계 부모교육 프로그램을 제공하는 것으로 나타났다(Geasler & Blaisure, 1999: 36). 이혼부모를 위한 교육 프로그램을 제공하는 법원의 80%는 조정을 동시에 제공하고 있으며(Gleaser & Blaisure, 1999: 52), 약 2/3의 프로그램은 부모의 참석을 의무화(강제화)하고 있다(Gleasure & Blaisure, 1999: 47). 한편, 이혼, 별거하는 부모와 그 자녀를 위한 프로그램 동시에 제공하고 있는 경우도 증가되고 있다(Geelhoed, Blaisure, & Geasler, 2001: 393-395).

이혼을 앞두거나 이혼한 부모와 자녀를 위한 교육 프로그램은 이혼과정에서 경험하는 갈등 및 어려움을 경감시키고, 자녀의 욕구를 최대한 고려한 이혼 후 자녀양육계획을 수립할 수 있도록 조정시 보다 생산적인 협상을 하도록 준비시킬수 있다.

5. 이혼 관련 법제도의 향방 및 자녀양육에 내재된 ideology 변화

우리나라의 이혼관련 현행법은 이혼가족의 자녀양육과 관련된 주요 사항, 즉 친권, 양육권, 면접교섭권에 대한 규정을 포함하고 있다. 자녀에 대한 부모공동 친권주의가 확립되어 있으나, 부모공동 친권주의는 부모 누구든 친권자가 될 수 있다는 의미이며 공동친권(co-custody)을 의미하는 것은 아니다. 우리나라에서는 친권과 양육권을 일치시키고 부모 일방에게 부여하는 방향으로 자녀양육권자가 지정되는 추세이다. 이처럼 공동친권보다는 단독친권(양육권)을 선호하는 경향은 부부 사이에 갈등의 골이 너무 깊어 이혼 후 자녀양육을 위한 협력관계를 유지하기가 어렵다고 보는 사회통념에서 기인하는 듯하다. 즉, 이혼 후 자녀양육 때문에 서로 연결되는 과정에서 갈등이 지속될 수 있으며 결과적으로 자녀의 이혼 후 적응과 안정감에 부정적 영향을 준다는 견해 때문인 것으로 보인다. 이혼 후 자녀양육권 결정시 양 부모와의 지속적 만남을 원하는 자녀의 바람보다는, 부모의 갈등 미해결이라는 현실과 이러한 부모갈등이 자녀에게 미칠지 모르는 부정적 영향력을 더 중요시하고 있는 듯 보인다. 이런 점에서 이혼과정에서 부부 간 갈등을 원만하게 해결하고 이혼 후에도 협력적 관계를 유지할 수 있도록 도와야 할 필요성이 여실히 드러나고 있다.

한편, 자녀에 대한 친권자 및 양육권자 결정시 자녀의 '최대 이익'의 중요성이 제시되고 있지만, 단독양육에 대한 선호는 자녀와 비양육자인 부모와의 관계를 단절시키거나 지속되기 어렵게 만든다는 점에서 자녀의 입장에서 '최대 이익'을 위한 결정인지 의구심이 든다. 특히, 이혼한 경우에도 부모와 자녀 사이의 기본적 유대관계를 유지하는 것이 자녀의 복리를 위해 바람직하다는 입법 취지에도 불구하고, 면접교섭권은 원활하게 행사되지 못하고 있으며 면접교섭권 행사의 실효성을 확보할 수 있는 방안이 미비한 실정이다. 이처럼, 자녀에 대한 친권, 양육권, 면접교섭권의 결정 및 행사가 자녀중심으로, 자녀의 최대 이익을 고려하기보다는 부모 간 갈등을 최소화하는 방향으로 이루어지고 있는 실정이다.

이는 자녀의 최대 이익은 이혼 후 한 부모에게만 자녀에 대한 돌봄과 통제권이 주어질 때 최대로 얻어질 수 있다는 주양육자에 대한 가정, 이를 바람직하다고 여기는 가치관과 이념(ideology) 때문인 것으로 보인다. 단독양육권에 대한 선호는 자녀의 최대 이익을 위하여 문제해결에 중요한 타협의 정신보다는 지속되는 갈등을 증진시키는 경향이 있으며, 결과적으로 자녀와 비거주부모(주로 아버지)와의 관계를 단절시키고 자녀에게 부정적 영향을 미칠 가능성이 대두되고 있다. 이러한 이유에서 이혼 후 부모는 부부관계는 종결되었지만 자녀양육에 필요한 부모역할을 지속해야 할 필요가 있으며, 이를 위해 협력적 관계를 구축해야 할 필요성이 있다. 설혹 단독양육의 경우에도 부모의 협력적 관계는 비거주부모가 면접교섭권을 보다 원활히 행사할 수 있게 함으로써 자녀가 부모와 지속적인 유대관계를 유지할 수 있도록 할 수 있다. 이러한 점에서 이혼 후 협력적 부모관계, 공동의 부모역할수행은 많은 지지를 얻고 있다.

공동양육은 이를 자유로이 선택하는 부모들에게는 공동부모역할을 가능하게 하는 좋은 하나의 대안이라는 점에 의심의 여지가 없지만, 이를 자발적으로 선택하지 않는 부모에게도 법을 통해 장려되어야 하는가? 부모가 극심하게 갈등하고 있는 경우에도 최소한의 공동부모역할을 전제로 하는 자녀양육계획의 수립이 필수적인지? 이혼 시 자녀양육계획을 수립하기 위해 조정이 반드시 필요한지? 등 이혼가정의 자녀양육문제에 관한 협의 및 의사결정을 지원하기위한 이혼조정제도의 도입을 둘러싼 많은 의문점이 남아 있다.

현재로서는 미국을 비롯한 서구국가와 같은 수준의 공동양육 내지 공동부모역할을 기대하거나 수행할 수는 없는 실정이다. 그러나 우리나라에서 단독양육의 경우 적어도 면접교섭권의 철저한 시행이 이루어지기 위해서는 이혼 후 자녀양육에 대한 관점 및 마음가짐의 변화가 요구된다. 이혼을 혼인관계의 청산으로만 바라본다면, 이혼 후 자녀와 비거주부모 간의 관계는 단절되고, 비거주부모의 당연한 권리인 면접교섭권은 무시될 가능성이 크다고 보인다. 이러한 점에서 이혼 후 자녀와의 지속적 관계 유지, 부모로서의 역할 및 관여의 지속, 이를 위한 자녀양육계획의 수립과 이를 실천에 옮기기 위한 공동부모역할, 부모의 협력적 관계 구축은 아무리 강조해도 지나치지 않을 것이다. 이를 실현하기 위해서는 우선적으로 '이혼절차에 관한 특례법(안)' 이 이혼부모와 자녀를 위해 보다 현실적이고 장기적인 도움을 줄 수 있는 방향으로 재정비되어야 하며, 법제화를 통해 이혼조정제도가 확립되어야 할 것이다. 아울러, 조정이 효과적일 수 있기 위해서는 조정자의 교육 및 자격기준 확립, 법원이 주도하는 조정자의 자격 및 조정의 질 관리, 그리고 법원연계 프로그램의 개발 등이 필요할 것이다.

이 책의 내용이 현재 법제화가 추진 중인 '이혼절차에 관한 특례법(안)' 이 입법화되어 실제로 실행될 때, 사실상 이혼조정(divorce mediation)이 필요하며, 이혼하려는 부부들을 위해 제공되어야 하는 이혼조정의 내용 및 기본 원칙, 실천모델을 제시함으로써 이혼조정제도의 도입을 위한 준비 및 향후 이의 효과적 운영방안을 구축하는데 조금이나마 도움이 되기를 희망한다. 우리나라 상황과 너무 동떨어진 제안이 아니라, 이혼의 증가에 따른 시기적절한 대책방안을 수립하는 데 일조할 수 있기를 바랄 뿐이다.

부 록

부록1 단계별 조정활동 및 조정기술 목록

부록2 이혼 시 합의사항 확인 목록(Divorce Checklist)

부록 1 단계별 조정활동 및 조정기술 목록

I. 준비	① 의뢰를 접수한다.
	② 당사자들과 접촉한다.
	③ 조정의 안정성과 적합성 여부를 선별한다.
	④ 만일 조정에 적합하지 않다면 대안을 탐색하고, 필요시 안전계획을 수립한다.
	⑤ 처음에 당사자들을 개별적으로 만날 것인지 결정한다. (선별을 위해서 사적인 공간에서 감정을 환기하도록 허용하고, 협상을 위해 준비할 수 있도록 돕기 위해서)
	⑥ 당사자 간 상호작용방안을 마련한다.(공동면담, 왕복조정, 전화 및 원거리 통신 사용 등)
	⑦ 조정에 적합한 공간 및 환경을 선택하고 준비한다.
	⑧ 결정되어야 하는 사안이 법적인 결과를 초래하는 경우, (변호사를 통한) 법적 조언을 구할 수 있다는 점을 명확히 한다.
	⑨ 당사자들의 허락 하에 의사결정에 영향을 미칠 수 있는 변호사 또는 다른 사람들과 이야기를 나눈다.
	⑩ 조정에 누가 참석할 것인지에 대해 동의를 구한다.
II. 조정에 대한 오리엔테이션	① 당사자들에게 소개하는 동안 편안하게 느끼게 한다.
	② 시작 진술 (opening statement): 조정의 과정을 설명한다 조정의 구조, 목적, 다른 개입과의 차이점, 조정자의 역할, 당사자의 역할, 잠정적인 합의에 도달하거나 도달하지 못할 때 일어날 수 있는 일 등.
	③ 과정에 대한 통제력을 보여준다.
	④ 의사결정에 대한 당사자의 책임감을 강조한다.
	⑤ 시작, 지속, 종료의 시기 및 추후의 모임 가능성 등을 파악한다.
	⑥ 지원자들의 적합성을 선별한다. 준비, 힘의 균형, 안전성, 협상할 수 있는 능력(정신질환 및 약물남용 등이 미치는 영향을 고려한다)
	⑦ 과정에 영향을 미칠지 모르는 문화적 요인(가치관, 선호하는 갈등해결 방식, 갈등과 관련된 전통)을 사정한다.

II. 조정에 대한 오리엔테이션	⑧ 조정 전 개입의 필요성 여부를 결정한다.
	⑨ 의사소통과 조정과정의 기본 원칙에 대해 당사자들의 동의를 얻는다. (예. 한 번에 한사람만 이야기한다, 상호존중의 언어 사용 등)
	⑩ 당사자들이 이해할 수 있는 용어로 실천기준을 묘사한다. 중립성 또는 비편파성, 비밀보장, 당사자 및 변호사 등과 의사소통, 조정하는 동안 개별회의(caucus)의 사용, 안전문제, 자발적 참여, 철회 또는 종료할 수 있는 능력
	⑪ 클라이언트와 라포 및 신뢰 형성 (진실성, 무조건적 긍정적 존중, 공감적 이해, 비편파성, 경청기술 사용)
	⑫ 조정을 하기 위해 합의조건을 명확화한다. (조정비 및 비용지불방식을 포함하는 조정자의 서비스에 대한 계약)
	⑬ 정보를 제공한 후 당사자들이 과정에 참여하도록 격려한다.
	⑭ 조정을 위한 합의(문서 또는 구두)를 도출한다.
	⑮ 제시된 문제에 대한 기초적 정보를 수집한다.
	⑯ 조정에 대한 당사자의 동기를 파악한다.
	⑰ 갈등의 특성(이해, 이념 또는 이해관계의 차이)을 사정한다.
	⑱ 조정과정에 참여하기로 한 결정에 대해 당사자들에게 감사 또는 축하의 말을 전한다.
	⑲ 조정과정에 대해 긍정적 기대를 갖도록 격려한다.
	⑳ 당사자들로부터 비판 및 피드백을 구한다.
	㉑ 한 당사자가 조정에 대해 싫어하는 마음을 표시하면 그 이유를 탐색한다. (개별회의 또는 공동회합을 통해)
	㉒ 당사자들이 조정에 동의하지 않는다면, 당사자들과 함께 대안을 탐색하고, 어떻게 진행할 것인지에 대해 당사자들이 결정할 수 있다는 점을 명확히 한다.
	㉓ 클라이언트(당사자들)의 권력을 강화한다. (협상기술 지지, 각 당사자에게 공정한 발언기회 부여, 강점강화를 통하여)
III. 문제(쟁점) 정의	① '누가 먼저 시작할 것인지?' 에 대한 합리적 근거를 제공한다.
	② 각 당사자에게 그들의 관심사를 파악할 수 있는 기회를 허용한다.
	③ 당사자들이 감정을 환기시키도록 허용한다.
	④ 이야기하기와 감정표현에 적절한 한계를 설정한다.

III. 문제(쟁점) 정의	⑤ 각 당사자가 상대방에게 귀 기울이고 이해하도록 격려한다. (경청기술을 사용)
	⑥ 한 당사자가 상대방에 의해 제공되는 정보에 놀라는 듯한 기색을 보이면, 새로운 정보가 과거 사건에 대한 이해를 어떻게 변화시키는지를 탐색한다.
	⑦ 관계문제를 포함하여, 각 당사자의 주요한 이해관계를 파악한다. (요약 및 명확화)
	⑧ 상호이해관계 및 합의의 영역을 파악한다.
	⑨ 명확하고 포괄적인 균형 잡힌 관심사(쟁점)의 목록을 작성한다.
	⑩ 어떻게 진행할 것인가에 대한 의견을 수렴한다. (우선순위, 언급할 쟁점의 순서 등-예. 가장 중요하거나, 시급한 문제를 먼저 다루기 등)
	⑪ 다른 갈등방식에 적절하게 반응한다.
	⑫ 각 당사자의 정체성과 역할을 인정한다.
	⑬ 편들기를 피한다.
	⑭ 기본적 관심사(쟁점)에 대해 각자 분석한다.
IV. 이해관계와 욕구 탐색	① 당사자들이 쟁점에 대한 자신의 감정을 파악하도록 한다.
	② 갈등 중인 쟁점에 대한 다른 사람들의 감정에 대해 당사자들이 인식하고 있는 바를 파악하도록 한다.
	③ 당사자들이 기본적 이해관계와 욕구를 탐색하도록 돕는다.
	④ 당사자들이 자기 이미지를 탐색하고, 이것이 갈등과 가능한 해결책에 어떻게 영향을 미치는지를 탐색하도록 돕는다.
	⑤ 분명하고 적절한 질문을 한다.
	⑥ 당사자들이 서로 정보를 나누도록 격려한다.
	⑦ 안전한 환경을 유지한다.
	⑧ 정서적 분위기를 적절한 수준으로 통제 한다.
	⑨ 한 번에 한 가지 쟁점에만 초점을 두도록 한다.
	⑩ 파괴적인 행동에 대한 통제력을 유지한다.
	⑪ 쟁점은 세분화한다.
	⑫ 당사자들과 함께 우선순위를 정한다.
	⑬ 이해에 도달하도록 돕는다.

Ⅳ. 이해관계와 욕구 탐색	⑭ 다음 영역에 개입하는 것이 적절하다. • 힘의 균형화 • 문제해결 초점 유지 • 정서적 욕구에 반응 • 교착상태(impass) 해결
Ⅴ. 협상과 문제해결	① 합의에 이르는 목적을 명확화한다.
	② 당사자들이 객관적 기준을 개발하도록 돕는다.
	③ 광범위한 원칙에서 좀 더 구체적 주제로 옮겨간다.
	④ 협력적 문제해결을 격려한다.
	⑤ 각 쟁점에 대한 대안을 도출하도록 격려한다.
	⑥ 실질적인 제안과 프로포절을 작성한다.
	⑦ 당사자들이 조정자에게 해결책을 강요하는 것을 피한다.
	⑧ 시기상조의 해결책으로 나아가는 것을 피한다.
	⑨ 문제해결을 위한 구조를 제공한다.
	⑩ (만일 전체적 사안에 대한 합의에 도달하지 못하면) 분쟁 중인 쟁점을 좁힌다.
	⑪ 선제 전략(pre-emptive strategies)을 사용한다.
	⑫ 당사자들이 진술한 내용을 긍정적 · 상호 수용적 · 미래 초점의 비심판적(입장보다는) 이해에 기반을 둔 내용으로 재정의한다.
	⑬ 과정에 대한 적절한 통제력을 유지한다－당사자들이 협력적으로 일할 수 있다면 당사자들에게 더 많은 통제력을 양도한다.
	⑭ 의사결정 나무, 챠트, 노트 및 다른 시각적 도구를 사용한다.
	⑮ 혁신적 해결책에 도달하기 위해 당사자들이 다양한 각도에서 문제를 볼 수 있도록 수평사고(lateral thinking)를 장려한다.
	⑯ 적절할 때 당사자를 개별적으로 만나는 개별회의(caucus) 사용한다.
	⑰ (조언보다는 대안으로서) 가능한 양보를 제안한다.
	⑱ 양보할 때 보상을 한다.
	⑲ 대안의 폭을 넓히기 위해 외부 전문가 및 자원과 연결한다.
	⑳ 알아야 할 정보를 파악한다.
	㉑ 부족한 정보를 보완하고, 당사자들이 이런 정보를 어떻게 얻을 것인지에 대한 동의를 얻는다.

V. 협상과 문제해결	㉒ 비생산적인 협상행동을 바로잡거나 선제조치를 취한다.
	㉓ 생산적인 협상행동을 칭찬한다.
	㉔ 협상에 대한 당사자의 행동 및 태도가 미치는 영향 및 기능을 파악한다.
	㉕ 당사자들의 모든 이해 및 관심사를 논의하도록 허용한다.
	㉖ 과정에 참여하고 있는 다른 사람들의 권리를 인정하거나 합법화한다.
	㉗ 문화적 차이점 및 오해를 탐색한다.
	㉘ 당사자의 문화에 언어와 행동을 맞춘다.
	㉙ 권력역동과 공정성에 대해 탐색한다.
	㉚ 당사자들이 협상테이블에 남아 있도록 격려한다.
	㉛ 당사자들이 체면을 세우도록 돕는다.
	㉜ 생산적 협상기술과 협상전략을 교육한다.
	㉝ 역할 바꾸기, 현실검증 질문, 은유사용 등을 통해 당사자의 기대를 변화시킨다.
	㉞ 당사자들이 과거보다는 미래에 초점을 두도록 한다.
	㉟ 한 번에 한 가지 쟁점에 초점을 두거나, 다룰 수 있는 만큼의 쟁점만 다룬다.
	㊱ 관계 문제(relationship issues)를 탐색한다.
	㊲ 당사자들이 심판적 진술을 할 때, 생산적 관점에서 서로를 보도록 돕는다.
	㊳ 당사자들이 미래 상황에서 가능한 변화를 고려하도록 한다.
	㊴ 당사자들이 성격문제(personality issue)와 협상의 내용을 분리하도록 돕는다.
	㊵ 양보에 대한 책임을 진다.
	㊶ 회기(session) 사이에 당사자들에게 집에서 할 수 있는 과제를 준다.
	㊷ 협상테이블에 나오지 않은, 그러나 영향받을 수 있는 사람의 이해를 고려하도록 한다.
	㊸ 합의에 이르도록 도울 수 있는 다른 사람들을 조정과정에 참여시킨다.
	㊹ (정보 및 언행의 불일치를 파악하도록)생산적인 직면을 사용한다.
	㊺ 합의에 도달하지 못할 때의 비용에 대해 인식하도록 돕는다(조정된 합의에 대한 최선의 대안이 무엇인지?)
	㊻ 이전에 제기된 쟁점을 당사자들이 잊어버렸다면, 이를 다시 협상테이블로 가져오도록 돕는다.

VI. 최종적 합의	① 합의서에 적절한 언어 사용 구두/문서, 알기 쉬운/법적 언어, 비편파적/상호적, 분명 간결한 언어
	② 당사자들과 함께 합의 내용이 현실적인지 여부를 검증한다.
	③ 우발적으로 일어날 수 있는 일을 합의서 작성시 다룬다.
	④ 각 당사자의 역할과 의무를 명확히 한다.
	⑤ 합의내용을 충실히 이행할 것을 확실히 한다.
	⑥ 각 당사자에 의해 표현된 의혹을 탐색한다.
	⑦ 조정과는 독립적으로 법적 조언에 접근할 수 있음을 확실히 한다.
	⑧ 어떤 식으로 잠정적 합의서가 마무리될 것인지를 다룬다. (변호사가 초안 작성, 당사자 동의에 대한 법원 명령, 법적 구속력 갖는 합의라기보다는 비공식적 합의서)
	⑨ 합의내용을 모니터하고 실행에 옮기는 방안을 고안하도록 돕는다.
	⑩ 지금까지의 진행과정을 요약한다.
	⑪ 당사자의 노력 및 의사결정을 강화한다.(악수, 식사, 다른 의식 등을 통해 긍정적 분위기 속에 끝을 맺는다).
	⑫ 추후회합(일시, 장소, 누가 책임을 지는가?)을 준비한다.
	⑬ 만일 합의에 도달하지 못하면, • 합의 및 합의하지 못한 영역을 요약한다. • 미해결된 쟁점의 해결책에 대한 가능한 대안을 탐색한다. • 당사자들의 감정과 좌절감을 탐색한다. • 필요한 자원과 당사자들을 연결한다. • 권력강화 및 인정을 통해 당사자들의 노력과 성공을 강화한다. • 미래에 언제든지 다시 조정을 할 수 있는 기회를 제공한다.
VII. 추후 회합	① 당사자들과 접촉한다. (대면 모임, 전화인터뷰, 문서화된 피드백) 등
	② (연구조사, 평가서, 비공식적 피드백 등) 피드백을 요청한다.
	③ 구체적인 시간 간격을 두고 조정에 대해 검토하는 시간을 갖는다. (단기적 또는 시험적 합의, 장기적 합의, 최종적 합의 후 진전 상태 및 문제를 고려하기 위해)
	④ 긍정적 결과를 강화한다.
	⑤ 다른 서비스를 제공한다.

출처: Barsky(2000: 149~157)에 제시된 내용을 요약 · 수정한 것임.

부 록 2 이혼 시 합의사항 확인목록

이혼조정 및 자녀양육관련 조정분야에서 일하는 실천가와 연구자들은 이혼기간 중, 이혼 후 가족 내 갈등을 감소시키거나 또는 악화시킬 수 있는 아주 중요한, 그러나 때때로 빠뜨리거나 잊어버리기 쉬운 요인들이 있다는 점을 지적하고 있다(Koopman et al., 1994: 84). 조정을 통해 이미 합의된 내용 가운데 중요한 요인이 빠져 있을 때 이는 이혼 후 불필요한 갈등의 반복을 가져올 수 있기 때문에(Koopman et al., 1994: 84), 간단하면서도 포괄적인 이혼 시 합의사항에 대한 확인목록(Divorce Cheklist)이 필요하다. Koopman과 동료들(1994: 85)은 이혼조정 전문가로서의 자신들의 오랜 경험을 토대로, 이혼 당사자는 물론 이혼 및 자녀양육관련 조정 분야에서 일하는 전문가들이 자녀관련, 배우자 관련 합의서를 작성할 때 참고할 수 있는 이혼 시 합의사항 확인목록을 제시하였다. 저자들은 이러한 확인목록을 하나의 도구로 사용할 때, 합의서에 어떤 내용이 들어가야 하고, 이 특정 사례에서 부적절한 내용(issues)이 무엇인지 손쉽게 알 수 있고, 아울러 시간이 흐르면서 일어나는 자녀의 욕구 변화에 따라 수정되어야 할 합의서의 내용에 대해 당사자들이 합의에 이르도록 돕는데 유용하다고 보았다. 다음은 Koopman, Hunt & Favretto(1994: 86~91)이 제시한 이혼 시 합의사항 확인목록(checkilsts for accomplishing the multiple tasks of divorce & separation)의 내용이다.[1)]

1) 다음의 도표는 이명신 외(2006) "이혼후 자녀양육계획 수립을 위한 중재서비스(실천모델)". 『협의이혼 상담제도와 사회복지적 접근』. 한국가족사회복지학회 제19회 춘계학술대회에서 발표되었던 내용을 수정·보완한 것임.

이혼 시 합의사항 확인목록

1) 자녀 관련 합의사항

자녀 관련 합의사항	적용 불가	포함되지 않음	명령/의뢰로 인해 제외됨	일반적으로 포함됨	구체적으로 포함됨
Ⅰ. 일반 내용					
A. 혼인 및 가족관련 사항					
(1) 결혼 일자					
(2) 별거/이혼 일자					
(3) 각 자녀의 생년월일					
(4) 기타 사항__________					
B. 부모-자녀 관계에 관한 기본 원칙(예: 부모로서의 적절성, 자녀의 필요 등)					
Ⅱ. 일반적(재정적 사안 제외) 부모의 권리와 책임					
A. 공동 의사결정이 필요한 사안					
(1) 주요 병원진료/치과/심리치료					
(2) 종교					
(3) 고등학교까지의 교육					
(4) 고교 이후의 교육					
(5) 여가, 문화 활동					
(6) 여름 방학 계획					
(7) 부모-자녀 의사소통 계획					
(8) 부모 간 의사소통 계획					
(9) 자녀-확대가족 의사소통계획					
(10) 응급시 고려해야 할 점					
(11) 기타(구체적으로: ________________)					
B. 아버지의 권리와 책임					
(1) 아버지와 거주하는 시간					
(2) 자녀의 여가활동에 관한 아버지의 책임					
(3)병원진료/치과/상담에 관한 아버지의 책임					
(4) 자녀의 일상지도에 관한 아버지의 책임					
(5) 자녀의 선물준비에 대한 아버지의 책임					

자녀 관련 합의사항	적용 불가	포함되지 않음	명령/의뢰로 인해 제외됨	일반적으로 포함됨	구체적으로 포함됨
(6) 자녀의 학교활동에 아버지의 관여					
(7) 종교활동과 종교교육에 대한 아버지의 책임					
(8) 자녀와 확대가족의 접촉 및 왕래에 대한 아버지의 책임					
(9) 자녀훈육에 대한 아버지의 책임					
(10) 유언					
(11) 기타(구체적으로: ____________________)					
C. 어머니의 권리와 책임					
(1) 어머니와 거주하는 시간					
(2) 자녀의 여가활동에 관한 어머니의 책임					
(3) 병원의료/치과/상담에 관한 어머니의 책임					
(4) 자녀의 일상지도에 관한 어머니의 책임					
(5) 자녀의 선물준비에 대한 어머니의 책임					
(6) 자녀의 학교활동에 어머니의 관여					
(7) 종교활동과 종교교육에 대한 어머니의 책임					
(8) 자녀와 확대가족의 접촉 및 왕래에 대한 어머니의 책임					
(9) 자녀훈육에 대한 어머니의 책임					
(10) 유언					
(11) 기타(구체적으로: ____________________)					
III. 재정적 문제에 대한 부모의 책임					
A. 아버지의 책임					
(1) 구체적인 병원진료/치과/상담 비용					
(a) 보험 적용범위					
(b) 비보험 적용 비용					

자녀 관련 합의사항	적용 불가	포함되지 않음	명령/의뢰로 인해 제외됨	일반적으로 포함됨	구체적으로 포함됨
(2) 어린이집/ 유치원 비용					
(3) 고등학교까지 교육비용					
(4) 대학진학 비용					
(5) 자녀의 생명보험					
(6) 주거비					
(7) 식료품비					
(8) 의류비					
(9) 자녀 용돈					
(10) 어머니의 자녀관련 지출비용에 대해 아버지가 직접 분담하는 금액					
(11) 국세청 공제					
(12)기타사항___________					
B. 어머니의 책임					
(1) 구체적인 병원진료/치과/상담 비용					
(a) 보험 적용범위					
(b) 비보험 적용 비용					
(2) 어린이집/ 유치원 비용					
(3) 고등학교까지 교육비용					
(4) 대학진학 비용					
(5) 자녀의 생명보험					
(6) 주거비					
(7) 식료품비					
(8) 의류비					
(9) 자녀 용돈					
(10) 아버지의 자녀관련 지출비용에 대해 어머니가 직접 분담하는 금액					
(11) 국세청 공제					
(12)기타사항___________					

자녀 관련 합의사항	적용 불가	포함되지 않음	명령/의뢰에 의해 제외됨	일반적으로 포함됨	구체적으로 포함됨
IV. "특수한 필요"를 지닌 가족을 위해 고려할 점					
A. 부모의 정서적 취약성					
B. 부모 지능의 취약성					
C. 자녀의 정서적 취약성					
D. 자녀 지능의 취약성					
E. 아동학대 관련 제한 규정					
F. 배우자학대 관련 제한 규정					
G. 약물남용 관련 제한 규정					
H. 기타(구체적으로: ____________)					
V. 자녀양육 관련 합의내용 변경시 고려할 점					

VI. 합의 유형(한곳에만 표시하시오)

A. 전체적 합의:
자녀양육관련 사안에 있어 모두 합의가 이루어짐(　　　　)

B. 부분적 합의:
몇몇 선택적 사안들에 대해서는 부모간 합의가 이루어졌으나, 그 외의 사안은 법원으로 회부됨(　　　　)

VII. 공식적 양육권자 지정(Formalized Custodial Designation)
(양육자가 지정된 경우, 구체적으로 표시하시오)

법적 공동양육 (　　　　)
아버지에게 법적 단독양육 (　　　　)
어머니에게 법적 단독양육 (　　　　)
법적 양육 분리 (　　　　)

2) 배우자 관련 합의사항

배우자 관련 합의사항	적용 불가	포함되지 않음	명령/의뢰로 인해 제외됨	일반적으로 포함됨	구체적으로 포함됨
I. 혼인기간중 형성된 자산 목록					
A.부동산					
B. 직업 관련 혜택 예: 연금, stock option					
C. 개인 재산 (예: 소유물품, 보석류, 자동차)					
D. 사업					
E. 투자 현황(예: 주식,채권, 부동산 신탁)					
F. 저축예금, 당좌예금					
G. 보험, 개인 신탁					
H. 유산, 기타 수입					
II. 혼인기간 중 형성된 자산의 분할					
A.부동산					
B. 직업 관련 혜택 예: 연금, stock option					
C. 개인 재산 (예: 소유물품, 보석류, 자동차)					
D. 사업					
E. 투자 현황(예: 주식,채권, 부동산 신탁)					
F. 저축예금, 당좌예금					
G. 보험, 개인 신탁					
H. 유산, 기타 수입					
III. 혼인기간 중 부채 목록					
A. 부동산구입시 대출금/저당					
B. 개인 재산 관련 대출금					
C. 사업 대출금					
D. 교육 대출금					

배우자 관련 합의사항	적용 불가	포함되지 않음	명령/의뢰로 인해 제외됨	일반적으로 포함됨	구체적으로 포함됨
E. 미결제 요금					
F. 기타					
IV. 혼인기간중 부채 분할					
A. 부동산구입시 대출금/저당					
B. 개인 재산 관련 대출금					
C. 사업 대출금					
D. 교육 대출금					
E. 미결제 요금					
F. 기타					
V. 배우자 부양					
A. 직접적 정기적 배우자 부양비					
B. 미래 교육에 대한 부양					
C. 병원진료 및 치과 비용					
D. 생명 보험					
E. 유언					
F. 기타 재정적 기여금 (예. 주택유지비, 특수 비용 등)					
G. 부양비 변경 및 종결에 대해 고려할 점					
H. 기타					
VI. 세금 관련 사안					
A. 공동소득세금 및 혜택					
B. 다른 세금 및 혜택					
C. '이혼수당' 관련 세금					
D. 미래의 세금에 대해 고려할 점					
VII. 기타					
A. 조정비용 지급					
B. 법적 (소송) 비용 지급					
C. 완전한 정보제공에 대한 보증					
D. 미래에 발생될 지 모르는 문제에 대해 고려할 점 (예. 조정)					

참고문헌

강수미(2006). "재판외의 분쟁해결제도에 대한 반추". 「민사소송」. 10(1), 205-239.

곽배희(1993). 「이혼원인 및 과정에 관한 사례 연구」. 이화여자대학교 석사학위논문.

곽배희(2001). 「한국사회의 이혼실태 및 원인에 관한 연구」. 이화여자대학교 박사학위 논문.

권정순(2005). "이혼절차에관한특례법(안)에 대한 비판적 고찰". 「이혼은 가족해체인가?」. 한국여성의전화연합 토론회 자료집, 20-37.

김경배(2005). "한국 대체적 분쟁해결제도(ADR)의 제도화 및 발전방안에 관한 연구". 「산업경제연구」. 18(1), 251-274.

김만웅(2004). 「우리나라 이혼절차에서의 조정기능강화에 관한 연구」. 부산대학교 박사학위논문.

김상용(2002). "이혼가정 자녀복리를 위한 제도 개선방향". 「이혼가정과 자녀양육-양육비 제대로 받고 있는가」. 한국가정법률상담소 창립 45주년 심포지엄 자료.

김상용(2006). "협의이혼제도의 개정방향". 「협의이혼 상담제도와 사회복지적 접근」. 한국가족사회복지학회 제19회 춘계학술대회 자료집, 9-53.

김수정(2002). 「이혼협상의 실태 및 주요 관련 변인에 관한 실증적 연구」. 경북대학교 박사학위논문.

나나미(1992). 「로마인 이야기」 제1권 (김석희 옮김). 서울: 한길사.

법원행정처(2002). "가사조정실무". 「조정실무」. 서울: 법원행정처.

변화순(2005). "이혼은 가족해체인가?". 「이혼은 가족해체인가?」. 한국여성의전화연합 토론회 자료집, 1-19.

선재성(2006). "재판상 이혼과 상담교육의 역할". 이혼상담 법제화를 위한 제2회 전국상담전문가 교육대회 자료집, 167-181.

선재성(2007). "이혼가정에 대한 법원의 새로운 역할: 문제해결을 위한 서비스제공자로서의 가정법원". 「이혼가족지원을 위한 사회복지 전문성 강화전략」. 한국가족사회복지학회 제21회 춘계학술대회 자료집, 9-76.

성정현(2005). "이혼절차에관한특례법(안)의 몇 가지 쟁점". 「이혼은 가족해체인가?」.

한국여성의전화연합 토론회 자료집, 56-64.
송현종(2006). "친권자 및 양육자 지정을 둘러싼 분쟁에서 자녀의 복지 실현을 위한 조사관의 개입방안". 전국법원 조사관 세미나 자료집. 서울가정법원, 3-65.
서울가정법원(2007). "이혼제도 및 이혼상담의 이해". 서울가정법원 상담위원 위촉식 자료집.
신라대학교 가족상담센터(편역). 「이혼조정 매뉴얼」. 서울: 양서원.
신영철 · 김유진(2006). "협의이혼 상담전문가 교육대회 자료집(별책). 1-24.
유계숙 · 최성일(2005). "이혼숙려 부부들을 위한 상담프로그램 모형 개발". 「한국가족관계학」. 10(2), 57-92.
유병현(2004). "법원외 분쟁조정위원회의 발전방향". 「고려법학」. 하촌 정동윤교수 정년기념 논문집, 243-275.
윤덕경 · 장영아(2002). 「가족법상 친권, 양육권 및 면접교섭권 제도의 실효성 확보방안 연구」. 2002 연구보고서. 서울: 한국여성개발원
이강원(2005). "이혼절차에 관한 특례법(안) 축조해설". 「이혼상담법제화발전방향 국회 세미나를 위한 특강: 이혼절차에 관한 특례법(안)」. 서울: 서울가정법원상담위원회.
이명신 · 김유순(2005). "이혼사유별 이혼의향에 영향을 미치는 요인: 남녀 모델 비교". 「여성연구」, 2, 35-91.
이명신(2006). "여성의 생활실태 및 복지욕구". 「진주시 지역사회복지계획 수립을 위한 복지욕구 및 자원조사 보고서」. 113-170.
이명신 · 양심영(2006). "이혼후 자녀양육계획 수립을 위한 중재서비스(실천모델)". 「협의이혼 상담제도와 사회복지적 접근」. 한국가족사회복지학회 제19회 춘계학술대회 자료집, 71-99.
이주홍(2002). 「한국사회의 이혼율 증가에 관한 연구」. 연세대학교 석사학위 논문.
장혜경 · 민가영(2002). 「이혼여성의 부모역할 및 자녀양육지원방안에 관한 연구」. 서울: 한국여성개발원.
주재선 · 김성익(2004). 「2004 여성통계연보」. 서울: 한국여성개발원.
주혜주(2004). 「이혼여성의 이혼결정과정」. 서울대학교 박사학위논문.
통계청(2007). 「2006년 이혼통계결과」.
한국보건사회연구원(2003). 「2003년 전국 출산력 및 가족보건 · 복지실태조사」. 서울: 한

국보건사회연구원.

Kaulbach, T.(2005). "젠더갈등사례에 있어서 ADR 운영 및 국가와의 연계". 「국내외 갈등관련 제도 및 정책」. 경제 · 인문사회연구회 협동연구총서 05-02-10, 서울: 한국여성개발원.

Amato, P.R. & Previti, D.(2003). "People's reasons for divorcing: Gender, social class, the life course, and adjustment". *Journal of Family Issues*, 24(5), 602-626.

Arbuthnot, J. & Gordon, D.A.(1996). "Does mandatory divorce education for parents work?: A six-month outcome evaluation". *Family and Conciliation Courts Review*, 34(1), 60-81.

Barsky, A.E.(2000). *Conflict Resolution for the Helping Professions*. Belmont, CA: Wadsworth/Thomson Learning.

Benjamin, M. & Irving, H.H.(2005). "Using the "Mediatable Frame" to define the problem in mediating a parenting plan". *Conflict Resolution Quarterly*, 22(4), 473-491.

Blair, D.M. & Weiner, M.H.(2005). "Resolving parental custody disputes-A comparaive exploration". *Family Law Quarterly*, 39(2), 247-266.

Blaisure, K.R. & Geasler, M.J.(1996). "The divorce education intervention model". *Family and Conciliation Courts Review*, 38(4), 501-513.

Bond, M.(1998). "Advocating for children of separating parents". *Children & Society*, 12, 12-24.

Bowles, R. & Garoupa, N.(2003). "House dissolution, child care and divorce law". *International Review of Law & Economics*, 22, 495-510.

Braver, S.L., Salem, P., Pearson, J. & Deluse, S.R.(1996). "The content of divorce education programs: Results of a survey". *Family and Conciliation Courts Review*, 34(1), 41-59.

Campbell, L. & Johnston, J.R.(1986). "Impasse-directed mediation with high conflict families in custody disputes". *Behavioral Sciences & the Law*,

4(2), 217-241.

Cohen, O., Luxenburg, A., Dattner, N. & Matz, D.E.(1999). "Suitability of divorcing couples for mediation: A suggested typology". *The American Journal of Family Therapy*, 27, 329-344.

Depner, C.E., Cannata, K. & Ricci, I.(1994). "Client evaluations of mediation services: The impact of case characteristics and mediation service models". *Family and Conciliation Courts Review*, 32(3), 306-325.

Edwards, R.(2002). "Creating 'stability' for children in step-families: Time and substance in parenting". *Children & Society*, 16, 154-167.

Emery, R.E. & Dillon, P.(1994). "Conceptualizing the divorce process: renegotiating boundaries of intimacy and power in the divorced family system". *Family Relations*, 43(4), 374-379.

Emery, R.E., Laumann-Billings, L., Waldron, M.C., Sbarra, D.A. & Dillon, P.(2001). "Child custody mediation and litigation: Custody, contact, and coparenting 12 years after initial dispute resolution". *Journal of Consulting and Clinical Psychology*, 69(2), 323-332.

Farmer, A. & Tiefenthaler, J.(2000). "Conflict in divorce disputes: the determinants of pretrial settlement". *International Review of Law and Economics*, 21, 157-180.

Ferreiro, B.W.(1990). "Presumption of joint custody: A family policy dilemma". *Family Relations*, 39(4), 420-426.

Garber, B.D. (2004). "Directed co-parenting intervention: Conducting child-centered interventions in parallell with highly conflicted co-parents". *Professional Psychology: Research and Practice*, 35(1), 55-64.

Garon, R.J., Donner, D.S. & Peacock., K.(2000). "From infants to adolescents: A developmental approach to parenting plans". *Family & Conciliation Courts Review*, 38(2), 168-191.

Geasler, M.J. & Blaisure, K.R.(1998). "A review of divorce education program materials". *Family Relations*, 47(2), 167-175.

Geasler, M.J. & Blaisure, K.R.(1999). "1998 Nationwide survey of court-connected divorce education programs". *Family & Conciliation Courts Review*, 37(1), 36–63.

Geelhoed, R.J., Blaisure, K.R. & Geasler, M.J.(2001). "Status of court-connected programs for children whose parents are separating or divorcing". *Family Court Review*, 39(4), 393–404.

Gottman, J.M.(1994). *What Predicts Divorce?* Hillsdale, NJ: Lawrence Erlbaum.

Haynes, J.M.(1978). "Divorce mediator: a new role". *Social Work*, January, 5–9.

Haynes, J.M.(1981). *Divorce Mediation: A Practical Guide for Therapists and Counselors*. N.Y.: Springer Publishing Co., Inc.

Heaton, T.B.(2002). "Factors contributing to increasing marital stability in the United States". *Journal of Family Issues*, 23(3), 392–409.

Helm, B., Boyd, L.W. and Longwill, C.K.(1992). "Professional interdependence in divorce practices: The psychotherapist and the mediator". *Family and Concilication Courts Review*, 30(3), 385–396.

Hughes, R. & Kirby, J.J.(2000). "Strengthening evaluation strategies for divorcing family support services: Perspectives of parent educators, mediators, attorneys and judges". *Family Relations*, 49(1), 53–61.

Irving, H.H. & Benjamin, M.(1995.). "Shared parenting". *Family Mediation: Contemporary issues*. Thousand Oaks, CA.: Sage publications, Inc., 229–276.

Irving, H.H. & Benjamin, M.(1995.). "Shared parenting and sole custody". *Family Mediation: Contemporary issues*, Thousand Oaks, CA.: Sage publications, Inc., 277–301.

Irving, H.H. & Benjamin, M.(2002). *Therapeutic Family Mediation*. Thousand Oaks, CA.: Sage Publications.

Jacobs, S. & Aakhus, M.(2002). "What mediators do with words: Implementing three models of rational discussion in dispute mediation". *Conflict Resolution Quarterly*, 20(2), 177–203.

Kaltenborn, Karl-Franz(2001). "Children's and young people's experiences in various residential arrangements: A longitudinal study to evaluate criteria for custody and residence decision-making". *British Journal of Social Work*, 31, 81-117.

Kelly, J.B.(1991). "Parent interaction after divorce: Comparison of mediated and adversarial divorce processes". *Behavioral Sciences and the Law*, 9, 387-398.

Kelly, J.B.(1996). "A decade of divorce mediation research: Some answers and questions". *Family and Conciliation Courts Review*, 34(3), 373-385.

Kitzmann, K.M. & Emery, R.E.(1994). "Child and family coping one year after mediated and litigated child custody disputes". *Journal of Family Psychology*, 8(2), 150-159.

Koopman, E.J., Hunt, E.J. and Favretto, F.G.(1994). "Accomplishing the multiple tasks of divorce and separation: Checklists for professionals and couples". *Family and Conciliation Courts Review*, 32(1), 84-92.

Kramer, L. & Washo, C.A.(1993). "Evaluation of a court-mandated prevention program for divorcing parents: The children first progam". *Family Relations*, 42(2), 179-186.

Kressel, K., Jaffee, N., Tuchman, B., Watson, C. & Deutsch, M. (1980). "A typology of divorcing couples: Implications for mediation and the divorce process". *Family Process*, 19(2), 101-116.

Kruk, E.(1997)(ed.). *Mediation and Conflict Resolution in Social Work and the Human Services*, Chicago, Il.: Nelson-Hall, Inc.

Kruk, E.(2005). "Shared parental responsibility: A harm reduction-based approach to divorce law reform". *Journal of Divorce & Remarriage*, 43(3/4), 119-140.

Liebmann, M.(2000). "History and overview of mediation In the UK". *Mediation in Context*, London: Jessica Kingsley Publishers Ltd., 19-38.

Maley, Y.(1995). "From adjuciation to medition: Third party discourse in conflict resolution". *Journal of Pragmatics*, 23, 93-110.

Marcus, M.G., Marcus, W., Stilwell, N.A. & Doherty, N.(1999). "To mediate or not to mediate: Financial outcomes in mediated vs. adversarial divorces". *Mediation Quarterly*, 17(2), 142-152.

McIntosh, J.(2000). "Child-inclusive divorce mediation: Report on a qualitative research study". *Mediation Quarterly*, 18(1), 55-69.

McIsaac, H. & Finn, C.(1999). "Parents beyond conflict: A cognitive restructuring model for high-conflict families in divorce". *Family and Conciliation Courts Review*, 37(1), 74-82.

Menin, B.(2000). "The party of the last part: Ethical and process implications for children in divorce mediation". *Mediation Quarterly*, 17(3), 281-293.

Moore, C.W.(2003), *The Mediation Process*, San Francisco: Jossey-Bass.

Newmark, L., Harrell, A., & Salem, P.(1995). "Domestic violence and empowerment in custody and visitation cases". *Family and Conciliation Courts Review*, 33(1), 30-62.

Norton, E., Weiss, W., Ricci, I. & Fielding, R.(1992). "Development of uniform standards of practice for court-connected child custody mediation in California". *Family and Conciliation Courts Review*, 30(2), 217-228.

Pasley, K., Kerpelman, J. and Guilbert, D.E.(2001). "Gendered conflict, identity disruption, and marital instability: Expanding Gottman's model". *Journal of Social and Personal Relationships*, 18(1), 5-27.

Parsons, R.J.(1991). "The mediator role in social work practice", *Social Work*, 36(6), 483-487.

Pruett, M.K., Nangle, B. & Bailey, C.(2000). "Divorcing families with young children in the court's family services unit: Profiles and impact of services". *Family and Conciliation Courts Review*, 38(4), 478-500.

Ricci, I.(1992). "Implementing a legislative mandate for services and coordination to California's court-connected family mediation and conciliation courts". *Family Conciliation Courts Review*, 30(2), 169–184.

Roberts, M.(2005). "Family mediation: The development of the regulatory framework in the United Kingdom". *Conflict Resolution Quarterly*, 22(4), 509–526.

Saposnek, D.T.(2004). "Commentary: The future of the history of family mediation research". *Conflict Resolution Quarterly,* 22(1–2): 37–53.

Severson, M.M. & Bankston, T.V.(1995). "Social work and the pursuit of justice through mediation". *Social Work.* 40(5), 683–691.

Stevenson, M.(2000). "Family mediation: Working to support separated families". *Mediation in Context.* London: Jessica Kingsley Publishers Ltd., 39–52.

Thoennes, N., Salem, P. & Pearson, J.(1995). "Mediation and domestic violence: Current policies and practices." *Family and Conciliation Courts Review*, 33(1), 6–29.

Tillet, G.(1999). *Resolving Conflict: A Practical Approach*. Melbourne, Australia: Oxford University Press.

Tondo, C., Coronel, R. & Drucker, B.(2001). "Mediation trends: A survey of the states". *Family Court Review*, 39(4), 431–453.

Trombetta, D.A.(1991). "Custody evaluations: A realistic view". *Family and Conciliation Courts Review*, 29(1), 45–55.

Wall, J.A. & Lynn, A. (1993). "Mediation: A current review". *Journal of Conflict Resolution*, 37(1), 160–194.

Walton, L., Oliver, C. and Griffin, C.(1999). "Divorce mediation: The impact of mediation on the psychological well-being of children and parents". *Journal of Community and Applied Social Psychology*, 9, 35–46.

찾아보기

◀ 저자 소개 ▶

이명신(李明信)

이화여자대학교 영어영문학과 졸업 (B.A.)
이화여자대학교 대학원 영어영문학 석사 (M.A.)
미국 남미시시피 주립대학 사회사업대학원 석사 (M.S.W.)
미국 테네시 주립대학 사회사업대학원 박사 (Ph.D.)

경상대학교 사회복지학과 교수
한국가족사회복지학회 회장
창원지방법원 진주지원 조정위원회 가사조정위원
서울가정법원 가사상담위원
경상대학교 성폭력상담소 상담교수

주요 논문

〈공동연구〉

"A field trial of GAFS-M", *American Journal of Psychiatry*, 152(9).

"Mapping hypermedia informational space utilization". *Computer in Service*, 13(1).

"The AIDS dilemma: Understanding preferences for governmental policy: A structural equation model". 경상대학교 『사회과학연구』, 제15집.

"Intensive case management & rehospitalization: A survival analysis". *Research on Social Work Practice*, 8(2).

"성희롱 · 성폭력 문제에 대한 남녀 대학생들의 인식". 전국여교수회연합회 부산 · 울산 · 경남지회 2004년 춘계학술세미나 자료집.

"이혼사유별 이혼의향에 영향을 미치는 요인: 남녀모델 비교". 『여성연구』, 제2호.

"이혼후 자녀양육계획 수립을 위한 중재서비스(실천모델)". 『협의이혼 상담제도와 사회복지적 접근』, 한국가족사회복지학회 2006년 춘계학술대회 자료집.

〈단독연구〉

"전문직 맞벌이 부부의 역할갈등과 대응전략: 남녀간 공변량구조모형 비교". 『한국사회복지학』, 제30호.

"맞벌이 부인의 가족지원서비스 필요도 결정요인: 전문직과 생산직 모델 비교". 『한국사회복지학』, 제36호.

"가정-직장 양립 스트레스원에 대한 여성근로자 지원서비스의 매개효과". 『한국가족복지학』, 제7호.

"괴롭힘 가해자의 환경적 요인, 괴롭힘 행동유형, 가해자의 심리행동적 결과에 대한 연구". 『한국사회복지학』, 제51호.

"괴롭힘 행동 결정에 있어 개인 동기와 집단의 매개효과". 『한국아동복지학』, 제15호.

"사회복지사의 소진과정(Burnout Process) 모델: 직업관련 스트레스 요인, 직무스트레스와 전문직 효능성에 의한 소진 경로분석". 『한국사회복지학』, 제56권 제4호.

"여성의 잠재적 이혼의도에 영향을 미치는 요인". 『상황과 복지』, 제22호

"진주지역 결혼이민여성의 생활실태 및 결혼안정성". 한국가족사회복지학회 2006년 추계학술대회 자료집.

이외에 기타 논문 다수.

2008 문화체육관광부 우수학술도서

이혼해도 좋은 부모로 남기

이혼 後 자녀양육계획을 위한 이혼조정

2007년 11월 1일 1판 1쇄 인쇄
2007년 11월 5일 1판 1쇄 발행
2008년 8월 5일 1판 2쇄 발행

지은이 이 명 신
펴낸이 조 재 성

펴낸곳 **서현사**
(410-828) 경기도 고양시 일산동구 정발산동 1238-9 103호
전화 031-919-6643 팩스 031-912-6643
등 록 2002년 8월 14일 제03-01392호

ISBN 978-89-90357-72-4 93330
정 가 12,000원